CNP600 压水堆核电厂运行

(中级)(下册)

主　编　杨兰和

副主编　戚屯锋

原子能出版社

中国核工业集团公司
核电培训教材编审委员会

《CNP600压水堆核电厂运行》(中级)

编　辑　部

主　　编　杨兰和

副 主 编　戚屯锋

编　　者　侯英东　叶丹萌

供稿人员　刘建伟　梁　波　侯英东　刘东林　刘　君
杨琪震　杨菊亭　钱自海　于渭清　刘忠政
刘庄环　毛树忠　崔杨杰　唐　平　毕军恩
王大庆　张　军　董俊斌　王庆舟　万　超
王伟华　王学斌　陈英华

目　　录

上　　册

绪　论

第一章　反应堆冷却剂系统

第二章　专设安全设施

第三章　一回路主要辅助系统

第四章　放射性废物处理系统

第五章　安全壳相关的通风系统

第六章 重要仪表、控制和保护系统

下 册

第七章 汽轮机及其辅助系统

第八章 常规岛系统

第九章　发电机和输配电系统

第十章　消防系统

第十一章　冷冻系统

第十二章　外围辅助系统

第十三章　核电厂启动与停止

第七章　汽轮机及其辅助系统

7.1　汽 轮 机

7.1.1　功能

汽轮机是一种利用蒸汽做功的高速旋转式机械，其功能是将蒸汽带来的反应堆的热能转变为推动汽轮机转子高速旋转的机械能，并带动发电机发电。

7.1.2　基本工作原理

（1）级的概念

把固定在喷嘴箱或隔板中不动的喷嘴叶栅（又称静叶栅）与其后旋转叶轮上安装的动叶栅的组合称为汽轮机的级。

级是汽轮机中完成能量转变的最基本的工作单元。研究汽轮机的工作原理只要研究单个级的工作原理就行了。

（2）冲动式级的工作原理

具有一定压力和温度的蒸汽通过一组沿圆周方向排列的、流通截面沿流动方向变化的通道——喷嘴，进行膨胀（压力降低），加速。具有一定速度的蒸汽流出喷嘴后，冲击在喷嘴后面的、固定在叶轮上的动叶片，使得叶轮转动。轮子又带动轴转动，从而实现从热能转变为机械能的过程，这个过程实际上是分两步来完成的，如图 7-1-1 所示。

第一步：蒸汽在喷嘴叶栅中膨胀，压力降低、速度升高，将热能转变为蒸汽的动能的过程。

因蒸汽流过静止的喷嘴时，和外界不发生热交换，也不对外做功，即是等熵膨胀过程，有：

$$h_0 - h_1 = \Delta h = (C_1^2 - C_0^2)/2$$

式中：h_0、h_1——汽流进入和流出喷嘴的焓值；

C_0、C_1——汽流进入和流出喷嘴时的绝对速度；

Δh——蒸汽在喷嘴中的焓降。

该式表明，汽流通过喷嘴膨胀时的焓降转变成了汽流动能的增加，即由热能转变成了动能。

第二步：蒸汽高速进入动叶栅，冲动叶轮旋转，只改变流动方向，压力不变、绝对速度降低（降至 C_2），从而实现蒸汽动能转变为叶轮高速旋转的机械能的过程。此过程蒸汽做功为：

$$L_U = (C_1^2 - C_2^2)/2$$

这就是冲动式汽轮机的工作原理。

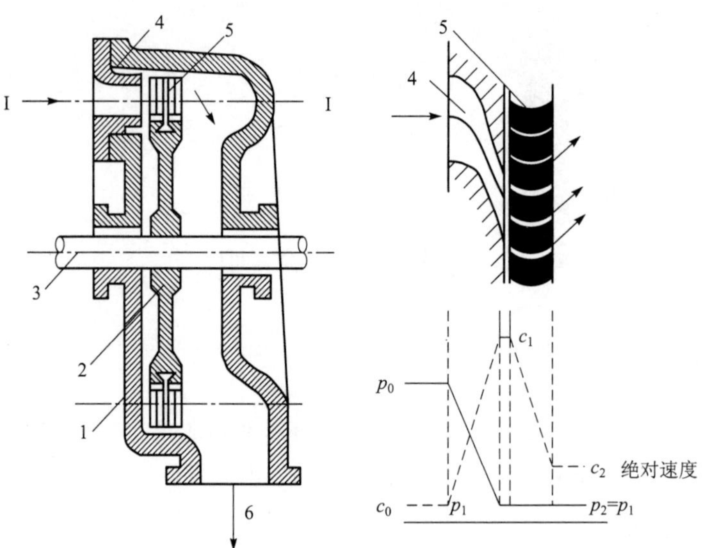

图 7-1-1 冲动式汽轮机工作原理

1—汽缸;2—叶轮;3—轴;4—喷嘴;5—动叶片;6—排汽口

(3) 反动式级的工作原理

另一种汽轮机叫反动式汽轮机,其工作原理如下:

如图 7-1-2 所示是一个纯反动式汽轮机的示意图。静叶栅流通截面不变,而动叶栅流通截面逐渐收缩,呈喷嘴形。

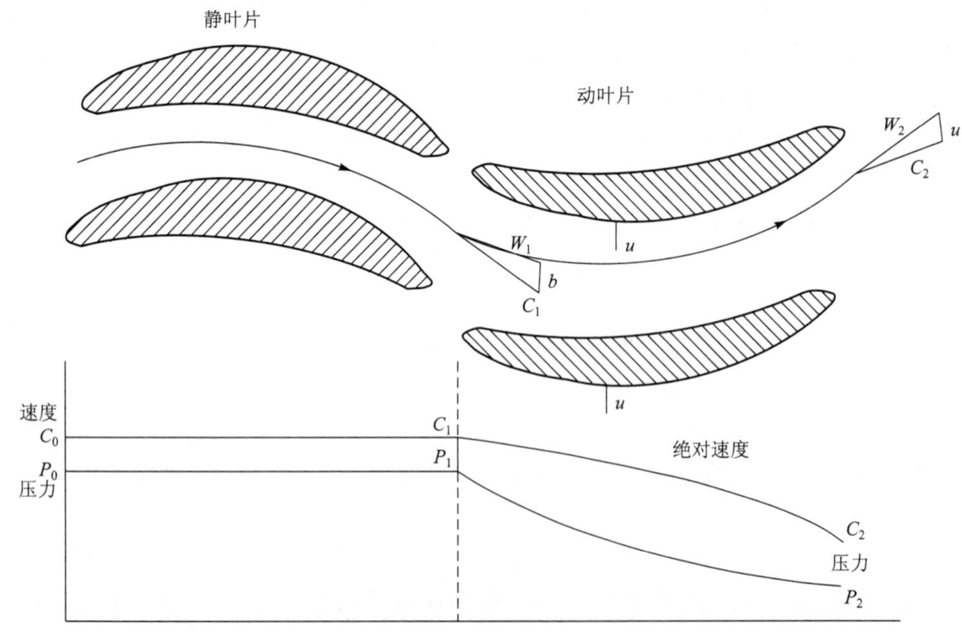

图 7-1-2 纯反动式汽轮机示意图

在这种型式的汽轮机中，热能转变为机械能是在动叶栅中一步完成的；喷嘴叶栅只起集流蒸汽和导向蒸汽的作用，不进行蒸汽膨胀的能量转换；蒸汽在动叶栅中膨胀压力降低，蒸汽的相对速度增加，将热能转变为动能，当蒸汽以很高的相对速度离开动叶栅时，就对动叶片产生了反作用力（此作用力叫做反动力），推动叶轮旋转，将动能转变为机械能。依靠反动力推动的级叫反动级。这种只在动叶栅中蒸汽膨胀做功的汽轮机叫纯反动式汽轮机。

（4）反动度

实际上，纯反动式汽轮机是永远得不到应用的，即使在所谓的反动式汽轮机中，蒸汽的膨胀也是同时在喷嘴叶栅和动叶栅中进行的，即蒸汽首先在喷嘴叶栅中膨胀，压力由 P_0 降至 P_1，速度由 C_0 升至 C_1。然后，蒸汽流向动叶栅。蒸汽在动叶栅中流动时，继续从压力 P_1 膨胀到动叶栅后的压力 P_2，而其相对速度升高，而且汽流还要发生转向。这样，蒸汽在动叶栅流道中，依靠汽流转向，形成了冲动部分作用力，而依靠汽流的膨胀加速，又形成了反动部分的作用力，二者都作用到动叶栅上。故动叶栅在冲动力和反动力的合力作用下转动而产生机械功。蒸汽在这种汽轮机级内的膨胀示于图 7-1-3 中。

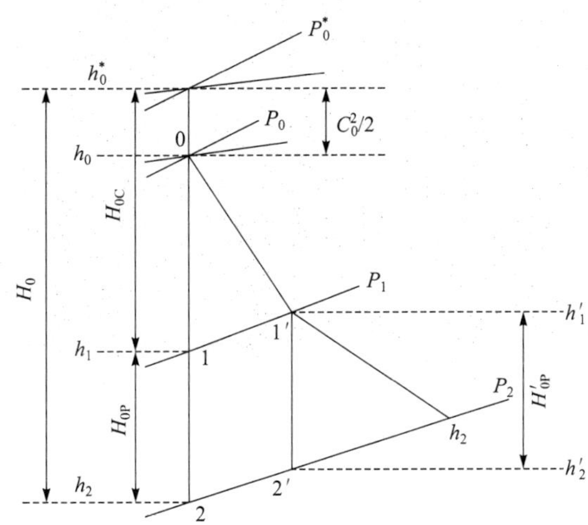

图 7-1-3 h-s 图上蒸汽在级内的活动过程

动叶栅中的理想焓降对喷嘴叶栅中的理想焓降及动叶栅中的理想焓降的和之比称为级的反动度 ρ，即：

$$\rho=(h_1'-h_2')/[(h_0{}^*-h_1)+(h_1'-h_2')]$$
$$=H_{0P}'/(H_{0C}+H_{0P})\approx H_{0P}/H_0$$

由此可见，纯反动式汽轮机级的反动度 $\rho=1$，纯冲动式汽轮机的反动度 $\rho=0$。

对于纯冲动级来说，$P_1=P_2$、$H_{0P}=0$，蒸汽流出动叶片的速度为 C，具有一定的动能未被利用而损失，称这种损失为余速损失。

一般把级的反动度小于 0.25 的汽轮机仍然归属于冲动式汽轮机，而把级的反动度等于和大于 0.4～0.6 的汽轮机称为反动式汽轮机。在多级反动式汽轮机中，通常使用反动度 $\rho=0.5$ 的反动级。

（5）具有反动度级的工作原理

在具有反动度级中的能量转换：

在喷嘴叶栅中,蒸汽膨胀,压力降低,绝对速度升高,将热能转变为动能。

在动叶栅中,除了来自喷嘴叶栅高速气流作用于动叶栅上的冲动力外,蒸汽继续膨胀,压力继续降低,相对速度增加,形成了反动部分的作用力,也作用于动叶栅上,这两种力的共同作用使叶轮高速旋转,从而把热能和动能转变为机械能。

单位时间内汽流对动叶栅所做的有效功称为轮周功率,它等于蒸汽作用于动叶栅的切向力 F_U和圆周速度 u 的乘积,即:$N_U = F_U \cdot u$

单位蒸汽流量流过某级时所产生的轮周功 W_u与蒸汽在该级中的理想可用能量 E_0之比,称为该级的轮周效率,用 η_u,即 $\eta_u = W_u / E_0$。

7.1.3 多级汽轮机及其结构

现代的火电厂和核电厂中,汽轮机的理想焓降为1 000～1 600 kJ/kg,对超高压再热机组来说,其理想焓降可高达1 600～2 100 kJ/kg。对于这样大的焓降,在现在能达到的金属强度水平下,制造经济性能高的单级汽轮机是不可能的。因为,在此情况下,单级汽轮机喷嘴的汽流出口速度可达到1 500～1 700 m/s,平均直径处的叶片圆周速度将是1 000～1 100 m/s。在这样大的圆周速度下,要保证转子和叶片的强度要求,实际上是不可能的。因此,大功率汽轮机都做成多级的。

在多级汽轮机中,蒸汽在依次连接的许多级中膨胀做功,在每一级中只利用整个汽轮机焓降的一小部分。因此,对多级汽轮机大多数高、中压缸部分的级来说,叶片的圆周速度为120～250 m/s。对末几级叶片,圆周速度为350～450 m/s。

7.1.3.1 级的分类

按功能分为:调节级(又称速度级)和压力级(又称非调节级)。

按动叶栅的列数分为:单列级和双列级(又称复速级)。现分述如下:

(1) 单列级

单列级:即一个级中只有一列喷嘴叶栅和一列动叶栅。

(2) 双列级(复速级)

双列级:在一列喷嘴叶栅后,安装两列动叶栅和一列不转动的导向叶栅,这种级称为双列级。为了减少级数以简化结构,就必须使一个级的利用焓降增大。但是随着级的焓降的增大,在一定圆周速度 u 的限制下,速度比将减少,使级的轮周效率降低。

由汽轮机理论可知,对每个级来说存在着一个最佳速度比:$x = u/C_1$。

即级的圆周速度 u 与喷嘴叶栅出口汽流速度 C_1之比。轮周效率受速度比的影响,只有在最佳速比时轮周效率最高。对于冲动式汽轮机而言 $x=0.46$～0.49,而对于反动式汽轮机而言,最佳速比 $x=0.8$～0.9。提高焓降使轮周效率降低的主要原因是余速损失增大,为了改善余速利用,故采用双列级结构。

在双列级中,从第一列动叶栅流出的汽流经过导向叶栅转向后,流入第二列动叶栅做功。汽流经过两列动叶栅将它的动能转换为转子的机械能,使第二列动叶栅出口的绝对速度大大减小,从而降低了余速损失,这样,既保证了双列级能有较大的焓降,同时轮周效率也不致过低。

采用双列级的好处是:双列级的焓降比单列级约大三倍,从而减少了汽轮机的级数,结构紧凑,蒸汽温度、压力在一个级内下降较多,缩小了汽轮机在高温工作的区域,从而节省了高温材料，降低了机组成本。

由上可见，在双列级中，由喷嘴叶栅出来的汽流速度得到了两次利用，故又称复速级。

(3) 调节级(速度级)

调节级的功能是用来调节汽轮机进汽量的。因此，它是多级汽轮机的第一级。

调节级的特点是在汽轮机的进汽量发生变化时，部分进汽度有所改变。因此，调节级的喷嘴是分成组的，每一组喷嘴有一个独立的调节阀供汽。当只有一个调节阀处于开启位置时，就只有一组喷嘴起作用，这时级在小的部分进汽度下工作。随着调节阀的依次开启，部分进汽度就逐渐增大，所有阀门开启后，部分进汽度依然小于1。

在结构上，调节级由大的汽室将它和后面的非调节级(压力级)分开。设置此汽室是为了使调节级后的蒸汽便于沿圆周方向流动而使第一级非调节级全周进汽。

调节级之所以又叫速度级是因为用它来调节汽轮机的进汽量，从而调节汽轮机的转速之故。

调节级既可做成单列的，又可以做成双列的，故双列级多用于做调节级。在现代大功率汽轮机中较多采用单列调节级，因为根据技术经济的比较证实了采用较大的焓降没有优越性。

(4) 压力级(非调节级)

不做调节级用的单列级叫做压力级，它是相对于速度级即调节级而言的，压力级是采取全周进汽的。

7.1.3.2　多级汽轮机的优点

(1) 每一级的焓降小，最佳速比容易得到保证，故级效率高。

(2) 级数越多，焓降越小，C_1 和 u 越小，使喷嘴叶栅和动叶栅高度增大，叶栅端损失减小，压降小，漏汽减小。

(3) 在多级汽轮机中，余速损失可以利用。

(4) 可以采用抽汽回热给水，提高装置热效率。

7.1.3.3　汽轮机一般结构

汽轮机结构主要分为两大部分：

(1) 转子：包括动叶栅、叶轮、轴、联轴器等转动部件；

(2) 静子：包括汽缸(壳)、喷嘴叶栅、隔板、支撑转子的轴承等静止部件。

多级汽轮机是由一个在汽缸上带有多个隔板的静子和一个在轴上装有多个叶轮的转子组成。轮盘是在炽热状态下装到轴上，或是和轴做成一个整体的。轮子的轮缘上固定有叶栅——动叶栅，叶栅之间有固定的中间隔板隔开。隔板上装配有喷嘴叶栅，每一块隔板和相应的叶轮组成一个级，各级鱼贯相连。

第一级喷嘴一般装在汽轮机汽缸上的喷嘴室中，其他级的喷嘴是装在各级的隔板中。喷嘴叶栅和动叶栅的高度逐渐增大，这是因为蒸汽逐级膨胀时其体积增大。蒸汽经过若干个阀门进入第一级喷嘴，然后逐级膨胀做功，并在每级中保持一定的压力，最后在后汽缸排出，进入冷凝器被凝结成水。

汽轮机轴穿过汽缸的地方装有汽封，轴前端的汽封是为了减少漏入厂房的蒸汽量，后端的汽封是为了防止空气进入排汽管和冷凝器。在汽轮机级之间的汽封是为了减少级间的漏汽。

为了便于安装、修理,汽缸和隔板一般在中分面分为上、下两半。上、下汽缸通过法兰和螺栓相连接。只要拆开联结螺栓,就可以打开汽轮机上半缸和上半隔板,将联轴器分开后,整个汽轮机转子就可以从汽缸中取出。

为了汽轮机的启动和停机,一般大功率汽轮机都装有电动机带动的盘车装置。在汽轮机开车前和汽轮机正常运行时,盘车装置是脱开的。

要保证汽轮机正常运行,发出所需的功率,保持所需的转速,汽轮机还需具有调节系统、保护系统和相应的油系统等。

7.1.4 汽轮机的分类

汽轮机可按不同的方法进行分类。

7.1.4.1 按工作原理分

(1) 冲动式汽轮机

(2) 反动式汽轮机

实际上目前的汽轮机很多既不是纯冲动式的,也不是纯反动式的。在许多汽轮机中既有反动级,也有部分是采用冲动级。

7.1.4.2 按热力特性分

(1) 凝汽式汽轮机

蒸汽在汽轮机内做功后,除少数漏汽外,全部排入冷凝器凝结成水的汽轮机称为纯凝汽式汽轮机。近代汽轮机一般都采用抽汽回热,但仍称为凝汽式汽轮机。

(2) 背压式汽轮机

蒸汽在汽轮机里做功后,在高于大气压力下排出。排汽可供热力用户或低压汽轮机用。这种汽轮机称为背压式汽轮机,又称前置式汽轮机。

(3) 调节抽汽式汽轮机

在这种汽轮机中,部分做过功的蒸汽在一定压力下(这压力在一定范围内可以调整)由汽轮机内抽出,供热力用户,而其他部分继续做功,然后排入冷凝器。

(4) 中间再热式汽轮机

新蒸汽在汽轮机前面若干级做功后,引至加热装置中再次加热到一定温度,然后再回到汽轮机继续做功,这种汽轮机称为中间再热式汽轮机。还有二次中间再热式汽轮机。

7.1.4.3 按用途分

(1) 电厂汽轮机

指用以带动发电机发电的汽轮机,一般是定转速运行的。

(2) 工业用汽轮机

指在工业企业中用于拖动各种设备,如水泵、压缩机等的汽轮机,这类汽轮机常要求在变转速下运行。

(3) 船用汽轮机

用于带动螺旋桨旋转,推进舰船航行的汽轮机,这种汽轮机也要求在变转速下运行。

7.1.4.4　按新蒸汽参数分

(1) 低压汽轮机

新蒸汽压力为 10～15 bar[①]；

(2) 中压汽轮机

新蒸汽压力为 20～40 bar；

(3) 高压汽轮机

新蒸汽压力为 60～100 bar；

(4) 超高压汽轮机

新蒸汽压力为 120～140 bar；

(5) 亚临界汽轮机

新蒸汽压力为 160～180 bar；

(6) 超临界汽轮机

新蒸汽压力为＞226 bar；

水的临界点 $p=225.65\ kg/cm^2=221.23\ bar$　$T=374.15\ ℃$。

7.1.4.5　按蒸汽在汽轮机中的流动方向分

(1) 轴流式汽轮机

蒸汽在汽轮机中的流动方向平行于轴线。

(2) 辐流式(或称径流式)汽轮机

蒸汽在汽轮机中沿半径流动，即垂直于轴线。

7.1.4.6　按汽轮机的级数分

(1) 单级汽轮机

(2) 多级汽轮机

7.1.4.7　按汽轮机的汽缸数分

(1) 单缸汽轮机

(2) 双缸或多缸汽轮机

7.1.4.8　按蒸汽在汽轮机中的流道数分

(1) 单流汽轮机

进入汽缸的全部蒸汽只流过一个流道。

(2) 双流汽轮机

进入汽缸的全部蒸汽分两个流道流过。

7.1.4.9　按汽轮机的轴线数分

(1) 单轴汽轮机

不管汽轮机有几个转子，全部用联轴器连接成一条轴线。

(2) 双轴汽轮机

汽轮机的汽缸数太多，轴系太长，或容量太大，需分两个发电机时，就做成双轴汽轮机，

---

① $1\ bar=10^5\ Pa$。

分别带动两个发电机。但从汽源头来讲还是一个汽轮机。

7.1.5 汽轮机简介

秦山二期核电厂汽轮机是哈尔滨汽轮机厂有限责任公司与美国西屋公司联合设计、合作制造的电功率为 600 MW 级核电机组,是一台单轴、四缸六排汽带中间汽水分离再热器的反动凝汽式汽轮机,型号为 HN642-6.41。其热力系统简图见图 7-1-4。

该汽轮机有一个高压缸、三个低压缸,四个缸均是双流式。一个高压转子、三个低压转子通过刚性联轴器接成一个轴系,再通过刚性联轴器与发电机转子相连。每个转子都有一对径向轴承支承。整个轴系只有一个推力轴承,位于 1 号低压缸调端的轴承箱内。

汽轮机的旋转方向为顺时针方向(由汽轮机向发电机看),工作转速为 3 000 r/min。

(1) 高压缸

主蒸汽通过两只主汽阀后分四路进入调节阀,然后经 4 根高压导汽管分别从高压缸上部和下部(各 2 根)进入高压缸,高压缸共有 4 个排汽口,位于高压缸两端上部。蒸汽经 4 根高压排汽管从 MSR 的底部侧面进入布置于低压缸两侧的两个 MSR。每根低压进汽管上在接近 MSR 出口处和接近低压缸进口处装有再热主汽阀和再热调阀,其目的是当跳闸时迅速关闭此阀门以防止汽轮机超速。蒸汽经低压缸做功后通过排汽口排入凝汽器。

每个高压主汽调节联合阀有一个主汽阀和两个调节阀,共用一个壳体。该阀门主汽阀为摇板式,卧式布置,调节阀为立式布置。共有两个主汽阀,分别位于高压缸的两侧。OPC 动作调节阀应瞬时关闭,万一调节阀失灵,造成汽轮机超速,则主汽阀关闭。

高压缸通流部分为双分流对称分布,正反向各 7 级,动叶采用 P 型枞树型叶根,自带围带结构,并被设计成不调频叶片。高压 1、2、3 级隔板装在 1 号隔板套上,4、5 级隔板和 6、7 级隔板分别装在 2 号和 3 号隔板套上。

高压缸为双层结构,由高压内缸和高压外缸组成。内、外缸均两半结构由水平结合面分开,形成汽缸上半和下半部分。高压缸的导流环分离了两个流向相反的叶片的通流部分,并使转子不受入口高温蒸汽的作用。导流环在水平结合面处支撑在内缸上,其轴向是采用它顶部和底部的定位销保持正确的位置,并允许随温度变化而自由膨胀和收缩。

高压转子采用无中心孔整锻转子,即轴与叶轮是一体的,从而解决了套装转子在高温下叶轮和轴之间的松动问题。具有 P 型枞树型叶根的动叶栅安装在叶轮上。高压转子前端的接长轴上装有主油泵叶轮和危急遮断器。

无论是冲动式汽轮机还是反动式汽轮机,都承受着很大的推力。这个推力是由两部分组成的:轴向动推力和静推力。轴向动推力是由动叶栅中蒸汽方向变化引起的,静推力是由叶轮两端的压差引起的。汽轮机采用双流道,且使蒸汽在汽缸内的流动方向相反,可大大减少轴向推力。

由于必须保证定子和转子间准确的相对位置,从而避免静子和转子轴向彼此接触,在汽轮机上配置了一个承受轴向力的推力轴承,汽轮机的轴向力通过推力轴承传递给高压缸与第一级低压缸之间的轴承座。推力轴承是整个轴系的相对死点。整个轴系可以以推力轴承为死点向两端膨胀。

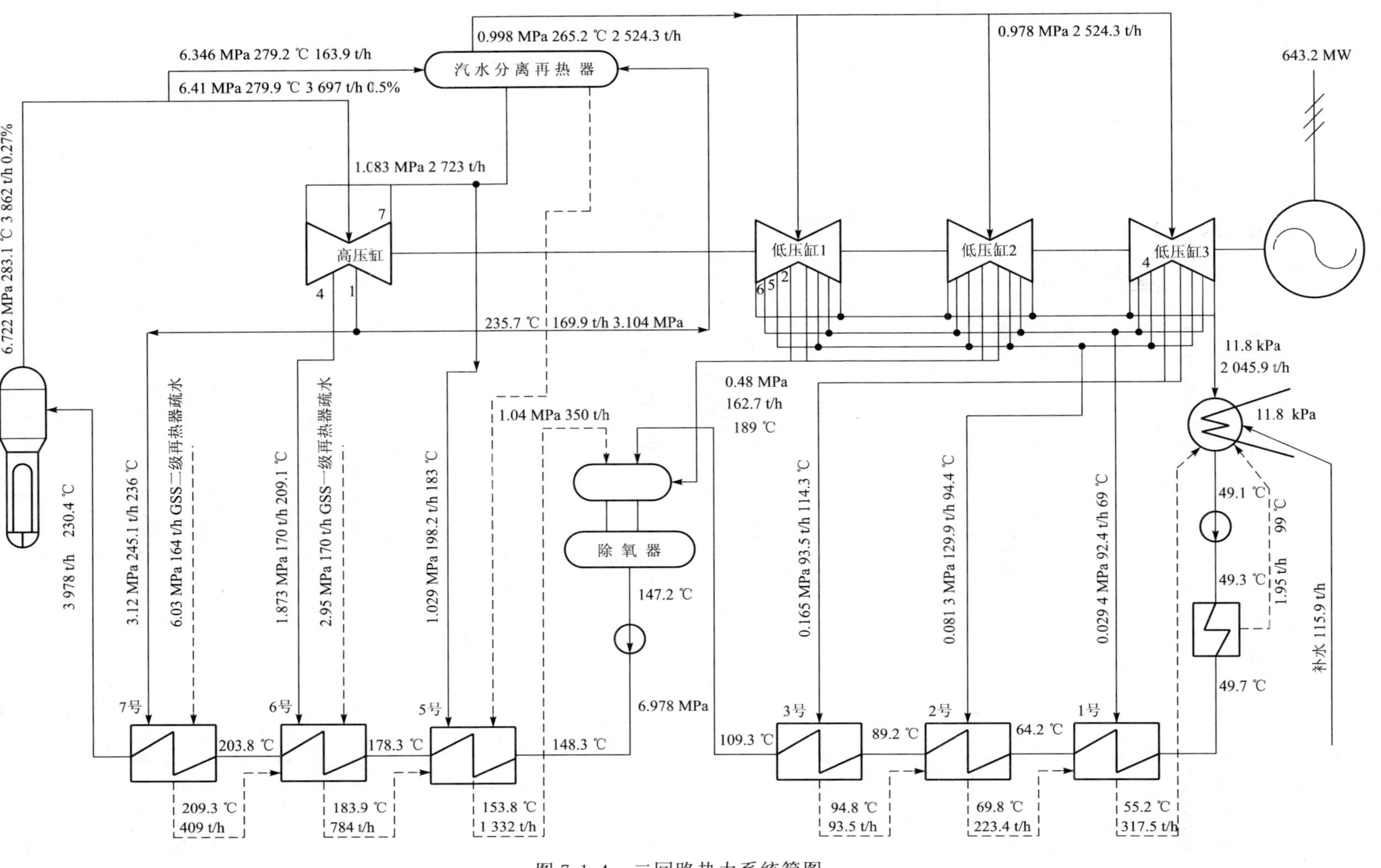

图 7-1-4 二回路热力系统简图

(2) 低压缸

三个结构相同的低压缸也为双分流对称分布,正反向各 7 级,前四级动叶设计成不调频的自带围带结构,后三级为锥形自由叶片。经过汽水分离再热器后的蒸汽,先由 6 根管道输送到三个低压缸前的截止阀和调节阀,然后送至三个低压缸,每个低压缸进汽口设在低压缸的顶部,通过法兰与蒸汽管道相连。

低压缸进口再热蒸汽温度为 265.2 ℃,排汽温度为 34 ℃,承受了很大的温度梯度,为了消除因温度梯度过大而引起的热变形,采用双层缸,并在低压内缸上设有隔热罩。低压外缸全部由钢板焊接而成,为其内部的各部套提供支撑并把负荷转移至基础上,它要承受所有安装于外缸上部件的荷重以及真空负荷,并保证不产生过大的变形而影响动、静间隙,从而保证运行安全可靠。低压外缸上下两半分为三部分:调端、电端和中部。每个低压缸只有一个低压内缸,其沿叶片通道装有进汽导流环、隔板套、隔板和排汽导流环。

每个低压缸外壁上有四个人孔,每边两个,可以在不开缸情况下,进行内部检查。两个爆破盘位于外缸上半顶部,如外缸内表压达到 0.03～0.055 MPa,爆破盘的铅板会破裂,进行危急排汽,从而保护低压缸。

低压缸是汽轮机最大的部件。对低压缸来说,缸内压力和温度都低。因此,强度不是主要问题。主要问题是体形庞大的低压缸要有足够的刚度,以及排汽通道要有合理的导流形状,提高机组效率。

低压转子也是整锻式的,末级叶栅高度为 979.8 mm。

低压缸做完功的蒸汽由两侧的 2 个排汽口直接排入各自的冷凝器中。

(3) 控制装置

本机组配置三种自动控制装置,即:数字式电液控制系统,简称 DEH;汽轮机监视仪表,简称 TSI;危急跳闸装置,简称 ETS。

DEH:其主要功能是按操纵员或自动启动装置给出的指令来控制主汽阀、主汽调节阀、再热主汽阀和再热调节阀(再热阀只有全开、全关阀位),使机组按一定要求升、降转速、负荷、停机等。DEH 装置接受转速、功率及第一级前汽压的实际信号,对机组的转速、功率、蒸汽流量实行闭环调节。此外,DEH 还有参数监测显示、超速保护、自启停控制等多种功能。

TSI:本装置对汽轮机转子的轴向位移、相对膨胀、绝对膨胀、轴振动、转速、轴偏心度等进行监测,并对测量值进行比较判断,超限时发出报警和停机信号。

ETS:当汽轮机运行参数超过安全运行极限时(真空低、润滑油压低、调节油压低、轴向位移超限、超速及用户认为需要跳闸的其他信号),ETS 装置使各蒸汽阀门关闭以保证机组安全。

(4) 主要参数

1) 运行参数

额定功率/MW	643.204	配汽方式	节流调节(单阀控制)
最大保证功率/MW	689.056	工作转速/(r/min)	3 000
主汽阀前额定压力(绝对压力)/MPa	6.41	旋转方向(从汽轮机向发电机看):顺时针	
主汽阀前额定温度/℃	279.9	高压转子临界转速/(r/min)	2 270
主汽阀前蒸汽干度/%	99.5	低压 1 号转子临界转速/(r/min)	1 733
再热阀前额定温度/℃	265.2	低压 2 号转子临界转速/(r/min)	1 767

再热阀前额定蒸汽压力（绝对压力）/MPa	1.008	低压 3 号转子临界转速/(r/min)	1 749
额定主蒸汽流量/(t/h)	3 862	末级叶片高度/mm	977.2
最大保证工况背压/kPa	5.39	盘车转速/(r/min)	3.38
额定工况背压/kPa	11.8	汽轮机总长/mm	35 166.5

2）抽汽参数

为了回热给水，提高循环效率，该汽轮机设置了 7 级抽汽，具体流向及参数见热力系统图。高压缸有 3 级抽汽，分别取自高压缸的 1、4、7 级后，去 3 个高压加热器和汽水分离再热器。低压缸有 4 级抽汽，但每个低压缸只有 3 级抽汽，去 3 个低压加热器和除氧器。1、2 号低压缸通流部分结构相同，其抽汽口位置分别在第 2、5、6 级后，分别去除氧器和 2 号、1 号低加。3 号低压缸的抽汽口分别在第 4、5、6 级后，分别去 3 号、2 号、1 号低加。

7.1.6 核电厂汽轮机的特点

7.1.6.1 新蒸汽参数在一定范围内变化

对常规火电厂来说，汽轮机的新蒸汽参数(P_0、t_0)在运行期间是不变的(在启、停过程中的滑参数运行不包括在内)。因此，锅炉运行人员的主要责任之一就是在运行中要始终尽可能保持锅炉出口的新蒸汽参数为额定数值。

对于压水堆核电厂来说，如果仍然要设法保持这种运行方案，在汽轮机新蒸汽参数 P_0、t_0保持不变的情况下提升核电厂机组功率，从蒸汽发生器的热平衡方程式可以看到：

$$N_r = K \cdot F \cdot \Delta t = KF(t_{avg} - t_0)$$

式中：N_r——蒸汽发生器产生的热功率；

K——蒸汽发生器传热系数；

F——蒸汽发生器换热面积；

Δt——蒸汽发生器平均温差；

t_{avg}——反应堆冷却剂平均温度，$t_{avg}=(t_{out}+t_{in})/2$。

就必须提高反应堆冷却剂的平均温度 t_{avg}。为此一般都采用在一回路冷却剂流量不变的情况下，增加反应堆冷却剂进出口温升($t_{out}-t_{in}$)的同时，增加堆内平均温度。

这种方案对常规岛比较有利(P_0、t_0为常数)，有比较成熟的运行经验。但对核电厂来说，就产生了以下的问题：

(1) 由于反应堆冷却剂平均温度变化比较大，就要求一回路具有很大体积的压力调节器——稳压器，使一回路的压力补偿问题变得严重了。

(2) 对于具有负温度系数的压水堆，在功率提升中要求有较大的控制棒位移，要求有较大的反应性补偿。

这些问题给一回路的设计和运行带来了困难，因此目前都不采用这种运行方式。

与此相应的还有一种反应堆平均温度 t_{avg}不变的运行方式。对于具有负温度系数的反应堆来说，这是一个很有利的方案，它只需要最少的外部控制，在理想情况下，甚至可以不需要移动控制棒来变动功率。另外，t_{avg}不变，所以一回路系统冷却剂的体积、压力补偿问题也大为简化。当然与此相反，汽轮机的新蒸汽参数 P_0、t_0在不同工况下将会有较大的变化。

目前压水堆核电厂中常采用一种折中的方案，也就是选择一个反应堆平均温度 t_{avg} 和汽轮机新蒸汽参数 P_0、t_0 都作适当变化，而变化又都不太大的方案。

图 7-1-5 所示为二期反应堆的运行方式——反应堆入口温度几乎不变，t_{avg} 随功率增加而线性增加，t_0 随功率增加而线性减小。因此，蒸汽发生器的新蒸汽压力由零负荷的约 76 bar到 100%负荷时 67.1 bar 的范围内变化。

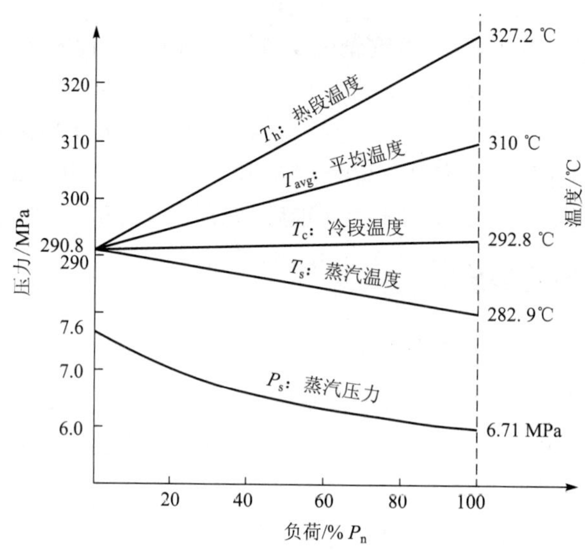

图 7-1-5　一回路平均温度的折中控制方案下各主要参数变化曲线

7.1.6.2　新蒸汽参数低，且多用饱和蒸汽

对于压水堆核电厂来说，二回路新蒸汽参数取决于一回路的温度，而一回路温度又取决于一回路压力。提高一回路压力将使得反应堆压力容器的结构及其安全保证措施复杂化。尤其是当反应堆压力容器尺寸很大时，更为复杂。因此，压水堆核电厂汽轮机的新蒸汽压力，应按照反应堆压力容器计算的极限压力和温度选取，一般不超过 60～80 bar 的饱和蒸汽。对于秦山二期核电厂的汽轮机表压为 64.1 bar。

7.1.6.3　理想焓降小，容积流量大

一般饱和蒸汽汽轮机的理想焓降比高参数火电厂汽轮机的理想焓降约小一半。因此，在同等功率下核电厂汽轮机的容积流量比高参数火电厂汽轮机约大 60%～90%。由于这一点使核电厂汽轮机在结构上有以下特点：

(1) 进汽机构的尺寸增大(包括管路)；

(2) 功率大于 500～800 MW 的汽轮机高压缸做成双分流的；

(3) 由于叶片高度大，所以前面的几级叶片沿叶片高度已做成变截面的；

(4) 调节级的叶片高度大，所以叶片中弯曲应力大，因此采用部分进汽困难，也就是不容易采用喷嘴配汽；

(5) 因为低压缸通流量大，所以需要增大分流数目，或者采用低转速。

7.1.6.4　汽轮机中积聚的水分多，容易使汽轮机组产生超速

如同火电厂中的中间再热式汽轮机一样，核电厂汽轮机各缸之间也有大量蒸汽和连接

管道，所以在甩负荷时会使转子升速。另外，在使用湿蒸汽的汽轮机中，还要增添在转子表面、汽轮机停止部件上和汽水分离器及其他部件上已凝结的水分的再沸腾和汽化而引起的加速作用。计算和经验表明，由于这一原因，在甩负荷时，水膜汽化可使机组转速增长15％～25％。为了减少核电厂汽轮机转速飞升，可采取以下措施：

（1）在汽水分离再热器后蒸汽进入低压缸之前的管道上装设专用的截止阀；

（2）缩小高低压缸之间的管道尺寸，即提高分缸压力，将分离器和再热器连在一起；

（3）完善汽轮机的管道和疏水。

7.2 汽轮机润滑油、顶轴油和盘车系统(GGR)

7.2.1 润滑油系统

7.2.1.1 功能

（1）给汽轮发电机组的支持轴承、推力轴承和盘车装置提供润滑油；

（2）向低压缸和发电机的支持轴承提供顶轴油；

（3）向发电机提供氢气密封备用油及密封油系统的最初充油及补油；

（4）为汽轮机机械超速和手动脱扣装置提供安全油。

7.2.1.2 系统描述

润滑油系统由汽轮机主轴驱动的主油泵、油涡轮/增压泵、冷油器、顶轴装置、盘车装置、排烟系统、主油箱、交流润滑油泵、直流事故油泵、高压密封备用油泵、滤网、电加热器、油位指示器、油位开关等以及各种脱扣、控制装置和连接管道、阀门、各种监测仪表等构成。

在机组正常运行时，汽轮发电机组各轴承的润滑油由主油泵供给。在汽轮机启动、停运工况下，由交流电动油泵提供润滑油。若失去交流电或主油泵和交流电动油泵都发生故障，不能维持正常油压时，直流事故油泵自动启动来维持油压。直流事故油泵作为最终备用泵，该泵不用于汽轮发电机组的长期运行，只用于保证汽轮发电机组安全停机。

主油泵位于汽轮机 No.1 轴承座内与高压缸转子前端相接的短轴上，由汽轮机转子驱动。因主油箱标高低于主油泵，为保证主油泵在正压头下进油，专门设置一增压泵，它由油涡轮机驱动，而油涡轮机的动力油来自主油泵出口。交、直流油泵、增压油泵都带有潜入式吸入口直接从主油箱中吸油，交直流油泵相应的电动机都固定在主油箱顶部。

7.2.1.3 流程简介

（1）主油泵油流程

在正常运行时，主油泵供给汽轮发电机组的全部用油，向外供润滑油分成两路：一路去驱动油涡轮机，使增压油泵从油箱吸油并将油送至主油泵吸入口，保证主油泵正压头吸油，经过油涡轮机之后的排油经过润滑油冷却器至润滑油供油母管，进入润滑油管线；另一路向发电机密封油系统空侧密封瓦提供备用油源和机械超速自动停机装置提供安全油。

（2）交流电动油泵油流程

交流润滑油泵作为主油泵的备用油泵，它在润滑油母管表压降至 0.76～0.83 bar 时自动启动。交流润滑油泵可代替主油泵长期工作，它位于主油箱油中，油泵出口至润滑油管线后分成两路：一路向主油泵进口供油；另一路经润滑油冷却器(GGR101RF、GGR201RF)至润滑油供油母管，然后分配到各支持轴承，回油汇集到回油母管后再经150目的回油过滤器进主油箱。在机组转速升至2 500 r/min左右时，主控操纵员可手动将其停运；在汽轮发电机组转速降至2 300 r/min左右时，交流油泵可自动启动。

(3) 直流电动油泵油流程

直流事故油泵也位于主油箱中，是立式离心泵，直流电动机放在主油箱顶部。其出口油经GGR004VH隔离阀直接送至润滑油母管(不经油冷却器)，然后将油分配到各轴承中去，回油至回油母管，再进主油箱。

直流事故油泵是在紧急情况下使用，它在主油泵和交流润滑油泵供油不足，润滑油表压降至0.69～0.76 bar时自动启动，提供足够的轴承润滑用油，以安全和可控方式使汽轮发电机组停运，它只能用手动按钮停运。

7.2.2 顶轴油系统

7.2.2.1 功能

(1) 汽轮机转速降至500 r/min(2号机组700 r/min)或在投盘车之前，必须先启动顶轴油泵，将汽轮发电机组转子托起0.06～0.10 mm，形成油膜，防止轴颈与轴瓦间发生干摩擦。

(2) 减少摩擦力矩和盘车装置功率。

7.2.2.2 系统描述

顶轴油系统由4台顶轴油泵，4个入口过滤器，监视8个轴承顶轴油压的8个压力开关，两个安全阀，顶轴油分配集管以及去8个支持轴承的管道和阀门等组成。

四台顶轴油泵，两台运行，另两台备用，一台顶轴油泵供四个轴承。

本子系统为开式供油系统，补给油引自冷油器出口，补给油的压力与润滑油压力相同，然后经滤油器引到顶轴油泵进口。在滤油器与顶轴油泵连接的管道上，装有两个压力开关，一个压力开关当油表压下降至0.049 MPa时，发出报警信号，此时，维修人员应立即检查泵的入口滤网是否需要清洗或更换；另一个在油表压降低到0.019 6 MPa时，自动停运顶轴油泵。

高压顶轴油自顶轴油泵出口引入两段分配集管，两段集管间有一联络阀(2号机组无此阀，1号机组此阀保持全开)。每两台泵对应一段，每根集管引出4根支管通向各轴承顶起管路接头，排入各轴承箱。各支管上均装有手动调节阀和逆止阀用以调整各轴承的顶起高度，防止各轴承间的相互影响，其中手动调节阀用来调整顶轴油压，逆止阀是为了在机组运行时防止轴承中的压力油泄漏走。在两根分配集管上分别装有一个安全阀，用以限制集管油压，并防止供油系统中油压超过最大允许值。

另外，在输往各轴承压力油支管上，还装有一个压力开关。此开关的作用是在顶轴油没有将转子顶起之前，禁止盘车电机启动；并在顶轴油压降至整定值以下时，自动启动对应的备用顶轴油泵。在顶轴油泵自动启动或主控手动启动均失败时，主控操纵员应将GGR015TL离开“自动”位置，此时现场操作人员才能在就地启动所选中的顶轴油泵。

7.2.2.3 运行及监护

(1) 初始使用或长期停放后运转时，不应立即满负荷运行。此时，可开启顶轴油泵至主油箱管路上的高压截止阀形成旁通回路，待泵组运行平稳后再将其逐渐关闭；

(2) 在汽轮发电机组正常运转过程中，如需检查顶轴油泵的工作情况，可利用旁通高压截止阀形成旁通回路进行试验；

(3) 顶轴油泵启动前必须保证补油条件，即汽轮机的润滑油压必须正常建立并确认供向顶轴油子系统的隔离阀已开启；

(4) 经常检查油温及油泵外壳温度，如发现异常情况应及时处理消除；

(5) 经常检查顶轴油泵漏油口的漏油情况，保证畅通，如漏油量发生异常变化，以及发生振动噪音或压力波动等情况应立即检查处理；

(6) 在运转时，系统中的最高瞬时极限油压不得超过 21.5 MPa，每次延续时间不得超过 1 min，每小时累计不得超过 6 min。出现此种情况后，应立即检查轴承顶起管路中有无阻塞情况，并及时处理，堵塞情况可由各顶起油口前的压力值的变化来判断。

7.2.3　盘车装置

7.2.3.1　功能

当汽轮机在冲转前或停机后，都必须投入盘车装置，它位于发电机和 No.3 低压缸之间，由电动机通过减速齿轮箱带动汽轮发电机组转子以 3.38 r/min 转动。冲转前盘车是用来检查动静部分是否有摩擦以及大轴弯曲情况；停机后盘车使汽轮机转子均匀地冷却，防止大轴弯曲。

7.2.3.2　启动条件

自动启动盘车装置下述条件必须满足：

(1) 顶轴油系统中建立正常的顶轴油压；

(2) 盘车装置有润滑油供给，且油压正常；

(3) 盘车电机轴盖合上；

(4) 汽轮机零转速信号；

(5) 推动盘车装置自动啮合的压缩空气压力在 0.7 MPa 以上；

(6) 各控制电源、动力电源正常。

7.2.3.3　系统描述

在汽轮机启动时，当汽轮机升速超过盘车转速并具有足以使盘车设备脱开的转速时，在反作用力下啮合小齿轮将自动脱开，此时，盘车手柄离开啮合位置，盘车电动机停运。当转速升至 500 r/min，根据转速信号使盘车装置喷油电磁阀失电，并切断润滑油，同时顶轴油泵电机停运，整个盘车运行结束。当汽轮机升速至约 2 000 r/min，主油泵投入工作，并能维持其自身吸入压力，保持主油泵稳定工作。交流润滑油泵一直工作到汽轮发电机稳定运转在 2 500 r/min 以上，这时，才允许手动操作停运交流润滑油泵。

当汽轮发电机组停运时，由于润滑油压力下降使交流润滑油泵自动启动。当转速降到 500 r/min(2 号机组 700 r/min)时，顶轴油泵启动，同时盘车装置喷油电磁阀得电，开始向盘车装置喷油，随着转速继续下降，当转子停转时，零转速继电器得电，压缩空气通过啮合电磁阀向啮合汽缸充气，盘车装置自动啮合。盘车电动机启动，如果此时啮合小齿轮与盘车大齿轮没能完全啮合，由于盘车电动机启动，亦会使其滑过一个齿而达到完全啮合，从而带动汽轮发电机转子在盘车转速下旋转。至此,机组开始以 3.38 r/min 做持续盘车。当高压缸温度下降到 150 ℃以下时,才允许手动操作停盘车装置和顶轴油泵。

7.2.4 设备说明

(1) 主油箱

主油箱为一圆筒形卧式油箱,由钢板 Q235-A · F 卷制焊接而成。汽轮机使用的润滑油要求必须是高质量、均质的精炼矿物油,而且要添加防腐蚀和防氧化的成分,此外,润滑油中不得含有任何影响润滑性能的其他杂质。主油箱总容积 54 m^3,正常油位对应油体积为 37.85 m^3。在停机过程中,主油箱中的油位将比正常油位高一些,这是因为润滑油系统不工作时,油管路中的部分油返回油箱。这将引起高油位报警,直到润滑油系统投入运行时报警才被解除。各种状态下的主油箱油位如表 7-2-1 所示。

表 7-2-1 主油箱油位表

尺寸/mm				
正常运行油位	灌装油位	最低报警油位	最低打闸油位	最高报警油位
1 925	2 786	1 578	1 528	2 025

(2) 油泵

GGR 系统油泵特性见表 7-2-2。

表 7-2-2 GGR 系统油泵特性表

名　称	型　式	台数	流量/(L/min)	吸入压力/MPa	排出压力/MPa	转速/(r/min)	功率/kW
主油泵	涡壳式离心泵	1	5 161.6	0.27	1.257	3 000	—
增压泵	离心泵	1	6 567	淹没式	0.363	2 268	—
油涡轮机	—	1	5 124	<1.336	0.343	2 268	—
交流润滑油泵	立式离心泵	1	6 056	淹没式	0.294	1 470	50
直流事故油泵	立式离心泵	1	6 056	淹没式	0.208	1 600	42
顶轴油泵	轴向柱塞泵	4	40	>0.119 6	18.0	—	18.5
氢密封备用油泵	定排量三螺杆泵	1	712	—	1	2 930	18.5

(3) 电动盘车装置

盘车装置由壳体、涡轮涡杆、链条、链轮、减速齿轮、电动机、润滑油管路、护罩、启动啮合装置等组成。

本装置电动机为 Y280S-6B3 型、功率 45 kW、980 r/min,经减速后盘车转速为 3.38 r/min。

(4) 油冷却器

油冷却器安置在油箱附近,油涡轮、交流油泵供轴承润滑油,都须经冷油器以调节油温。油在冷油器壳体内绕管束流动,而管内通有冷却水。在正常情况下,只有一台冷油器在工作,另一台备用。通向冷油器的油由手动的三通阀控制,该阀把油通向两台冷油器中的一台,且允许不切断轴承润滑油路情况下切换冷油器。两台冷油器进口通过一根细连通管和截止阀门连接起来,截止阀可使备用冷油器充满油做好随时投入的准备。每一台冷油器壳体上都有连通管通向油箱。连通管从顶部进入油箱伸至正常油位以上区域。运行人员从每条管路上的一只流量窥视孔能确定是否有油流经冷油器。随着截止阀的开启,两只流量窥视孔中都充满了油。

油冷却器技术数据:

通过油冷却器的油量:6 435 L/min

进口油温:65 ℃

出口油温:45 ℃

冷却水进口温度:37.4 ℃

冷却水流量:2×830 t/h

(5) 主油箱排烟风机

两台离心风机安装在主油箱上,用于在正常运行时保持主油箱内负压在 0.5 kPa(表压)左右,两台风机一台运行,另一台备用。备用风机可手动或自动投入工作。一台风机运行时,备用风机的出口风阀开启,进口阀处于节流状态,用以调节油箱内负压,以防油雾进入汽轮机厂房和保证回油管路畅通。

(6) 氢密封油箱

大气式密封油箱属于发电机密封油系统。该油箱接收发电机 9 号、10 号轴承和发电机空侧密封瓦回油。当油箱油位过高时,通过溢油管线回到 GGR 主油箱,从而形成一个闭式循环。GHE 系统的初次充油及机组正常运行时的补油均通过 GGR 系统中的油泵运行来实现。机组正常运行时,为防止通过发电机密封瓦处泄漏出来的氢气进入 GGR 主油箱,在氢密封油箱与 GGR 主油箱之间的回油管道上设有 U 型油封装置,并在氢密封油箱上方安装了两台防爆型离心式排油烟风机,一台风机运行,另一台风机备用,以便及时地将泄漏到氢密封油箱的氢气排出厂房外的大气中去。

(7) 回油过滤器

两只带有 150 目滤网的回油滤油器,安装在油箱内的回油槽上。滤网是方形的,由滤网和带孔金属网架组成。它嵌入槽底割出的开口内。槽中回油靠重力流进滤油器顶部,通过上方一只检修口可把滤网取出,两个滤油器互为备用,便于随时清洗和调换,在机组运行期间严禁开启油箱盖来切换滤网,以防止外界环境中的浮尘进入油箱而影响油质。此时可通过专设的油处理装置来处理润滑油。

(8) 电加热器

四台装在油箱顶上的浸没式电加热器,它们在需要时加热油以维持足够的油温。这些加热器由三位开关控制。开关位于接通时,加热器通电,但一般情况下,开关放在自动位置上。加热器由一恒温器控制而自动工作。为安全起见,加热器通常与油位开关联锁,以便在加热器部件露出油面之前切断加热器的电源,恒温器由可调旋钮调整,它应整定在油温正常工作范围 27～38 ℃。

(9) 三台装在油箱顶部的浮子式液位开关

三台油位指示器,它可以就地显示油箱内的油位。

三台带液位开关的油位指示器,其中第一个油位指示器上各安装有一个高、低低液位开关(001SN),第二个油位指示器上安装有低液位开关(002SN),第三个油位指示器上安装有低低液位开关(003SN),以上三个液位开关用于监视GGR系统的泄漏或SRI冷却水通过GGR冷油器进入GGR主油箱的状况,并向主控操纵员发出液位不正常报警信号,提醒运行人员应引起注意并采取相应措施;第三个油位指示器上安装的低低液位开关,它与监视主油箱油温的温度开关联锁来控制GGR油箱电加热器的通断,以便将GGR油温控制在合理的范围之内。机组正常运行时,GGR油箱电加热器控制开关在自动位置,润滑油温低于27 ℃时,油箱电加热器自动投运,但当油位下降至－347 mm低油位或油温超过约35 ℃时,则GGR油箱电加热器自动停运。

7.2.5 系统运行

7.2.5.1 启动前准备

润滑油系统开始工作前必须保证监视仪表投入正常工作,特别是监视油温与油压的记录仪器。

油箱中的油温必须达到10 ℃以上才能启动油泵。润滑油通过三通阀经冷油器后进入汽轮机和发电机的轴承中去,而此时的油不应被冷却。只有当启动过程中油温达到43 ℃时,冷却水才通入冷油器。润滑油净化系统(GTH)在准备启动阶段内就投入运行。

在准备启动阶段,交流润滑油泵及高压密封备用泵代替主油泵供油。润滑油经过冷油器后,在轴承供油总管的油压为97～124 kPa(表压)。此时直流事故油泵处于备用状态。当失去交流电或油压力、润滑油泵出现故障时,直流油泵马上投入工作。

高压密封备用油泵打出的油向前轴承箱内的机械超速和手动脱扣装置供油。高压密封备用油泵出口处的安全阀整定压力调到860～890 kPa(表压),在它的出口处有一个对夹式止回阀,防止油倒流。

7.2.5.2 启动

汽轮发电机转子由蒸汽冲转脱开盘车装置并逐渐上升到额定转速,该过程称为“启动”。

在开始启动之前,操作人员必须确保汽轮机在高于盘车转速时有可靠的应急直流电源存在。在紧急状态下,例如失去交流电源,为保证安全停机,需有一个连续可靠的直流电源,使汽轮发电机组在惰走期间仍能安全停机。

润滑油系统随着油温的升高要求冷油器进冷却水。随着机组转速的升高,轴承的温度也在升高。轴承合金上的热电阻及轴承排油管上的热电阻和温度计中可以监视轴承温度的升高。正常轴承回油温度不应超过77 ℃(见表7-2-3)。

表7-2-3 汽轮发电机组轴承温度/℃

	汽轮机径向轴承	发电机径向轴承	推力轴承
报警值	107	99	99
汽轮机打闸值	113	107	107

正常的轴承合金温度不应高于91 ℃;

轴承回油温度不应超过77 ℃;

轴承合金温度超过 107 ℃报警(对于推力轴承为 98 ℃)；

轴承合金温度超过 113 ℃打闸停机(对于推力轴承为 107 ℃)。

在启动过程中,交流泵给主油泵入口供油,压力表监视主油泵的入口压力。随着汽轮机转速的增加,主油泵出口压力也增加,并由压力表和压力开关监视。

一旦主油泵提供全部所需压力油,轴承润滑油泵可以设置在自动启动模式。将泵的三位开关转到“停止”位置上,交流泵被关掉。确认交流泵停下来后,将三位开关转到“自动”位置,交流泵处于备用状态,此时高压密封备用油泵也应停掉,监控轴承润滑油压。三个电动泵(交流润滑油泵、直流事故油泵、高压密封备用油泵)的三位开关都处于“自动”位置,作为备用油泵。

7.2.5.3 停机运行

机组从电网中脱开,汽轮发电机组转子降速直至停下来,投入盘车装置进行盘车的过程称为停机。冷油器的油温应调整到 27～35 ℃。为了保护轴承在盘车期间的润滑,仍需进行油循环并使顶轴系统投入运行。停机期间润滑油系统运行分为三种工况:惰走、盘车、转子静止。

(1) 惰走

惰走时,主油泵不能维持正常的轴承润滑油压,当轴承润滑油压降到 76～83 kPa(表压)时,交流泵和高压密封备用油泵启动。若轴承润滑油压下降到 76 kPa(表压)以下时,交流泵和高压密封备用油泵仍未自动投运,则操作人员必须手动启动这些泵。

(2) 盘车

当汽轮机转速降至零时,盘车齿轮啮合,润滑系统由交流润滑油泵供油,该泵一直开到机组不再需要冷却为止。停机期间,冷油器的出口油温应保持在 27～35 ℃的范围。

(3) 转子静止

盘车停止后,油循环系统仍应保持运行一段时间。

7.2.5.4 非正常运行

在非正常运行期间,为了减少损坏,应连续监视润滑油系统。以下情况可能会产生润滑油压下降:

(1) 机组转速下降,主油泵不能提供足够的油压;

(2) 主油泵故障;

(3) 轴承油管堵塞;

(4) 油涡轮增压泵故障;

(5) 系统中出现大量泄漏。

当压力降低并有交流电源时,润滑系统将像正常停机那样工作。如果交流油泵不能提供足够的润滑油压,直流事故油泵将自动启动。直流事故油泵是润滑油系统最后一个备用油源。如果直流泵供油时机组还没有打闸,则必须打闸停机。

当正常运行时,仅使用一台冷油器冷却润滑油,另一台作为备用。若其中一台冷油器不够的话,则三通阀旋至中间位置,两台冷油器可同时投入工作。

秦山二期核电厂 1 号、2 号机组正常运行时,两台冷油器同时投运,三通阀处于中间位置。

汽轮机润滑油、顶轴和盘车系统流程图如图 7-2-1 至 7-2-3 所示。

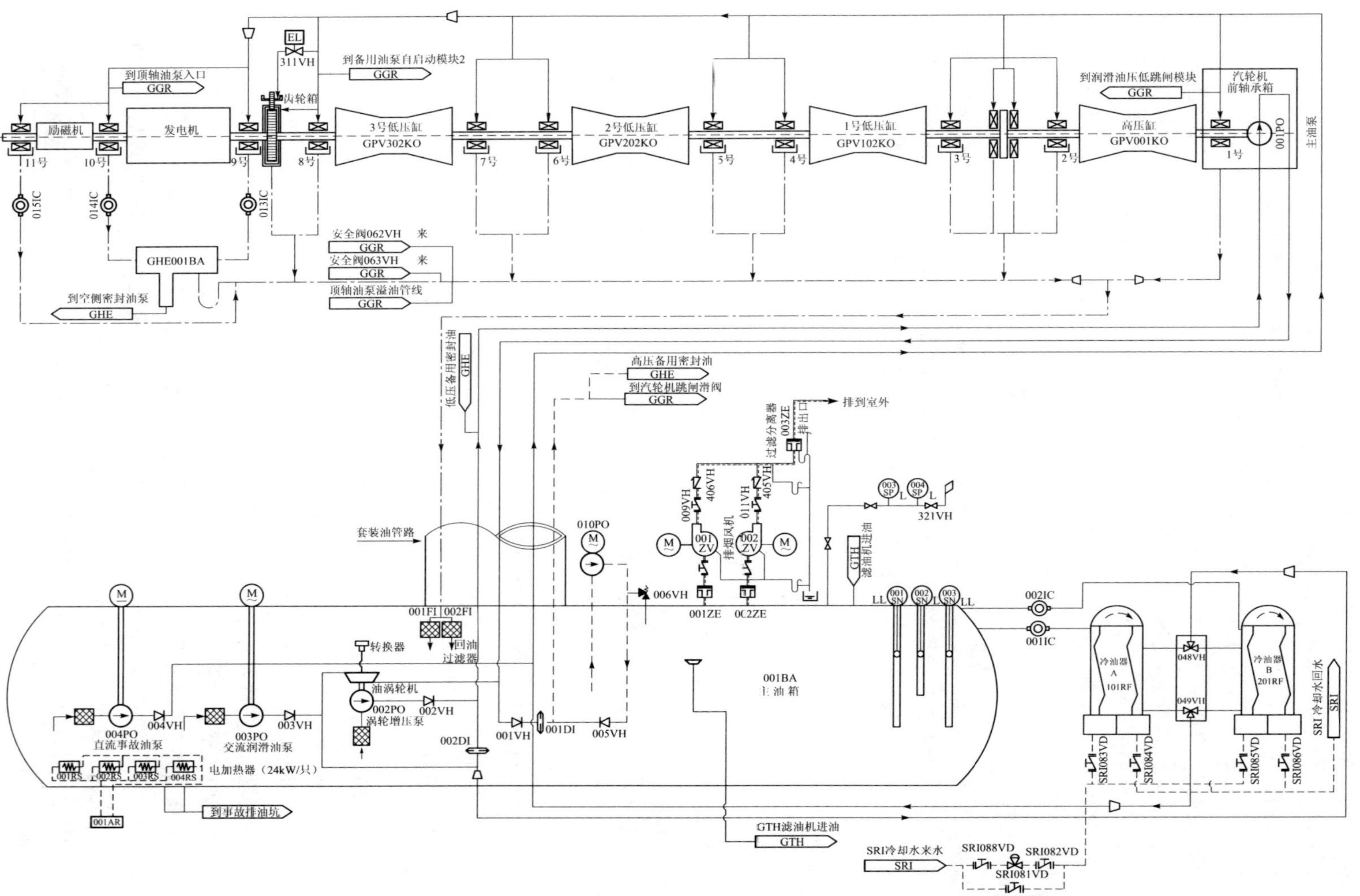

图 7-2-1 汽轮机润滑油、顶轴和盘车系统流程图

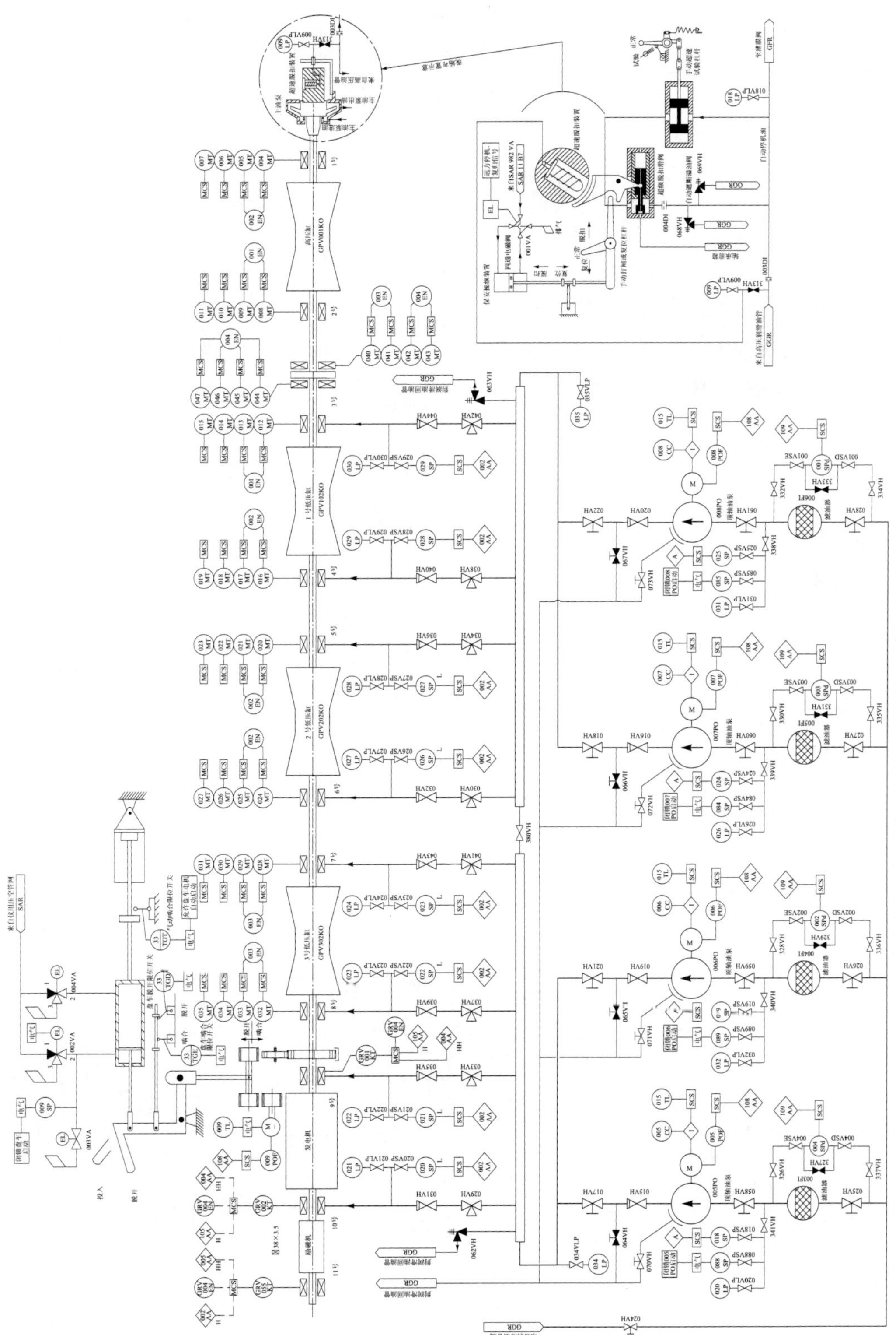

图 7-2-2　汽轮机润滑油、顶轴和盘车系统流程图

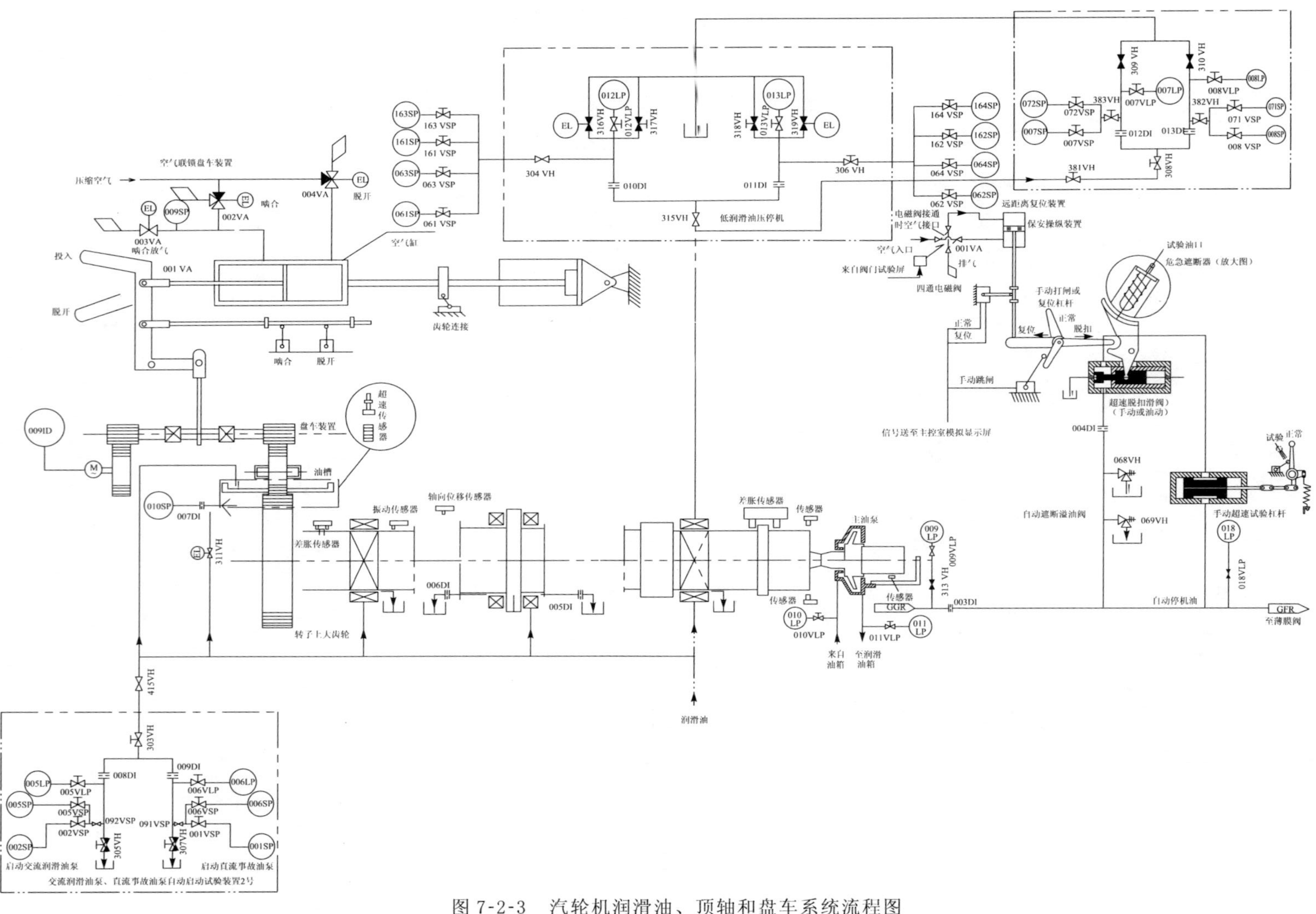

图 7-2-3 汽轮机润滑油、顶轴和盘车系统流程图

7.3　汽轮机轴封系统(CET)

主汽轮机在启动、停运过程中和带负荷情况下，低压缸排汽端处于真空状态，为了防止大气沿轴承漏入损坏轴封齿以及影响真空，必须采取密封措施；在机组负荷较低时，高压缸排汽端压力也较低，为了防止大气沿轴承漏入损坏轴封齿以及影响真空，也必须采取密封措施；当机组负荷增高时，为了防止高压缸缸内的蒸汽沿轴承漏向大气，同样也需要采取密封措施。为此设置了汽轮机轴封系统。

7.3.1　系统功能

汽轮机轴封系统的功能是向汽轮机提供密封蒸汽，在汽轮机正常运行、启动和停止时，防止环境中的空气从轴封处漏入汽轮机或汽轮机汽缸中的蒸汽漏入外界环境中，并回收汽轮机轴封和汽轮机进汽阀阀杆的漏汽；同时轴封系统也是维持凝汽器真空的必要条件。

7.3.2　系统描述

汽轮机轴封系统由压力控制器、轴封蒸汽冷却器、排风机、调节风门以及有关的仪表、阀门、管道组成。其主要流程如图 7-3-1 所示。

汽轮机轴封系统的汽源有两个：主蒸汽（来自 VVP 系统）和辅助蒸汽（SVA）。系统用汽量按汽轮机转子汽封间隙名义值的两倍设计。

在启动、低负荷及停机时，根据实际情况可以用辅助蒸汽系统（SVA）或主蒸汽系统（VVP）的蒸汽通过节流干燥后用于密封。由 VVP 来的蒸汽经过一个主供汽阀门站（CET001VV），由阀门站控制通往高压缸和低压缸汽封的蒸汽量；由 SVA 来的蒸汽直接接入主供汽阀门站的下游。

正常运行时，使用 VVP 系统来的新蒸汽供给汽封用汽。

每个低压缸两端的汽封配置一套阀门站，高压缸两端的汽封也配有一套阀门站（CET005VV），向高压缸汽封供汽的阀门（CET005VV）仅在汽轮机启动过程中开启供汽，正常运行时此阀门关闭，阀门 CET009VV 开启，高压缸汽封排汽经这个阀门排向凝汽器（CEX101CS）。向各低压缸汽封供汽的阀门站无论在启动过程中或正常运行时都必须开启供汽。

本系统中各汽封的供汽阀门站采用 PLC 调节方式。由于三个低压缸距新蒸汽汽源的距离不等，管道的压力损失也不一样，所以采用了每个低压缸两端的汽封由一套独立的阀门站控制供汽，从而使进入低压缸汽封的蒸汽压力保持一致。

各汽缸轴封和进汽阀门阀杆的漏汽由回汽管线回收。汽封系统的回流管线上设有一台轴封蒸汽冷却器（CET001CS）及两台风机。汽轮机的所有轴封抽出蒸汽、主汽阀和再热主汽阀的阀杆漏汽通过回汽管线与轴封蒸汽冷却器相连。回收的蒸汽在轴封蒸汽冷却器中经 CEX 的水冷却凝结后，凝结水经由一个 U 型水封管排往凝汽器（CEX103CS）。冷却器使各漏汽腔室保持轻微的真空状态，以便抽吸漏入的空气和密封蒸汽。两台容量为 100％的电动排风机从轴封蒸汽冷却器中连续抽除空气和其他不凝结气体，排入厂房外的大气。

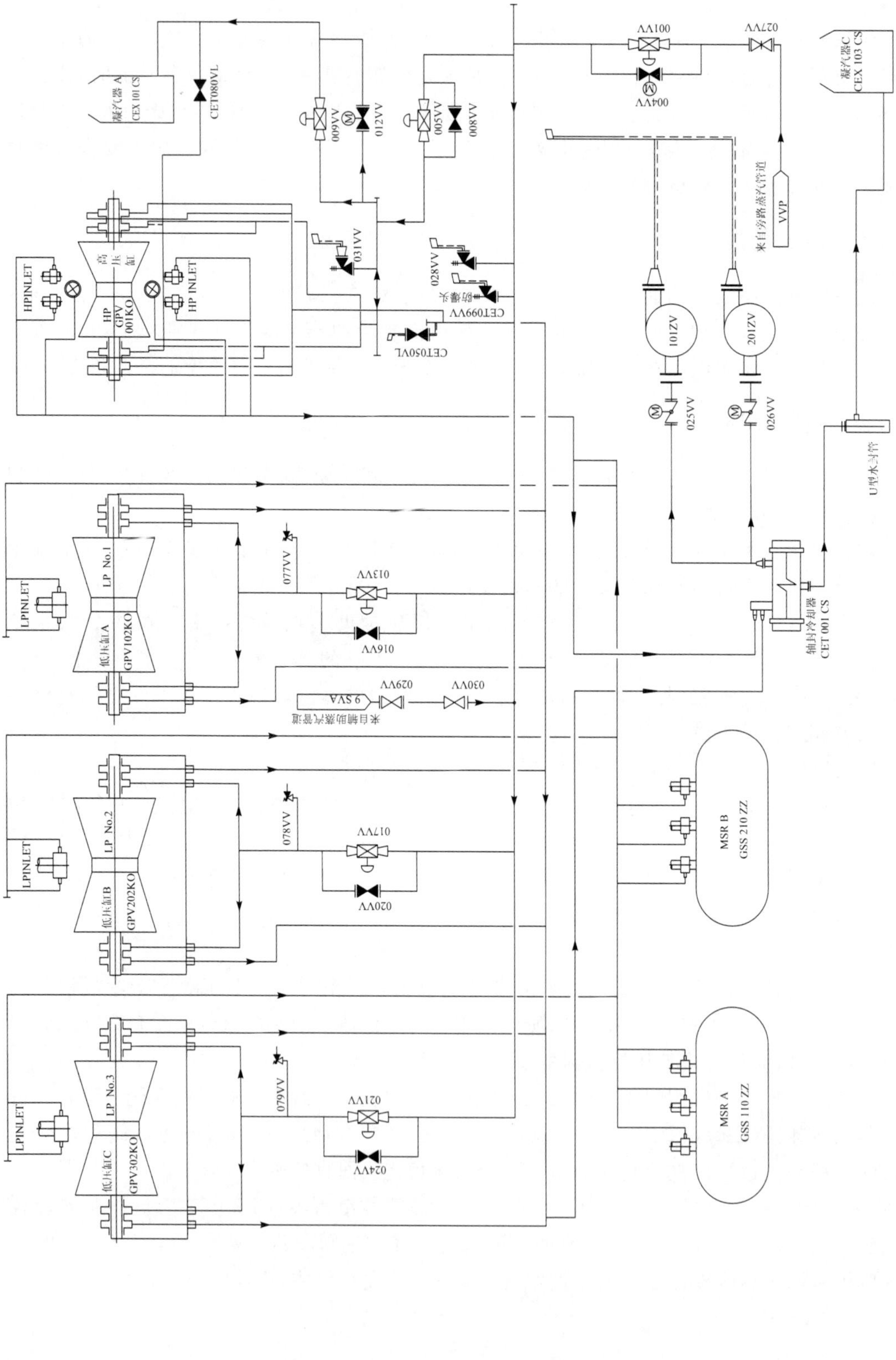

图 7-3-1 CET流程简图

7.3.3 主要设备

（1）气动调节阀(PLC 调节仪)

气动调节阀共有 6 个，其中：一个主供汽调节阀、一个高压汽封供汽调节阀、3 个低压汽封供汽调节阀、一个溢流阀。各阀门的整定值(表压)见表 7-3-1。

表 7-3-1 各阀门整定值(表压)

气动调节阀	整定值/kPa
主供汽调节阀(CET001VV)	863.9(阀后)
高压汽封供汽调节阀(CET005VV)	22.8(阀后)
低压汽封供汽调节阀(CET013/017/021VV)	22.8(阀后)
溢流阀(CET009VV)	36.5(阀前)

各阀门的开关状态如表 7-3-2 所示。

表 7-3-2 各阀门开关状态

运行工况 / 状态 / 阀门	启动过程中	正常运行时
主供汽调节阀	开启和控制(切换到 VVP 后)	开启和控制
高压汽封供汽调节阀	开启和控制	关闭
低压汽封供汽调节阀	开启和控制	开启和控制
溢流阀	关闭	开启和控制

每个气动调节阀的入口均装有隔离阀，可将气动调节阀隔离。在气动调节阀旁边装有旁路阀，它允许汽轮机在气动调节阀维修时运行。

（2）安全阀和防爆头

安全阀是在压力直接作用下的“突开”式释放阀。

由于汽封系统的供汽压力在异常状态下可能超过系统的设计容许压力，在汽封蒸汽母管上设有一只直接作用式安全阀和一只防爆门。当高压供汽调节阀后的蒸汽压力超过 1.9 MPa(表压)时，安全阀(CET028VV)开启。当高压供汽调节阀后的蒸汽压力达到 3.34 MPa(表压)时，安全阀能够释放出高压供汽调节阀全开时的进汽量。

当汽封蒸汽母管压力达到 3.45 MPa(表压)时，防爆门(CET099VV)的膜片爆裂，它能释放高压供汽调节阀及其电动旁路阀两阀全开时的进汽量，确保汽轮机轴封系统的安全。

在溢流阀的上游也装有一只安全阀(CET031VV)，其整定压力为 0.28 MPa(表压)，在上游蒸汽压力达到 0.79 MPa(表压)时，该安全阀能释放由于溢流阀完全关闭而管路中可能出现的最大蒸汽流量。

另外每台低压缸调节供汽调节阀下游也有一只安全阀(CET077/78/79VV)，整定压力同为 0.27 MPa(表压)。

(3) 蒸汽过滤器

在每个供汽阀门站上游的管道中都装有蒸汽过滤器,用以防止异物进入汽封而可能引起的损坏。同时还为冲洗供汽管道提供了方便。

(4) 轴封蒸汽冷却器

轴封蒸汽冷却器通过冷凝的方法,在汽轮机的端汽封处维持一个稍低于大气压的真空,将从高压缸和低压缸漏出的密封蒸汽全部抽吸掉,不致漏入大气。同时轴封冷却器也使得主汽阀及调节阀、再热调节阀及再热截止阀的阀杆部分维持一个微真空,将其漏汽封住。轴封冷却器微真空压力维持在 0.5 kPa。轴封蒸汽冷却器中的冷却水是 CEX 系统的凝结水。热交换器的容量为 2 777.4 kW。

(5) 电动排风机

电动排风机为离心式,满负荷流量为 3 330 m^3/h,压头为 9 110 Pa,功率为 15 kW。

7.3.4 系统运行

7.3.4.1 启动

在凝汽器建立真空之前,汽轮机轴封系统必须处于运行状态。其投运步骤如下:

(1) 启动一台轴封排风机;

(2) 就地逐渐开启辅助蒸汽汽源阀 CET029VV,进行暖管升压,并同时对管道疏水;

(3) 待调节阀 CET005/013/017/021VV 投入蒸汽压力的调节后,即可将 CET029VV 全部开启;

(4) VVP 来的新蒸汽压力达到后,即可开启 CET027VV,关闭 CET029VV。

7.3.4.2 正常停运

汽轮机轴封系统要保持运行,直到凝汽器真空破坏以后,通过关闭相应的隔离阀来使系统停运,然后可以停运运行的排风机。

7.3.5 控制

(1) 密封管线的压力控制

CET 系统的供汽压力调节采用两级调压,CET005/009/013/017/021VV 均为 PLC 调节阀,在系统投运时,这些阀可根据整定压力自动调节。在系统启动时,汽源为 SVA 的辅助蒸汽(CET029VV 开,CET027VV 关),CET005/013/017/021VV 根据整定值(表压力 30 kPa)进行自动调节,CET009VV 由于阀前表压力低于 35 kPa 而自动处于关闭状态。当 CET 系统的汽源切换到主蒸汽时(正常运行),首先由 CET001VV 自动控制阀后表压力为 865 kPa (一级调压),CET013/017/021VV 进一步自动控制阀后表压力为 30 kPa(二级调压);高压汽封的供汽管线压力随汽轮机负荷的变化有一个逐步增大的过程,在汽轮机低负荷时,高压“内汽封”的汽流方向为轴封供汽漏向高压缸内(此时 CET005VV 自动调节压力,且有一定的开度,CET009VV 自动调节,且处于关闭状态),此后随着汽轮机负荷的增大,在负荷增大到一定值时,高压缸“内汽封”的汽流方向变为从高压缸内流向轴封供汽管线(此时 CET005VV 由于其整定值而自动关小直至完全关闭,CET009VV 自动控制其阀前表压力为 35 kPa 而逐渐开启)。

由于 CET009VV 调节能力较弱，所以正常功率运行时，CET012VV 也参与调节，一般手动调节。正常运行时，CET013/017/021VV 的旁路阀 016/020/024VV 有一小开度，以防调节阀突然关闭使低压缸失去轴封。

(2) 蒸汽回收管线的压力控制

蒸汽回收管线内的压力控制依靠保证轴封蒸汽冷却器内足够的真空度来实现，即通过蒸汽冷凝和电动风机抽出不凝气体来实现。电动排风机有两台，正常运行时一运一备，且与入口电动阀门联锁。一台风机运行已经足以保证轴封蒸汽冷却器内足够的真空度，真空度过高不利于冷却器的疏水，应通过调节轴加风机入口总阀节流加以控制。当运行风机故障或轴封蒸汽冷却器压力高[CET002SP：－1 kPa(表压)]时，备用的风机自动投运。

7.4 汽轮机低压缸喷淋系统(CAR)

7.4.1 系统功能

汽轮机低压缸喷淋系统 CAR 的功能是向汽轮机低压缸末级叶片出口处提供低温冷却水，通过喷嘴雾化后与低压缸排汽充分混合，吸收排汽热量，降低末级叶片排汽温度，避免发生动静部件摩擦碰撞事故。

汽轮机工作时，由于动叶片的高速旋转，低压缸排汽口会发热。正常工作时，这些热量被主汽流带走。但当汽轮机在低负荷工况，特别是在零负荷额定转速工况下运行时，由于蒸汽流量小，低压缸末级叶片的摩擦鼓风发热使得排汽温度迅速上升，转子和静子部件之间的热变形和过度差胀造成动静部件摩擦相碰而导致机组损坏、停机。

7.4.2 系统描述

汽轮机低压缸喷淋系统主要由三个喷水流量控制站和六只安装于低压缸内的喷水环及喷嘴组成，流程见图 7-4-1。

汽轮机低压缸喷淋系统正常的喷淋水源来自凝结水系统(CEX)，它先由凝结水泵出口母管的减温水母管送至汽轮机旁路系统(GCT)的喷淋管线，从 GCT 喷淋管线上分出 3 条支管，分别引向 3 台低压缸末端，每条支管上各有一个喷水流量控制站，进入低压缸的凝结水经过喷水流量控制站的调节，分成两路通过喷水环和喷嘴排向低压缸两端的排汽空间。

本系统还有一个备用水源来自常规岛除盐水系统(SER)，在发生凝结水源不可用时，可手动投入接在喷水流量控制站后的备用喷水管线来保证低压缸末级叶片的金属温度在正常范围内。

7.4.3 设备说明

(1) 喷水流量控制站

喷水流量控制站由一个气动流量调节阀、前后隔离阀、旁路阀和相应的仪表组成。

气动流量调节阀由气动薄膜执行机构和阀门本体两部分组成。压缩空气流经压力控制器和电磁阀后进入气动调节阀执行机构的薄膜腔室。当没有阀门开启信号时，电磁阀把来

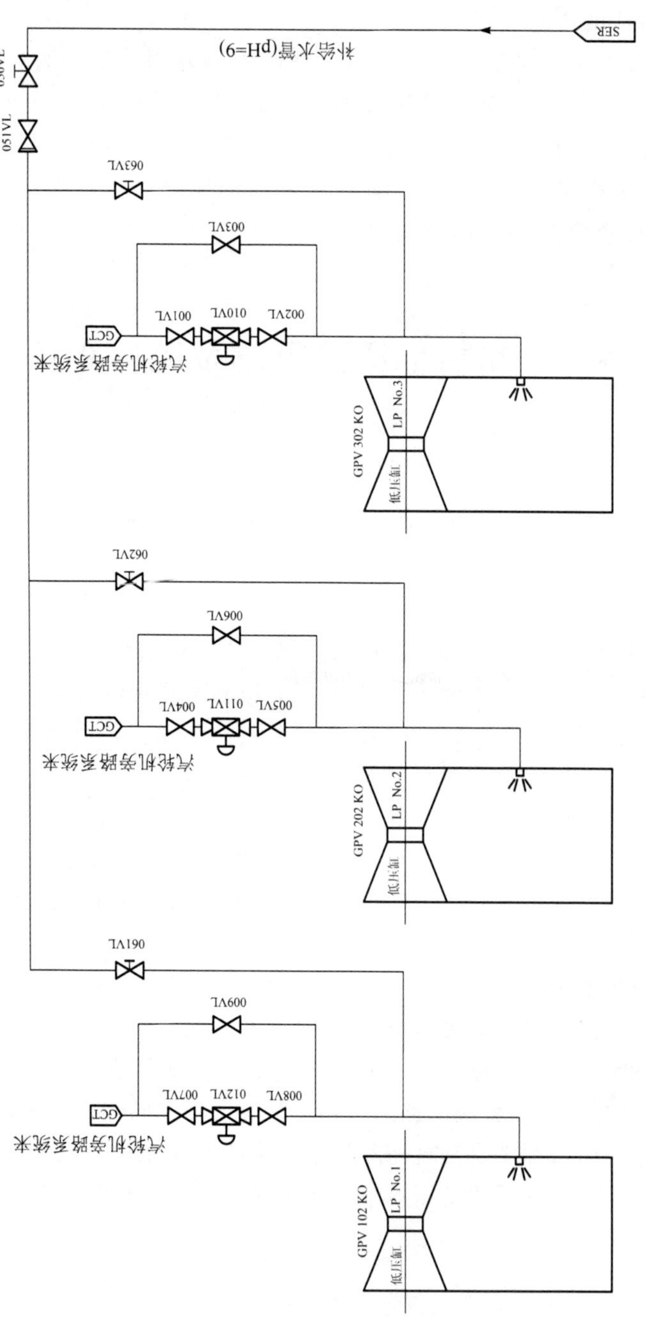

图 7-4-1 汽轮机低压缸喷淋系统流程图

自压力控制器的压缩空气排向大气，在执行机构薄膜上没有压缩空气的压力作用，阀门全关。当有阀门开启信号时，电磁阀关闭压缩空气通向大气的通道，打开通向执行机构的通道。压缩空气作用在执行机构薄膜下部，利用压缩空气的压力使其向上运动并带动与薄膜相连的调节阀阀杆和阀芯，开启调节阀。

在气动流量调节阀故障时，可通过开启旁路阀维持喷水流量控制站后的凝结水喷水压力。当汽轮机低压缸不要求喷水时，旁路阀不得打开，以免损坏汽轮机。

(2) 喷水环和喷嘴

喷水环和喷嘴安装在低压汽缸的排汽导流环处。来自喷水流量调节阀的凝结水用管道接至喷水环的进水接口，再经喷水环送到各个喷嘴，经雾化后喷向排汽空间。喷淋装置如图7-4-2和图7-4-3所示。

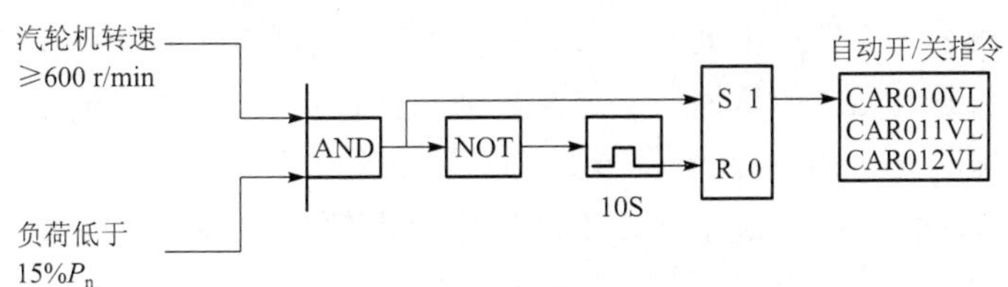

图 7-4-2 低压缸末级喷淋逻辑图

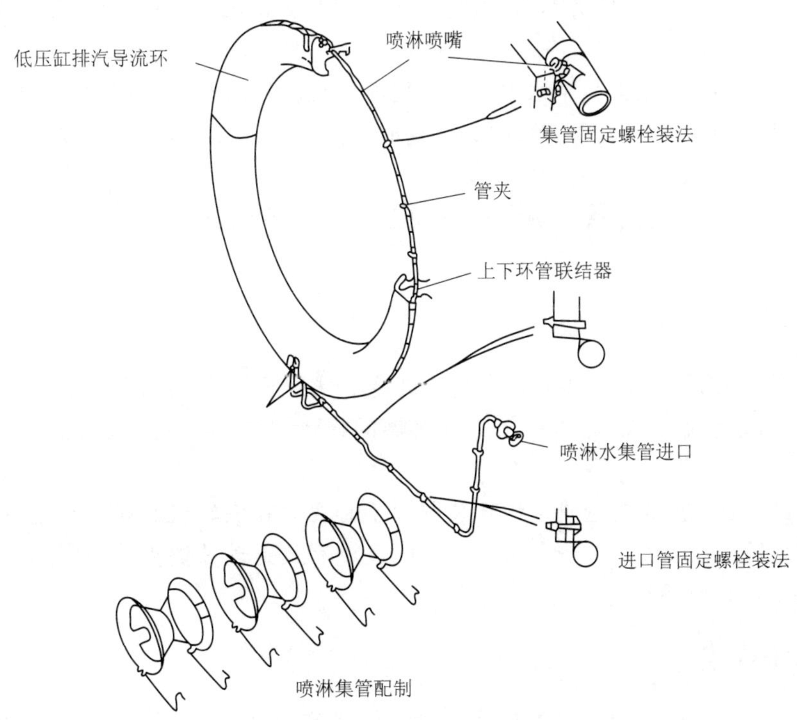

图 7-4-3 低压缸排汽口喷淋装置

7.4.4 运行

7.4.4.1 正常运行

汽轮机低压缸喷淋系统正常在汽轮机转速从 600 r/min 到 15%额定负荷范围内连续运行。在自动控制状态下,当汽轮机转速升到 600 r/min 时,根据转速信号闭合继电器,电磁阀通电,调节阀开启,使得凝结水经喷嘴进入低压缸排汽空间。随着机组转速上升,带上负荷,低压缸喷水系统一直运行。直到汽轮机负荷超过 15%额定负荷后,在低压缸连通蒸汽管内测到代表机组 15%负荷的压力信号时,一只压力开关动作并切除电磁阀电源,使喷水流量调节阀关闭。

7.4.4.2 启动和停运

本系统在启动之前应处于下列状态:从过滤调节阀到压力控制器的压缩空气已经接通;从压力控制器到三通电磁阀的压缩空气已经接通;这时电磁阀处于失电未被吸动状态,压缩空气通过电磁阀排向大气;喷水流量调节阀处于关闭状态。

机组正常运行时低压缸喷淋系统处于停运待命状态,不需要改变系统阀门的开闭位置,系统管道中应保持充满水状态,仅在大修停役时才可放水。

7.4.4.3 其他运行

如果启动时喷水流量调节阀不能运行,可关闭喷水流量调节阀前后隔离阀,在需要进行低压缸喷淋时,通过手动开启旁路阀,这时应注意调节旁路阀的开度,使得下游凝结水压力维持在正常值。

如果发生事故导致正常凝结水水源不可用时,可通过开启来自常规岛除盐水系统管线的隔离阀对喷水流量调节阀下游管线供水,这时应注意将正常喷淋管线隔离防止窜水。

7.5 凝汽器真空系统(CVI)

7.5.1 功能

凝汽器真空系统(CVI)的功能是在汽轮机启动时和正常运行期间从凝汽器中抽除空气和不凝结气体,建立凝汽器真空并保持凝汽器的设计真空,从而为汽轮机提供一个合适背压。

凝汽器真空系统所设置的真空破坏装置用于必要时在汽轮机脱扣停机过程中投运,让汽轮发电机组较快地降速。凝汽器真空系统中还设有放射性监测点,供利用辐射防护监测系统(KRT)对二回路系统进行放射性监测。

7.5.2 系统描述

本系统由三套并联的抽真空成套设备、两个真空破坏阀、真空测量装置以及相关管系和阀门等组成。每套抽真空设备主要包括一台二级水环式电动真空泵,一台密封水冷却器和一个汽水分离器。见图 7-5-1。

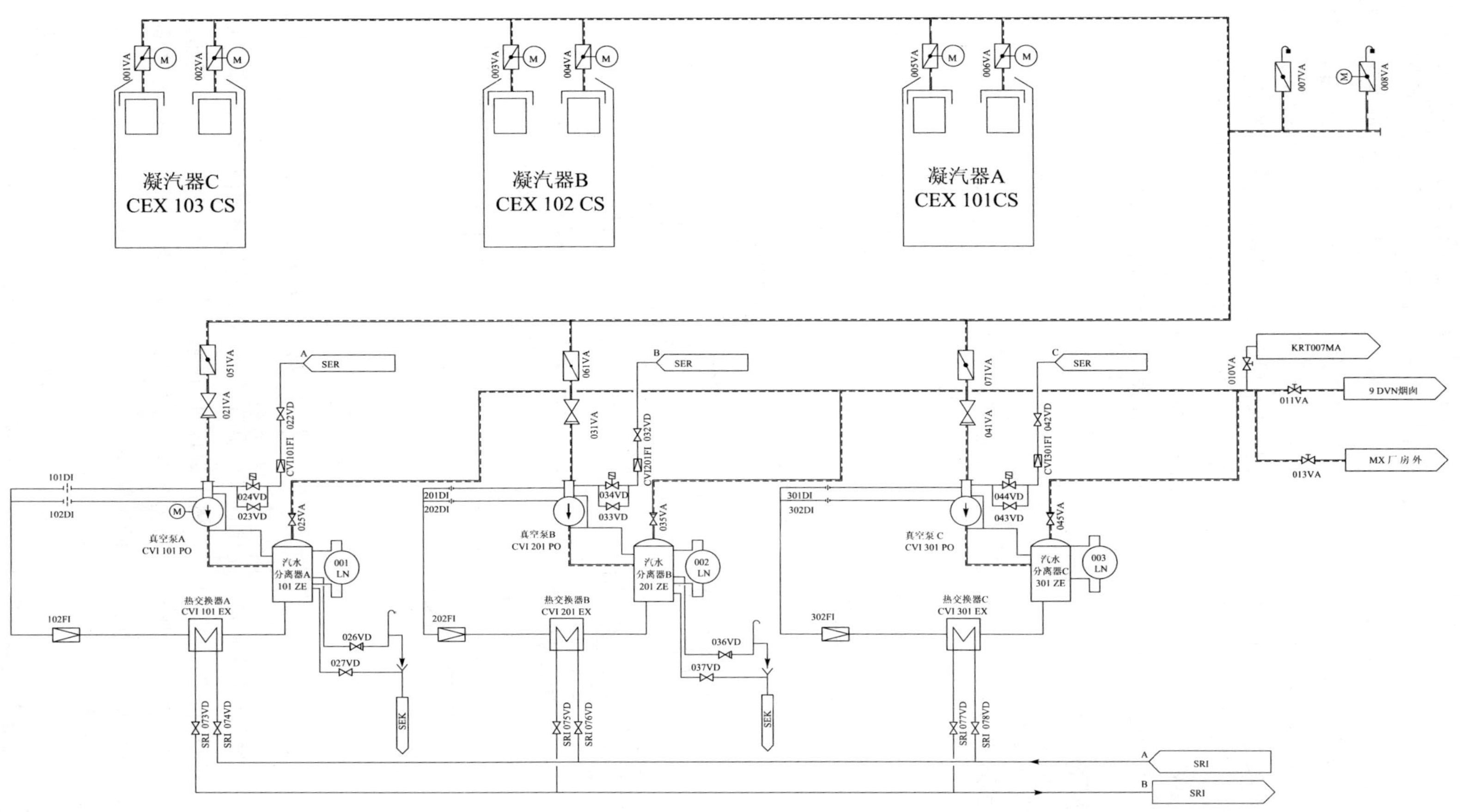

图 7-5-1　CVI系统简图

每台凝汽器各引出两条抽气管道，经各自的电动隔离阀后汇合为一条抽气总管，自凝汽器汽侧抽出的不凝结气体与少量水汽混合物，其温度比凝汽器设计真空相应的饱和温度低，它们被分别送往三套抽气装置的一套、二套或三套，具体套数根据启动、正常运行、异常运行、汽轮机组负荷以及循环水温度等因素选定。由真空泵抽出的不凝结气体连同该泵的工质，即密封水，一并进入汽水分离器，在分离器中进行汽水分离。密封水自分离器底部流出，进入热交换器中，与常规岛闭路冷却水系统(SRI)供应的冷却水进行热交换，降温后再返回真空泵，作为该泵的轴封水和工作用压缩剂。在正常运行时，汽水分离器分离出的气体经逆止阀排向DVN系统，在特殊工况下，分离出的气体也可直接排向大气；当真空泵停运时，分离器出口管上的逆止阀将自动关闭，该阀能较好地防止空气向凝汽器倒流。

7.5.3 设备说明

(1) 水环式真空泵

秦山二期的真空泵是两级泵，该泵的工作原理及结构示意图如图7-5-2、图7-5-3所示。

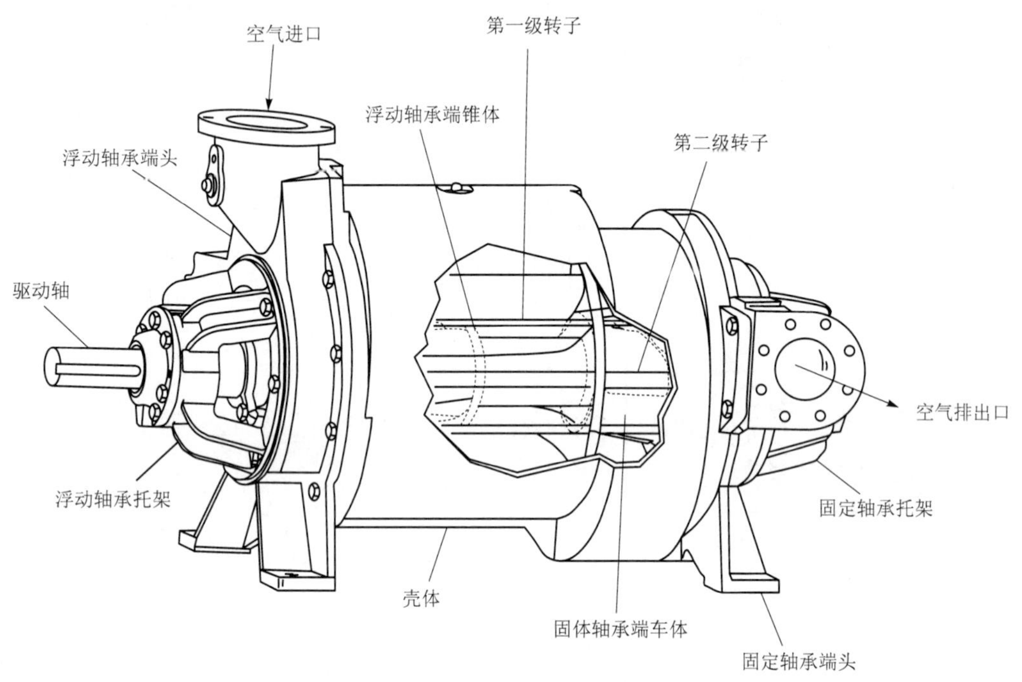

图7-5-2 纳式二级TC真空泵的组成

真空泵由转子(叶片和轴)、壳体、进口、出口、锥面及旋转压缩剂液(水环)等组成。转子与外壳之间有一偏心距，当转子在壳体内旋转时，在泵壳内形成一个偏心的旋转液环，对冷凝器内的空气进行吸入、压缩和排出等过程，达到从冷凝器内排出空气的目的。在图7-5-3a)中，压缩液从图示位置注入叶轮舱；图7-5-3b)段中，液环向外运动，使转子叶片内的空间体积增大，从进口吸入空气，所以图7-5-3b)为吸入空气过程；转子在图7-5-3c)段转动时，液环对叶片内空间进行压缩(空间体积减小)，空气压力升高，故图7-5-3c)段为压缩过程；图7-5-3d)段是受压空气从出口处排出过程。由此可见，转子带动液环旋转一周，完成了对空气的吸入、压缩和排出三个过程，并在吸入进口处形成高度真空(即进口处是整个冷凝

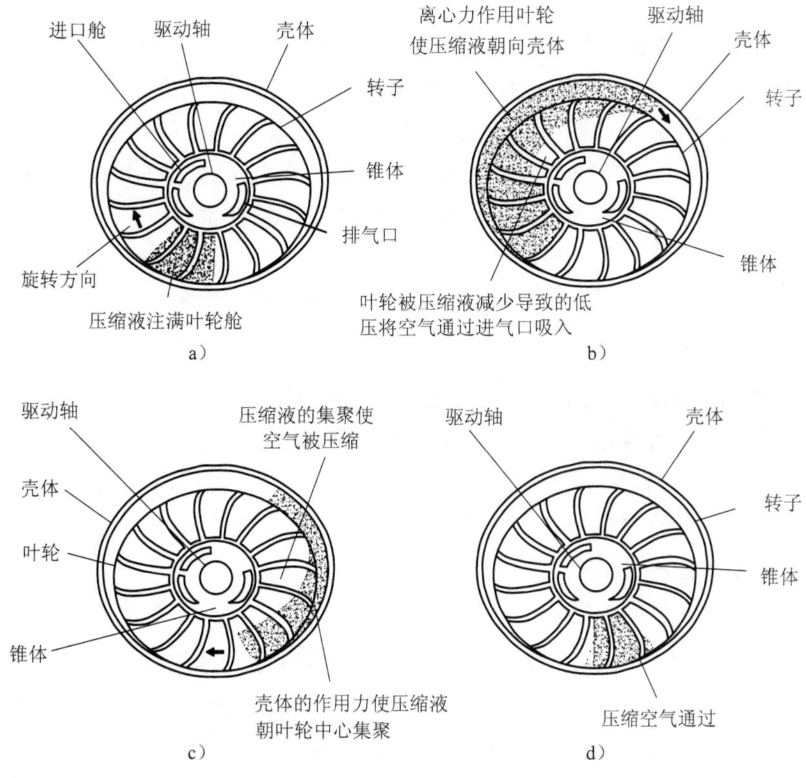

图 7-5-3　第一级液体压缩和空气流动

器汽侧空间压力最低的)。

(2) 热交换器

热交换器是板式换热器,每台冷却水量为 28.123 m^3/h,冷却水由常规岛闭式冷却水系统(SRI)提供。该换热器由传热板片、密封垫片、压紧板、导轨、夹紧螺栓等主要零部件组成。

(3) 汽水分离器

分离器是立式圆筒型碳钢容器,装在真空泵抽气成套设备的底板上。分离器的筒体上装有水位计、水位开关和溢流阀,还装有带隔离阀的转动流量计,用于监测空气泄漏率。分离器筒体接有一条管道,将密封水经热交换器送至真空泵。分离出的空气经装有逆止阀的空气排出管排出。溢流阀可将过量的冷凝水排至 SEK 系统。分离器功能:从空气中脱出水分;作为水环真空泵密封供水的贮存箱。

工作压力:常压;　　　　　　工作温度:35 ℃;

工作介质:空气和水;　　　　设计温度:40 ℃。

(4) 真空破坏阀

真空破坏阀用于在汽轮机脱扣停机过程中打开。汽轮机脱扣停运过程中投运真空破坏系统,让外界空气从真空破坏阀管线进入凝汽器,可使机组在较短时间内降至盘车转速。电动阀 CVI008VA 可在主控室通过 TPL 开关操作,与电动真空破坏阀 CVI008VA 并联布置了一只手动真空蝶阀 CVI007VA,一旦电动真空破坏阀无法开启,则再就地由操作人员手动开启手动阀。

(5) 补水电磁阀

真空泵中工质由SER系统提供，每台真空泵配有一只220 VAC供电的补水电磁阀维持汽水分离器的水位。当分离器上的液位低于设定值时，液位开关的触点自动闭合，使补水电磁阀通电动作，向汽水分离器中补充密封水。当分离器上的液位到达水位高设定值时，液位开关的触点自动断开，补充水电磁阀断电复位，关闭补水管路。每个补水电磁阀还并联了一个手动隔离阀，用于当电磁阀故障时，向汽水分离器紧急补水。

7.5.4 系统运行

7.5.4.1 正常运行工况

当汽轮机在额定功率运行时，CVI系统保证凝汽器真空度在11.8 kPa(循环冷却水温度33 ℃)，汽轮机带最大保证功率运行时，保证凝汽器真空度为5.39 kPa(循环冷却水温度为18 ℃)。三台水环式真空泵保持二台泵运行，一台备用。备用泵在运行泵故障跳闸或真空泵吸入口真空低(定值为14 kPa)时自动启动，以维持凝汽器真空。

7.5.4.2 特殊瞬态运行

(1) 启动

在汽轮机盘车状态下，首先应向高低压缸汽轮机轴封送密封蒸汽。在启动之前，确认常规岛闭式水系统(SRI)已经正常运行，并向本系统的板式热交换器提供冷却水的阀门均已开启。启动真空泵之前保持泵入口阀门关闭，因为凝汽器初始抽真空时，凝汽器中的不凝结气体量大，此时很容易使真空泵过负荷，真空泵启动后，再缓慢开启泵入口阀，并在主控室持续监视运行泵的电流。在真空泵初始启动过程中，汽水分离器的来水量一般都很大，需注意控制汽水分离器的水位。

(2) 停运

在凝汽器真空不需要保持时，可在主控室停运凝汽器真空抽气装置。

7.5.4.3 特殊稳态运行

汽轮机在低负荷下稳态运行，由于汽轮机等设备处于真空状态的级数和范围扩大了，可能漏入的空气量增加，这时为保持冷凝器较高真空值，可以通过手动选择真空泵投运台数。

当凝汽器水室海水侧有隔离时，必须将本系统对应的凝汽器汽侧空气阀门首先隔离，避免大量未经冷却的蒸汽被抽气装置抽出，不但直接影响凝汽器真空而且会导致真空泵过负荷跳闸最终导致凝汽器失去真空。

核辅助厂房通风系统(DVN)的排放管线使在发生蒸汽发生器传热管泄漏时能包含放射性而不致外泄。

第八章 常规岛系统

8.1 主蒸汽系统(VVP)

8.1.1 系统功能

8.1.1.1 一般功能

主蒸汽系统(VVP)的功能是将蒸汽发生器产生的蒸汽送到下列设备和系统：

(1) 主汽轮机供汽和疏水系统(GPV)、汽轮机轴封系统(CET)、汽水分离再热器(MSR)；

(2) 通向凝汽器和大气的蒸汽旁路系统(GCT)；

(3) 辅助给水泵汽轮机(ASG)；

(4) 辅助蒸汽转换器(STR)；

(5) 除氧器(ADG)；

(6) 应急汽轮发电机组(LLS)。

主蒸汽疏水系统从主蒸汽系统排出冷凝水，包括机组正常运行时或管道暖管时所生成的全部冷凝水。

主蒸汽系统送出的压力和流量信号用于调节蒸汽旁路系统向大气排放蒸汽，调节蒸汽发生器的水位，控制主给水泵转速。

8.1.1.2 安全功能

主蒸汽系统在主给水系统(ARE)或辅助给水系统(ASG)的配合下，用于在正常运行工况、紧急工况和事故工况下排出由反应堆产生的热量。

主蒸汽系统压力和流量测量通道来的各信号用于反应堆保护系统(RPR)、安全注入系统(RIS)和蒸汽管道隔离的保护信号。

8.1.2 系统描述

8.1.2.1 系统组成(见图 8-1-1)

VVP 系统由两根主蒸汽管线组成，每根管线分别与一台蒸汽发生器出口接管相连。两根管线分别穿过安全壳，进入主蒸汽隔离阀管廊，穿过主蒸汽隔离阀管廊后进入汽轮机厂房，然后合并为一根公共的蒸汽母管。从蒸汽母管将蒸汽引往各用汽设备及系统。

每根主蒸汽管线上(主蒸汽隔离阀上游)有 7 只安全阀，分为两组，一组为 4 只弹簧加载式阀门，另一组是 3 只加能助动式阀门，两组阀门都直接向大气排放蒸汽。主蒸汽隔离阀有一条旁路管线，上面装有一台气动隔离阀和一台气动控制阀，在电厂启动期间，向主蒸汽隔离阀下游管线提供蒸汽进行暖管，并且平衡主蒸汽隔离阀两侧的蒸汽压力，在每条主蒸汽管线上还有大气排放系统的接管和汽动辅助给水泵的接管。

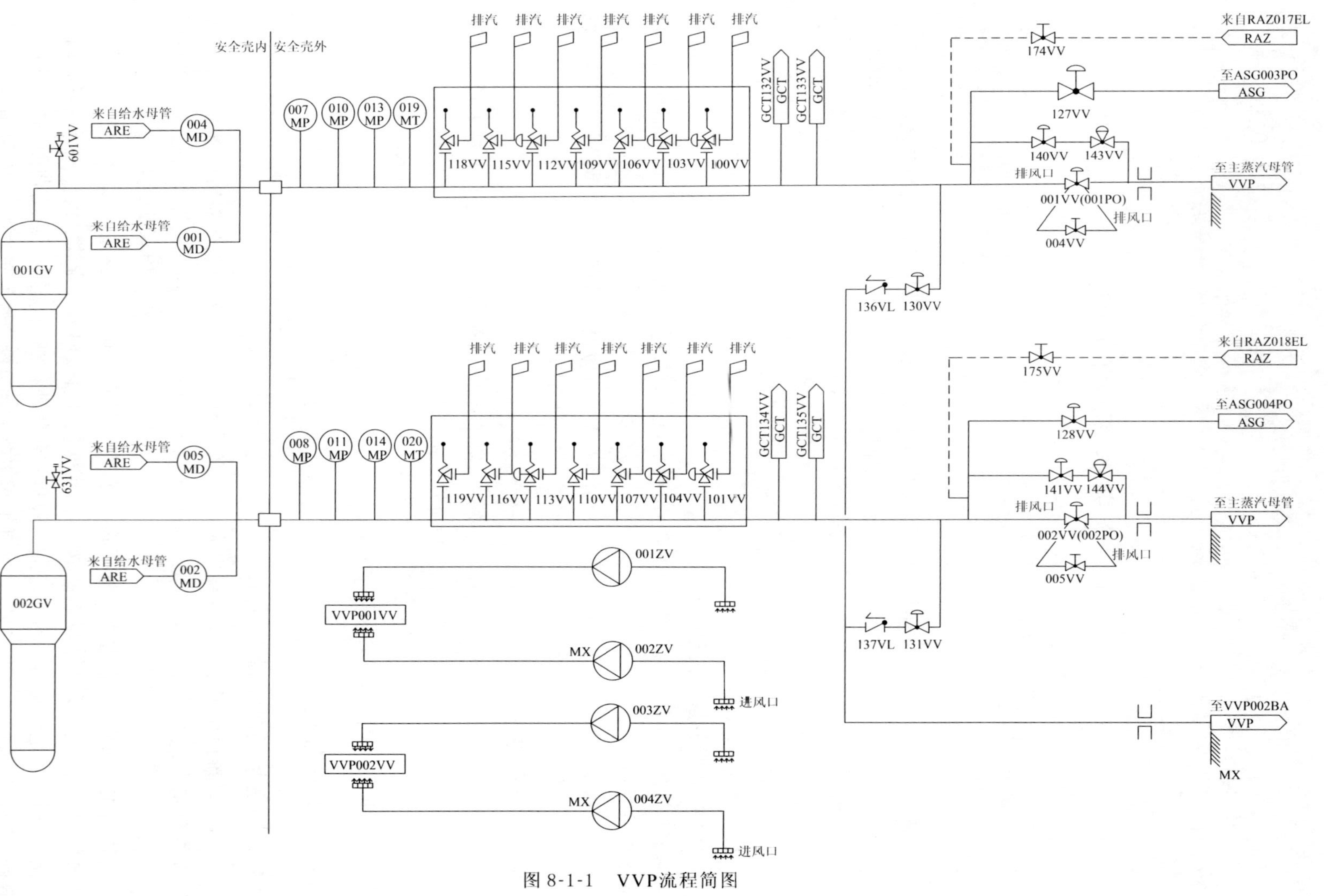

图 8-1-1 VVP流程简图

另外，在主蒸汽隔离阀上游安装有一只氮气供应接头，带有常关的手动隔离阀，作为蒸汽发生器干、湿保养用。在主蒸汽隔离阀上游还有一只疏水的接头，它在蒸汽管线暖管或热停堆时使用。在汽轮机厂房内，从蒸汽母管引出两根管道与主汽轮机主汽门(截止阀)相连接，此外，还有两条通往凝汽器两侧的蒸汽旁路排放总管。与它相连的还有通向蒸汽转换系统以及去汽轮机轴封的供汽管线，以及汽水分离再热器的新蒸汽管线等。

8.1.2.2 设备说明

(1) 蒸汽管线

蒸汽管线的压力必须低于所属的蒸汽发生器在所有的设计运行工况下的压力。因此，设计基准与蒸汽发生器二回路侧相同，设计参数为压力是 8.6 MPa(绝对)，温度是 316 ℃，有关的管系尺寸，蒸汽参数等见系统手册。

(2) 疏水管线和疏水贮罐

主蒸汽隔离阀上游有疏水管道，当主蒸汽隔离阀没有开启时，这条疏水管道开启，将管道冷凝水排走。当主蒸汽隔离阀开启后，这条疏水管道关闭，因为蒸汽管道是有一定的倾斜度，管道冷凝水可以沿管道流到常规岛母管，而母管上布有疏水阀。

疏水贮罐位于汽轮机厂房中，它用于收集主蒸汽隔离阀上游的两条主蒸汽管线来的冷凝水，每一条的设计流量为 2 t/h，这对应于一回路 56 ℃/h 的温升速率。该流量能将启动期间产生的冷凝水在大约 1.5 h 内排尽。

(3) 主蒸汽安全阀

每根蒸汽管线安全阀共有 7 只，可分为两组。第一组为 3 台加能助动式安全阀，每只动力操作安全阀装有由控制系统先导的气动执行机构。为限制二回路侧的压力，它们的整定点低于蒸汽发生器和蒸汽管线的设计压力，但高于大气释放阀的整定压力值。考虑到蒸汽管线的压降、阀门特性和整定点误差，因此把整定点定为 8.3 MPa(绝对)。第二组为 4 台自行动作的弹簧加载式安全阀。它们的整定点高于蒸汽发生器和蒸汽管线的设计压力。整定点为使在应急和事故工况下，系统载荷最大处的最高压力不超过设计压力的 110%。考虑到蒸汽管线的压降、阀门特性和整定点误差，因此把整定点定为 8.7 MPa(绝对)。这两组安全阀的机械结构是完全一样的，由于加能助动安全阀有误动风险，现机组已取消了加能助动的压空。

整定值：

设计压力	8.6 MPa(绝对)
设计温度	316 ℃
运行温度(100%额定功率/热停堆)	283/290.8 ℃
要求流量(最大/最小)	478/420.9 t/h

(4) 主蒸汽隔离阀

主蒸汽隔离阀为快速隔离阀，在正常运行工况下为全开，事故工况下，它能在收到主蒸汽管线隔离信号后 5 s 内关闭，它为楔形闸板阀。

设计压力	8.6 MPa(绝对)
设计温度	316 ℃
运行压力(100%额定功率/热停堆)	6.66/7.6 MPa(绝对)
运行温度(100%额定功率/热停堆)	283/290.8 ℃

额定流量(0%排污量/1%排污量)	1 951.0/1 948.3 t/h
额定流量下的压降	0.025 MPa(绝对)
阀门关闭最大压差	8.6 MPa(绝对)
快关时间	<5 s
事故安全位置	关闭

(5) 主蒸汽隔离阀驱动机构(见图 8-1-2)

开启阀门时,油泵启动,把液压流体打入阀门,克服上部的氮气压力和阀杆自重,从而打开阀门,电磁阀和错油阀处于图中所示状态。正常关阀时,油泵停运,241EL 带电,241DR 失去油压而开启,油压缓慢泄去,阀门在氮气的作用下缓慢关闭。事故关阀时,251EL/271EL 带电,251DR/271DR 失去油压而开启,而 261DR/281DR 是常开的,油压快速泄去,阀门在氮气的作用下快速关闭。253EL/273EL 用于手动快速关阀,261EL/281EL 仅用于试验。

(6) 主蒸汽母管

从核岛来的两条蒸汽管道在常规岛汇到母管上,然后再送到各个蒸汽用户,母管的主要作用是平衡 SG 来的蒸汽压力和蒸汽负荷,由于母管是最低点,所以还布置有疏水管线。

8.1.3 系统运行

下面分几种情况来具体分析,即正常运行、特殊的稳态运行、特殊瞬态运行、启动和正常停运以及其他运行五种方式。

8.1.3.1 正常运行

(1) 定义

堆芯功率和汽轮机负荷需求相平衡,反应堆和汽轮机控制系统自动运行,且汽轮机旁路系统(GCT)未投运。

系统正常运行包括:

——汽轮机负荷恒定的稳态运行;

——对应于功率跟踪负荷变化的瞬态运行。

(2) 稳态运行

在稳态工况下,VVP 系统的连接如下:

——主蒸汽隔离阀开启;

——辅助给水(ASG)泵汽轮机供汽管线上的隔离阀开启,使蒸汽对通往汽动泵的管线进行暖管;

——主蒸汽隔离阀上游的疏水管线隔离。

在电厂正常运行时不控制蒸汽压力,它是蒸汽发生器中运行温度下的饱和蒸汽压力。蒸汽流量取决于汽轮机负荷。见图 8-1-3。

(3) 瞬态工况

在正常瞬态下,也就是负荷跟踪时功率变化的瞬态运行工况下,例如 10%额定功率的阶跃变化或每分钟 5%额定功率的线性变化下,主蒸汽系统的连接方式与稳态运行时相同。

汽轮机负荷的增加将引起汽轮机进汽阀门的进一步开启。反应堆控制系统将提高反应堆功率,使其与负荷需求相匹配,结果是蒸汽流量的增加使蒸汽压力降低。汽轮机负荷减少时将与上述情况相反(见图 8-1-4)。

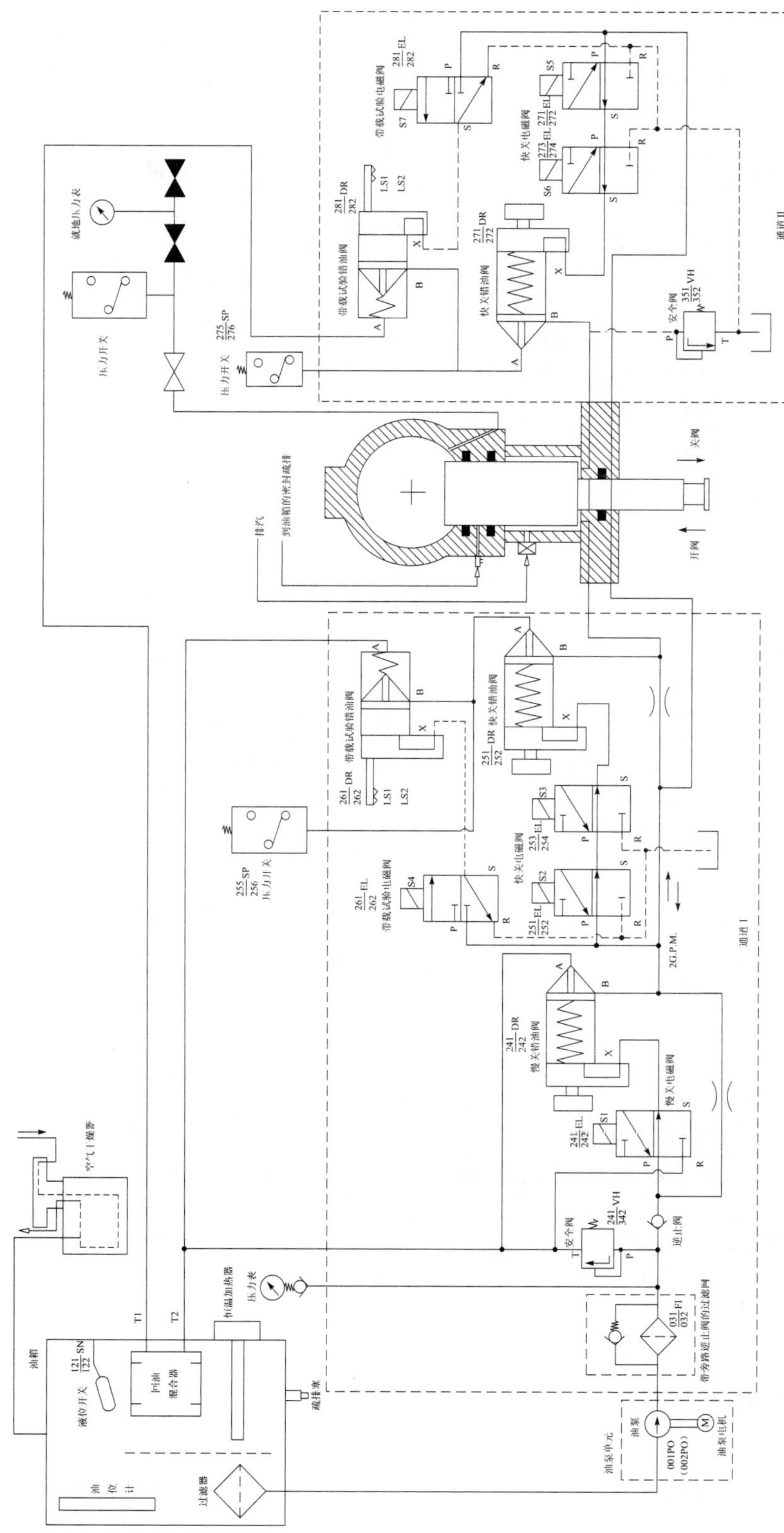

图 8-1-2 主蒸汽隔离阀驱动机构

注：设备编号上方属于001VV，下方属于002VV。图示所有电磁阀均为失电状态。错油阀在X端保持油压时A与B切断，如X端失去油压，则A与B连通。

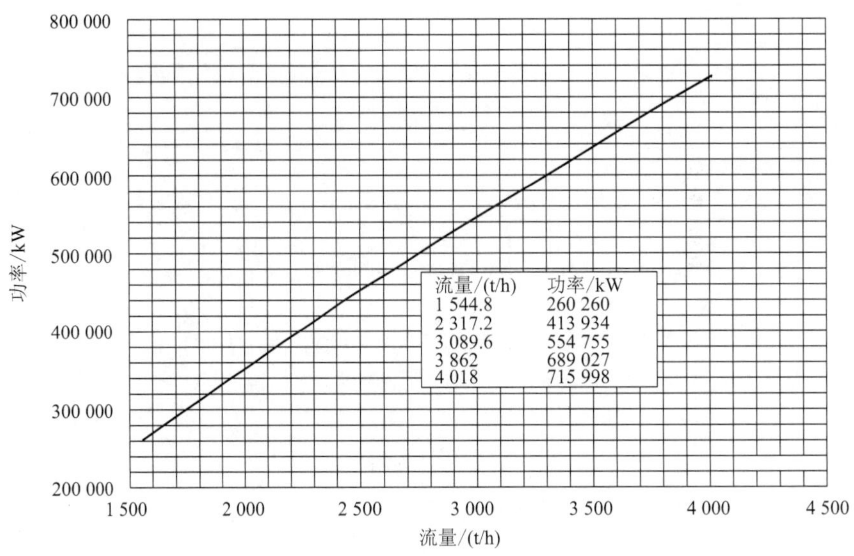

图 8-1-3 流量与功率的关系曲线

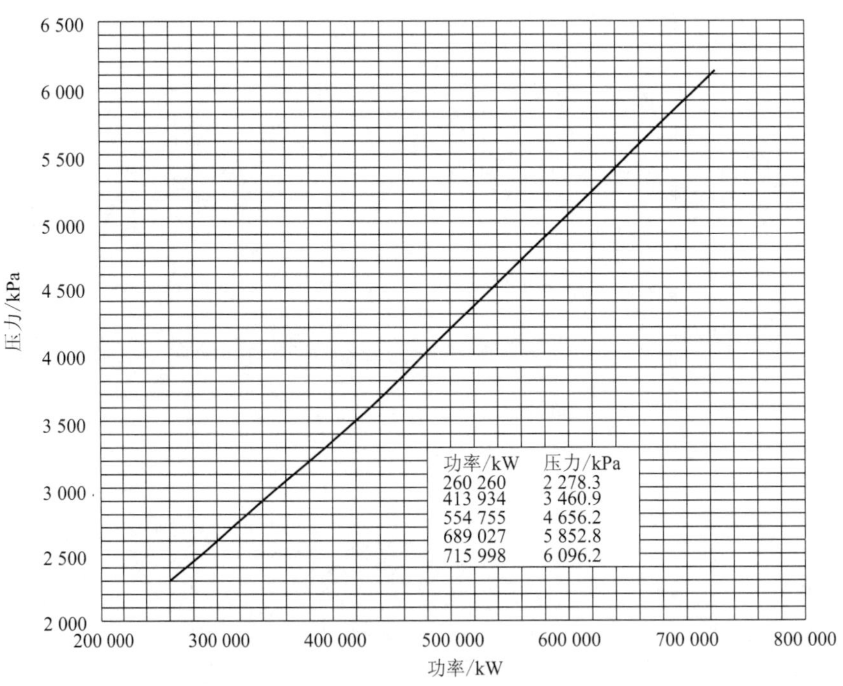

图 8-1-4 功率与第一级压力的关系曲线

8.1.3.2 特殊的稳态运行

(1) 热备用

当反应堆处于热备用工况时,汽轮机旁路系统将所有蒸汽排入凝汽器或大气。

VVP 系统的连接方式如下:

——主蒸汽隔离阀开启;

——主蒸汽隔离阀旁路管线关闭；

——辅助给水泵汽轮机供汽管线上的隔离阀开启；

——主蒸汽隔离阀上游的疏水管线隔离。蒸汽压力等于零负荷时的压力，即 7.6 MPa（绝对）。蒸汽温度为对应的饱和温度。

(2) 热停堆

当反应堆处于热停堆时，由 GCT 系统将蒸汽排入凝汽器或大气。

VVP 系统的状态与热备用工况时相同，蒸汽压力为 7.6 MPa（绝对），蒸汽温度为 290.8 ℃。在热停堆期间，二回路有保养或维修时，主蒸汽隔离阀应关闭。为避免主蒸汽隔离阀上游积水，需要将疏水管线投入，将疏水排入冷凝器或常规岛废液排放系统。

(3) 正常中间停堆（余热导出系统不投入）

当反应堆处于这种工况下，堆芯衰变热由 GCT 系统导出。

主蒸汽系统连接方式与热停堆时相同。根据反应堆系统的状态（压力、温度），二回路系统压力在 7.6 MPa（绝对）和 1.0 MPa（绝对）之间变化，温度在 290.8 ℃和 180 ℃之间变化。

(4) 双相中间停堆（余热导出系统投入）

当反应堆处于这种工况时，堆芯衰变热由 RRA 系统导出。当反应堆不向蒸汽发生器传送任何热量时，汽轮机旁路停止使用。

当温度达到约 120 ℃[压力约 0.2 MPa（表压）]时，可将蒸汽发生器置于湿保养或干保养状态下。为避免空气进入蒸汽发生器，蒸汽管线充以压力不低于 0.02 MPa（表压）的氮气。

注：当余热排出系统失效时，必须保持两台蒸汽发生器可供使用，或可以切换到 PTR 系统（RCP 系统泄压）。

(5) 单相中间停堆

VVP 系统的状态与上节所述相同。

(6) 正常冷停堆

VVP 系统的状态与上节所述相同。

(7) 维修或换料停堆

此时反应堆冷却剂系统完全卸压，衰变热仍由余热排出系统导出，将所有的蒸汽发生器置于湿保养或干保养下。

8.1.3.3 特殊瞬态运行

(1) 定义

除正常瞬态（10%额定功率的阶跃变化，每分钟 5%额定功率的线性变化、启动和停堆瞬态）外，还应考虑下列瞬态：

——甩负荷到厂用电；

——汽轮机跳闸，但反应堆不停堆；

——反应堆停堆。

(2) 负荷急剧阶跃降低

在负荷急剧阶跃降低（直到厂用电负荷）时，反应堆和汽轮机之间功率暂时失配。因为控制棒的控制能力是有限的，多余的蒸汽通过 GCT 系统排放。

事件的顺序如下：

——汽轮机进汽节流阀的关闭引起二回路主蒸汽压力和温度的大幅度升高，造成一回路的平均温度和压力上升，当 $T_{avg}-T_{ref}>3$ ℃，且有允许信号时 GCTc 开启。

——与此同时各控制棒组插入，随后，反应堆冷却剂温度和二回路主蒸汽压力下降，逐渐关闭 GCTc 系统。

注：在该瞬态期间，大气释放阀和蒸汽发生器安全阀未动作，反应堆保护系统(反应堆停堆装置)或专用安全设施(主蒸汽管道隔离装置)也未动作。

(3) 汽轮机跳闸，但反应堆不紧急停堆

为改善电厂机组的利用率，汽轮机跳闸不一定引起反应堆紧急停堆，因为：

——如果堆功率小于30%额定功率，汽轮机跳闸不触发紧急停堆；

——如果堆功率大于30%额定功率，汽轮机跳闸触发反应堆紧急停堆的情况如下：

• 如果凝汽器不可用，立即触发反应堆紧急停堆；

• 如果延时1 s后，蒸汽排向凝汽器的旁路系统(GCTc)不可用，则触发反应堆紧急停堆。

(4) 反应堆紧急停堆并以正常方式排热

汽轮机脱扣引起的反应堆紧急停堆，或由反应堆紧急停堆引起汽轮机脱扣，都会使蒸汽发生器压力升高，因而，汽轮机旁路系统动作使反应堆进入热停堆。

8.1.3.4 启动和正常停运

(1) 启动

——从冷停堆工况启动：

反应堆从冷停堆状态启动时，反应堆冷却剂泵就要加热反应堆冷却剂系统，因此也就加热了主蒸汽系统。

1) 从冷停堆加热到120 ℃

机组启动时，蒸汽发生器水位由辅助给水系统ASG调节控制在零负荷水位。蒸汽管线和旁路管线隔离阀关闭。各疏水管线隔离，供氮管线隔离阀也关闭，为避免空气进入蒸汽发生器，这些阀门保持隔离，直到反应堆冷却剂平均温度达到120 ℃。

2) 从120 ℃升温到180 ℃

当反应堆冷却剂平均温度达到120 ℃，蒸汽管线疏水阀开启。蒸汽发生器水位通过排污系统的排放或通过辅助给水泵补水来调节。

3) 180 ℃升温到热停堆状态

当蒸汽发生器压力达到0.3 MPa(绝对)时，可开启蒸汽管线旁路阀，以加热隔离阀下游的主蒸汽管线。它们应慢慢开启以遵守下游的最大线性温度变化不超过400 ℃/h(一般为300 ℃/h)。

——从热停堆启动：

在热停堆期间，若不维修二回路侧，则所有的疏水阀和主蒸汽隔离阀均开启，蒸汽管线的加热按照上述的从冷停堆工况启动的方式进行。若要求维修二回路时，主蒸汽管线隔离阀、旁路隔离阀和汽轮机截止阀均关闭。

主蒸汽隔离阀上游的管线保持热态，主蒸汽隔离阀下游的管道加热方式仍按照冷停堆工况启动的方式进行。

(2) 停堆

——热停堆：

反应堆功率以小于每分钟5%额定功率的均匀速率逐步下降到核功率的15%。此时，蒸汽旁路排放系统不投入运行。

低于15%核功率水平时，RGL系统切换到手动操作。蒸汽旁路排放系统可以投入运行，向凝汽器排出剩余蒸汽。

当汽轮发电机提供的功率降到几个兆瓦以下时，汽轮机的供汽被切断，所有的蒸汽排入凝汽器，此时，蒸汽压力为7.6 MPa(绝对)。

——冷停堆：

在向冷停堆过渡过程中，VVP和GCT两个系统都运行，使堆从热停堆状态(290.8 ℃)冷却到RRA系统投入的状态[反应堆冷却剂温度180 ℃，压力2.8 MPa(绝对)]。

VVP系统的初始状态如下：

1) 蒸汽发生器水位在零负荷水位；

2) 蒸汽发生器蒸汽压力为7.6 MPa(绝对)。

为了冷却到RRA系统投入所要求的状态，必须投入两台蒸汽发生器运行。冷却过程是靠逐渐使大气排放阀蒸汽压力整定值从零负荷的7.6 MPa(绝对)降低到约1.0 MPa(绝对)而实现的。在该压力以下，RRA系统投入运行，为保持蒸汽发生器内的存水量，要求连续的供水(辅助给水)。

一旦RRA系统投入[反应堆冷却剂系统压力和温度分别低于2.8 MPa(绝对)和180 ℃]，GCT系统就停运，蒸汽发生器隔离。

——蒸汽发生器保养

在蒸汽发生器停用期间，必须严格限制它的含氧量，以防止局部腐蚀。

• 湿保养

湿保养包括向蒸汽发生器充注经化学处理的除氧水(溶解氧含量小于0.1 ppm①)和将系统置于氮气保护下。

湿保养是当蒸汽发生器温度约为120 ℃[蒸汽压力约为0.2 MPa(绝对)]时进行的。因为在较高温度下，由于热分解，联氨的浓度可能不够，而在较低温度下，热对流可能不足以保证水中化学试剂的均匀分布。

充水的水位至少在汽水分离器出口以上30 cm，以保证利用热对流进行循环。当水位达到窄量程仪表的100%时，停止充水。

为使蒸汽发生器与供氮系统相接通，主蒸汽隔离阀关闭，同时隔离所有蒸汽管线接口。当蒸汽压力约为0.17 MPa(绝对)时，氮气供应阀开启。

当蒸汽发生器温度达到100 ℃时，氮气压力可降到0.13 MPa(绝对)以下。

在整个湿保养期间，氮气压力不得降到0.12 MPa(绝对)以下，以防止空气进入蒸汽发生器。

• 干保养

干保养包括在氮气环境下把蒸汽发生器的水排干。

干保养通常在VVP系统温度约为120 ℃时进行。系统的状态与上述相同(主蒸汽隔

---

① 1 ppm=10^{-6}。

离阀关闭,蒸汽管线接口隔离,氮气供应阀开启),蒸汽发生器通过排污系统(APG)疏水。

氮气压力调节到0.17 MPa(绝对)。排水完成后氮气压力可降低到0.13 MPa(绝对)。像湿保养一样,氮气压力不得低于0.12 MPa(绝对)。

在冷停堆状态(约为60 ℃)下也能进行干保养。在这种情况下,排水后[压力降到0.005 MPa(绝对)],必须先将蒸汽发生器的空气抽净,然后使设备处于氮气保护下。

如果机组停运后蒸汽发生器恰好要进行维修,则不必将蒸汽发生器置于氮气保护下。

排水后,用热的干燥空气将蒸汽发生器吹干,然后隔离。

8.1.3.5 其他运行

(1) 与主蒸汽系统设备有关的故障和事故

1) 一只主蒸汽隔离阀意外关闭

反应堆在额定功率下运行时一只主蒸汽管线隔离阀意外关闭,在发生故障的蒸汽发生器中压力升高。流到汽轮机的蒸汽由未受影响的那台蒸汽发生器来供汽,其产生的蒸汽流量将远大于额定值而蒸汽发生器中压力快速下降。该蒸汽管线中低压信号与高流量信号的同时出现将导致:

——反应堆紧急停堆和汽轮机跳闸;

——安全注射系统动作;

——蒸汽管线和旁路管线隔离。

蒸汽管线隔离后,未受初始事件影响的蒸汽发生器压力也升高,但不超过系统的设计压力。这种故障牵涉到大气释放阀的动作和加能助动式安全阀的动作。

2) 两个主蒸汽隔离阀意外关闭

这是以温度和蒸汽压力升高为特征的所有稀有故障中典型的情况。

主蒸汽隔离阀的意外关闭导致通向凝汽器的蒸汽旁路排放系统(GCT)丧失。

安全阀的动作防止蒸汽压力超过系统设计压力的110%。下列任何信号都会触发反应堆紧急停堆:

——稳压器高压力;

——超温 ΔT 高;

——蒸汽/给水流量失配,同时蒸汽发生器低水位;

——蒸汽发生器低低水位;

——稳压器高水位。

3) 蒸汽发生器一只安全阀意外开启

这种事件会引起蒸汽排放失控,蒸汽流量增加而导致反应堆冷却剂系统迅速降温。稳压器低低压力信号触发安全注射信号。在该事件中主蒸汽隔离阀仍保持开启。

4) 蒸汽管线破裂

VVP系统中一根蒸汽管线破裂的后果如下:

——相关的蒸汽发生器迅速卸压;

——另一台蒸汽发生器逐渐卸压。因为蒸汽流量增加而导致反应堆冷却剂系统迅速降温。在大破口情况下,反应堆冷却剂系统温度比未受影响的蒸汽发生器的温度下降更快,使蒸汽发生器和反应堆冷却剂系统之间出现反向传热。由此触发超功率反应堆紧急停堆(中子注量率和 ΔT)和安全注射(对能造成流量为10 t/h的破口而言)。

对大破口，出现下列信号之一，主蒸汽管线就被隔离：

——蒸汽流量高与蒸汽管道压力低或一回路冷却剂平均温度低低同时出现；

——安全壳压力高高；

——蒸汽管线压力低低。

为了限制蒸汽管线破裂时的最大蒸汽流量，在每台蒸汽发生器的蒸汽出口处装有流量限制器。流量限制器由七只喷管组成。

(2) 系统外的故障和事故

1) 凝汽器失去真空

发生这种故障时引起汽轮机脱扣，反应堆紧急停堆与否取决于反应堆的初始功率。

此故障的后果是失去主给水系统(ARE)和汽轮机旁路系统(GCT)，汽轮机脱扣以后，蒸汽压力迅速上升，随后大气排放阀开启，最后主蒸汽安全阀开启。

2) 失去厂外电源

失去厂外电源造成反应堆冷却剂泵停止，因而失去反应堆冷却剂流量。随后，反应堆紧急停堆和汽轮机脱扣，同时也导致失去主给水系统和汽轮机旁路系统。因此，蒸汽压力迅速升高，随后大气排放阀开启，加能助动式安全阀可能开启。

(3) 蒸汽发生器传热管断裂

发生蒸汽发生器传热管断裂事故时，带放射性的一回路冷却剂从反应堆冷却剂系统中泄漏出来，污染二回路系统。

由上述介绍，在失去厂外电源故障和凝汽器旁路排放系统(一只或几只阀门)失效故障同时发生时，蒸汽通过大气排放阀和/或蒸汽发生器安全阀向大气排放。

在蒸汽发生器传热管断裂事故中，且蒸汽通向凝汽器的旁路排放不能利用时，至少在反应堆紧急停堆后，产生的蒸汽峰流量将不得不通过大气排放阀或主蒸汽安全阀向大气排放，因此，为了尽量减少系统的污染和限制放射性物质向大气排放，要求操纵员判断并迅速隔离发生故障的蒸汽发生器。

(4) 主给水管线破裂

主给水管线的破裂一般出现在两个不同位置，给水管线止回阀上游或下游处。破口出现在上游，则给水流量减少，当出现蒸汽发生器低水位则触发反应堆紧急停堆。破口在止回阀与蒸汽发生器之间，发生故障的蒸汽发生器能通过破口排放给水。同时，只要相应给水管线未隔离，则会通过破口失去一部分辅助给水流量。

因此，由于给水流量的减少，二回路系统的排热能力降低，反应堆冷却剂系统压力和温度上升。一台蒸汽发生器的卸压造成另一台来的蒸汽倒流。

为了对反应堆进行保护，则采取下列动作：

——反应堆紧急停堆；

——安全注射系统动作；

——主蒸汽管线隔离阀迅速关闭；

——辅助给水泵启动。

下列信号触发主蒸汽隔离阀迅速关闭：

——两条主蒸汽管线低压与高蒸汽流量相符合；

——安全壳压力高高；

——蒸汽管线压力低低。

主蒸汽隔离阀关闭后,受影响的蒸汽发生器被隔离,反应堆进入冷停堆。

事故分析表明只要操纵员最迟在30 min内隔离蒸汽发生器,就无偏离泡核沸腾(DNB)的风险,且堆芯仍被淹没。

(5) 失水事故(LOCA)

发生冷却剂流失事故的分析表明,一回路侧到二回路侧的屏蔽的完整性(由蒸汽发生器传热管、壳体和蒸汽管道组成)仍能保持。

对于大破口,主蒸汽隔离阀由安全壳压力高信号关闭,所有其他阀门位置不变。对于小破口,主蒸汽隔离阀仍保持开启,故可采用辅助给水和蒸汽排放使反应堆冷却剂系统卸压并进入冷停堆工况。

8.2 汽水分离再热器系统(GSS)

从ARE系统来的水在蒸汽发生器里被一回路的水加热,变成饱和蒸汽,然后在汽轮机中膨胀做功,推动汽轮机高速旋转,带动发电机发电。在这个过程中蒸汽的压力和温度逐渐降低,离开高压缸末级叶片时,排汽湿度已高达12%左右,如果不采取措施低压缸末级的排汽湿度将达24%左右,大大超过了12%～15%的允许值,会对低压缸末级叶片产生严重的刷蚀,同时也增加了湿汽损失。为了改善低压缸的工作条件,在汽轮机的高、低缸之间设有汽水分离再热器。其目的是使进入低压缸的蒸汽有一定的过热度,改善汽轮机低压缸的工作条件,提高汽轮机的相对内效率,减少湿蒸汽对汽轮机零部件的刷蚀。

8.2.1 系统功能

汽水分离再热器系统(GSS)的功能如下:

(1) 除去高压缸排汽中98%的水分;

(2) 加热高压缸排汽,使进入低压缸的蒸汽具有一定的过热度;

(3) 对汽水分离和再热过程中产生的疏水进行回收和利用。

8.2.2 系统描述

汽水分离再热器系统(GSS)由两台汽水分离再热器MSR(Moisture SeParator Reheater)、6台疏水箱及相应的蒸汽和疏水管道组成。整个系统总体上可分为汽水分离再热部分和疏水收集回流部分。

8.2.2.1 汽水分离再热部分

秦山二期核电厂的汽水分离再热器由Westinghouse设计,Thermal Engineering International供货。每台机组有两台(MSR“A”和MSR“B”),分别对称布置在汽轮机低压缸的两侧(如图8-2-1所示)。MSR的部件安装在圆筒形的壳体内。蒸汽在高压缸做功后,从下部进入MSR的壳体内,然后向两侧进入带有孔槽的蒸汽分配管,蒸汽分配管上的孔槽向下,通过蒸汽分配网板后进入高效汽水分离波纹板组件,去除其中的水分。经除湿的蒸汽向上依次经过第一级和第二级再热器的壳侧,加热管内的蒸汽对其进行进一步加热,降低蒸汽的湿度,最后从MSR顶部的三条管线进入汽轮机的低压缸做功(MSR的具体结构如图

8-2-2、图 8-2-3 所示）。

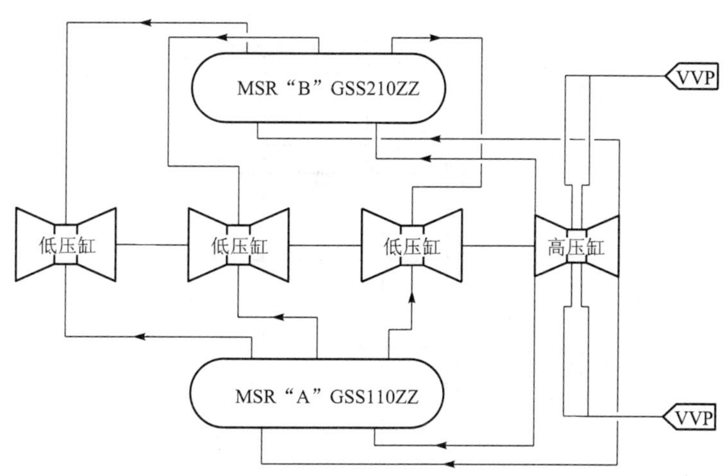

图 8-2-1　汽轮机及再热器位置示意图

为了提高机组的经济性，这种再热循环不仅采用新蒸汽加热高压缸排汽，还利用汽轮机抽汽来加热，称为两级再热。根据朗肯循环理论，用新蒸汽加热压力较低的排汽只会降低循环效率，但由于降低了蒸汽湿度，提高了汽轮机的相对内效率，最终还是能够改善机组的经济性。经济性的提高程度与再热压力、再热器端差、汽水分离再热器的压力损失等因素有关。

第一级再热器的加热蒸汽来自高压缸第 3 级后抽汽，其参数为：237.5 ℃，3.104 MPa，169.9 t/h；第二级再热器的加热汽源为新蒸汽，其参数为：279.2 ℃，6.346 MPa，163.9 t/h。

汽水分离再热器的圆筒形外壳按压力容器规范设计和制造，外壳有两个支座，一个固定，另一个可以移动，以保证装置可以自由膨胀。所有与湿蒸汽接触的壁面都衬有不锈钢衬里。

第一、二级再热器的结构类似，每个再热器由一组 439 型不锈钢的管束组成，在插入壳体内的框架上时，已先组成一个完整的组件，管束与支撑板之间采用焊接连接。

8.2.2.2　疏水回流部分

每台 MSR 的疏水部分由 3 台疏水箱及相应的管道和阀门组成。MSR 在汽水分离和再热的过程中将产生大量的疏水，这些疏水是通过 GSS 系统的疏水系统进行疏排的。汽水分离器和第一、二级再热器各自有独立的疏水系统。

汽水分离器中分离出来的疏水汇集在 MSR 壳体下部，利用重力排入“分离器疏水箱”中，然后排向 5 号高压给水加热器，当启动、低负荷或向高加的排放不可用时，则开启紧急疏水阀，将疏水排向凝汽器。

第一级再热器和第二级再热器的疏水分别在重力作用下进入“一级再热蒸汽疏水箱”和“二级再热蒸汽疏水箱”，一级再热器的疏水最终排向 6 号高压给水加热器，二级再热器的疏水排向 7 号高压给水加热器，当向高加的排放不可用时，则紧急疏水排向凝汽器。

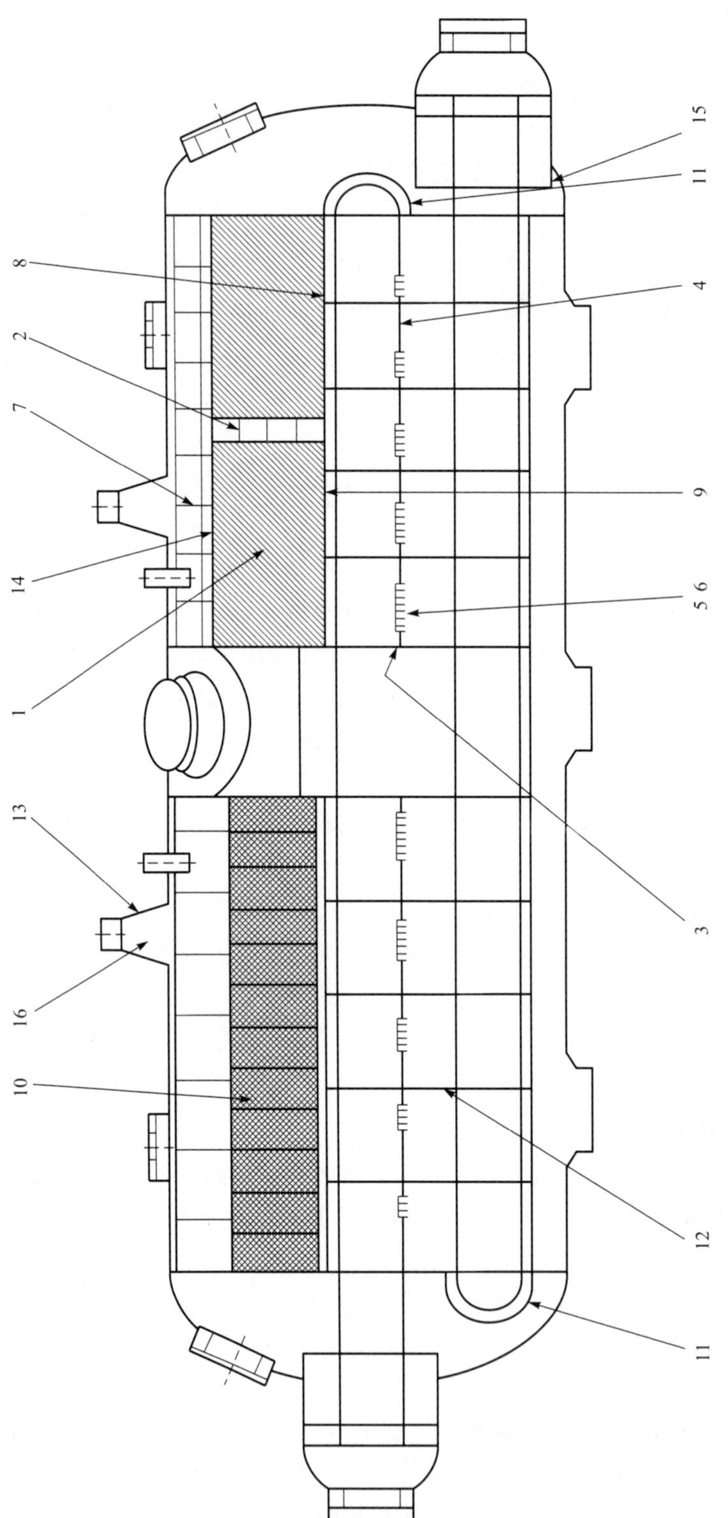

图 8-2-2　MSR纵剖结构图

1—波纹板组件；2—波纹板支撑件；3—钟形套管；4—蒸汽分配集管；5—集管开口槽；6—导向叶片；7—波纹板底部支撑；8—密封盘；9—分离器顶部挡板；10—蒸汽分配网板；11—U型封头；12—管支撑板；13—中央疏水收集槽；14—疏水道盖板；15—密封缘；16—主疏水出口

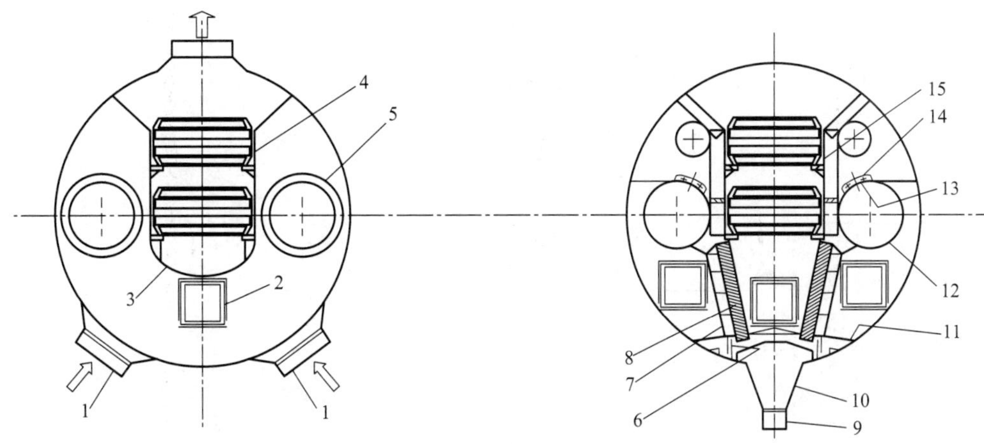

图 8-2-3 MSR 横剖结构图

1—高压缸排汽入口;2—人孔盖板;3—蒸汽通道;4—屏蔽套;5—蒸汽分配集管进口的钟形套管;
6—威尔盘(Weir plate);7—蒸汽分配网板;8—波纹板组件;9—MSP 壳侧疏水出口;10—中央疏水收集槽;
11—撇沫盘;12—蒸汽分配集管;13—蒸汽集管开口槽;14—蒸汽导向装置;15—屏蔽套

MSR 的疏水分别受 3 个疏水调节阀的控制,调节阀的开度信号来自各自的疏水箱的水位信号。

8.2.2.3 超压保护

每台 MSR 设有两个安全阀,以防止超压。当高压缸排汽压力达到安全阀动作的整定值时,安全阀动作,将蒸汽排向汽轮机厂房外。

8.2.3 系统运行

8.2.3.1 正常运行

正常运行工况是指汽轮发电机组在额定连续出力 643.2 MW,全部给水加热器投入和 MSR 的两级再热器均投入运行的工况。

在上述工况下,每台 MSR 的运行参数为:

MSR 进口蒸汽流量	1 366.5 t/h
MSR 出口蒸汽流量	1 262.1 t/h
MSR 进口压力	1.083 MPa
MSR 出口压力	0.998 MPa
总压降	0.085 MPa
MSR 进口温度	185.41 ℃
MSR 出口温度	265.2 ℃

正常运行时,一级再热器的加热汽源(高压缸抽汽)是不进行调节的,其温度随主蒸汽循环的温度变化。二级再热器的加热蒸汽(新蒸汽)温度由闭环控制系统控制,再热器进口的热电偶提供控制信号,由再热蒸汽温度控制器 RTC(Reheat Temperature Controller)控制进汽管线上的两个气动调节阀(见图 8-2-4)的开度实现,通过计算机控制保证两个阀门的开启顺序和平稳过渡。

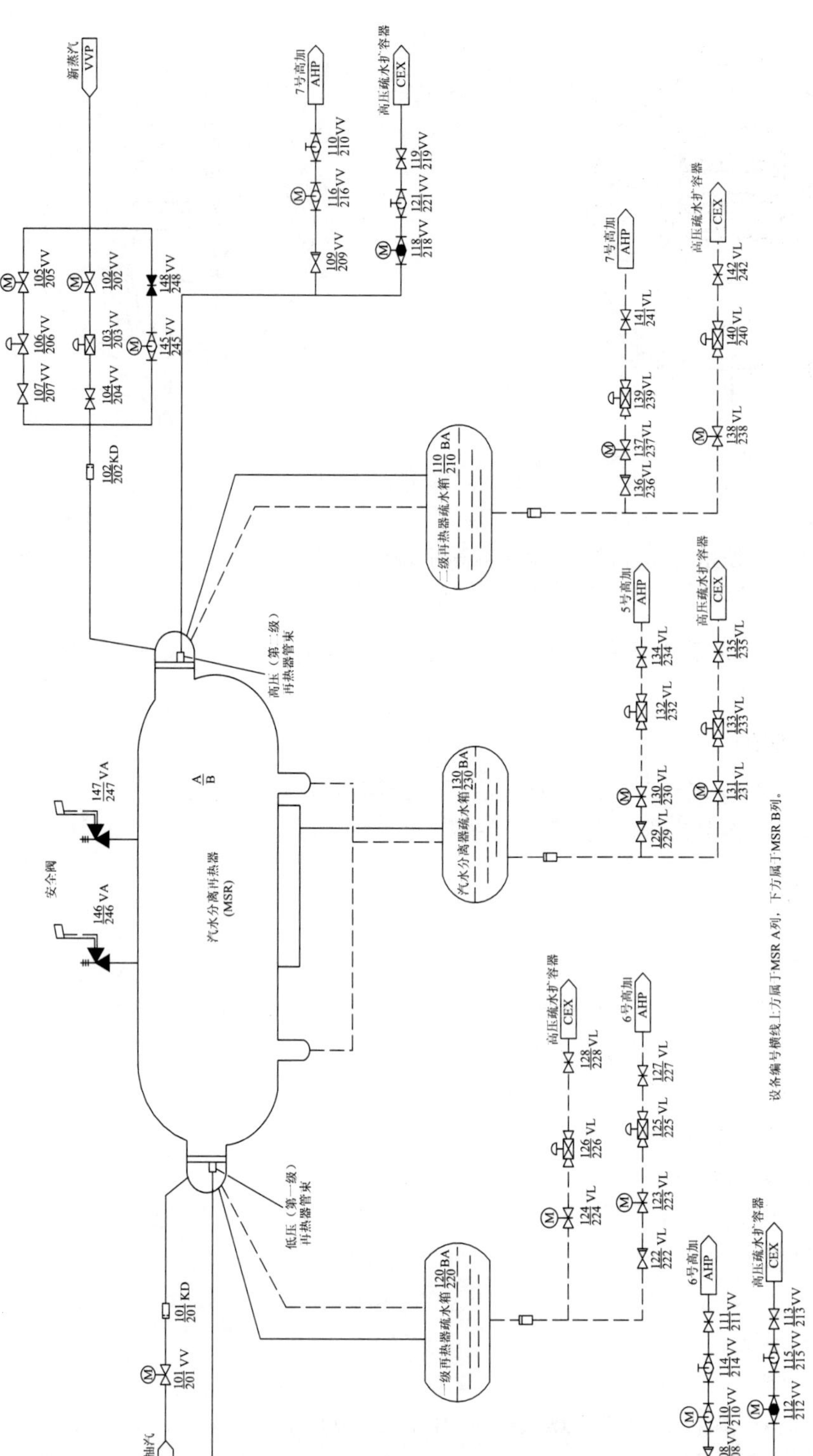

设备编号横线上方属于MSR A列，下方属于MSR B列。

图8-2-4 GSS系统简图

8.2.3.2　启动和停运

(1) 冷态启动

一级再热器的管束温度是不受控制的。在启动前需对二级再热器管束进行暖管。暖管采用 VVP 的新蒸汽，通过开启电动阀 145VV(MSR"A")实现。

二级再热器在汽轮机达到 10%额定负荷时投入运行。其 RTC 的整定值设定为高于 MSR 出口蒸汽温度 27.8 ℃，以保证加热蒸汽的凝结温度高于加热管束的初始金属温度。MSR 的加热蒸汽进口温度在 RTC 控制下保持 30 min 不变，进行暖管预热，然后即可进行温度提升。

温度提升通过自动改变升温控制器的整定值实现，这将导致加热蒸汽进汽调节阀的开启。根据不同的需要，在自动状态下，有两种升温方案可供选择。一种是 13.9 ℃/15 min，另一种是以 55.6 ℃/h 的速率平滑提升。如果靠手动调节阀门的开度来控制升温，则升温速率必须控制在 13.9 ℃/30 min。

升温操作一直到再热蒸汽进汽调节阀全开为止。如果在汽轮机达到满负荷之前就已完成了升温操作，则 MSR 的出口蒸汽温度将高于额定满负荷设计温度。在这种情况下，必须特别注意汽轮机低压缸的温度限值不被超越。

(2) 停运

汽水分离再热器的停运过程无特殊的操作。MSR 在停运过程中对热应力不像在启动时那么敏感，当停运程序启动后，控制器自动关闭全部蒸汽阀和排放阀，随后疏水控制系统关闭有关的疏水阀。

8.2.3.3　低负荷工况

为了避免低压缸缸体金属过热及再热器 U 型管的热力瞬变，当汽轮机负荷低于 35%额定负荷时，应将二级再热器退出运行。

如果汽水分离再热器需要在 35%额定汽轮机负荷以下长期运行或需重新热启动时，再热蒸汽进汽阀可以减小开度，以 37.8 ℃/h 或 13.9 ℃/15 min 的速率降低加热蒸汽的进口温度，直到 MSR 出口蒸汽温度低于 204.4 ℃，在此状态下，MSR 可长期低负荷运行。

8.2.3.4　MSR 解列

汽轮机正常运行时，允许一台或两台 MSR 的一级或二级再热器解列，但不允许任何一台 MSR 的一级和二级再热器同时解列。如需同时解列检修，则应停机处理。

MSR 一级解列时应注意防止 MSR 二级负荷，为此应控制 MSR 二级出口温度。

8.3　汽轮机旁路排放系统(GCT)

8.3.1　系统功能

8.3.1.1　一般功能

汽轮机旁路排放系统是为了适应机组的启停及事故处理的需要而设置的，该系统能为一回路提供一个人为负荷。汽轮机旁路系统的主要功能是在汽轮发电机突然减负荷或在汽轮机脱扣情况下，排走蒸汽发生器内产生的过量的蒸汽，避免蒸汽发生器安全阀动作；在热停堆和最初冷却阶段,排出由裂变产物和运转主泵所产生的剩余释热和显热,直至余热排出系统RRA投入使用。它由凝汽器蒸汽排放系统及大气蒸汽排放系统组成。

(1) 凝汽器蒸汽排放系统(GCTc)

在凝汽器蒸汽排放系统投入工作时,可起到如下作用:

1) 允许核电厂接受突然的负荷下降(直至甩全负荷),而不引起反应堆紧急停堆和蒸发器安全阀动作;

2) 允许在一定条件下汽轮机脱扣时不引起反应堆紧急停堆;

3) 允许反应堆接受大于10%额定功率的阶跃变化和大于5%额定功率/每分钟的负荷线性变化;

4) 反应堆紧急停闭期间:

① 防止反应堆冷却剂过热和打开蒸发器的安全阀;

② 导出反应堆冷却剂系统的贮热和剩余热量,使反应堆冷却剂的平均温度维持零负荷温度。

5) 允许手动控制反应堆,使反应堆从热停堆冷却到RRA投入工作;

6) 允许在汽轮机启动前使二回路暖管,在控制棒手动运行范围内(0~15% P_n)逐步实现汽轮机带负荷。

(2) 大气蒸汽排放系统(GCTa)

在凝汽器蒸汽排放系统不能用时,GCTa提供一个人为的负荷,并具有如下的功能:

1) 允许将反应堆冷却剂系统冷却到余热排出系统能够投入工作的工况点;

2) 控制蒸汽发生器压力为零负荷时的值,并维持反应堆冷却剂的平均温度在热停堆的温度;

3) 避免打开蒸汽发生器的安全阀,而且GCTa在它们已经满足运行要求时能及时关闭。

8.3.1.2 安全功能

(1) 保护反应堆冷却剂系统,防止一回路过热和二回路超压

蒸汽发生器的安全阀与核安全有关,而蒸汽排放系统与核安全无关。GCT导出汽轮机负荷突然变化所产生的多余的蒸汽,就使反应堆冷却剂系统得到有效的冷却,从而保护反应堆冷却剂系统,防止一回路过热和二回路超压。

(2) 保护反应堆冷却剂系统,防止过冷

就如蒸汽管道的破裂一样,GCT阀门的意外开启将使二回路导出更多的热量,反应堆冷却剂则会过冷。为了避免此时出现阀门的意外打开导致冷却剂进一步冷却则应闭锁有关的阀门。

(3) 安全停堆

安全停堆对应于反应堆在次临界下的余热的导出和放射性物质的释放是否满足在假想事故瞬态下可以接受的要求。

万一蒸汽排放系统不可用,则依靠蒸汽发生器安全阀导出剩余热量。因而凝汽器排放系统和大气排放阀不算是安全相关系统。但是大气排放系统应有如下的安全要求,即万一蒸汽发生器U型管断裂时限制放射性的扩散。同时为了使大气排放阀即使在发生事故时也能运行,每两个大气排放阀的控制都配备有3个压缩空气罐。

8.3.2　系统描述

8.3.2.1　系统组成

汽轮机旁路系统由凝汽器排放系统和大气排放系统组成，参见图 8-3-1。

(1) 凝汽器蒸汽排放系统

凝汽器蒸汽排放系统由从排放总管上引出的 12 根管道组成。每个凝汽器有 4 根进汽管，每边各 2 根。在每根进汽管上装有一个手动隔离阀(常开)和一个用压缩空气操纵的旁路排放控制阀(又称减压阀)。12 根蒸汽排放管进入凝汽器后与安装在凝汽器颈部的扩容器相连。冷却水为凝结水，来自凝结水泵的出口，二根冷却水母管引到汽轮机凝汽器的两侧，每根母管上安装有一个用压缩空气操纵的控制阀。

排向凝汽器的 12 个减压阀分为三组，第一、第二和第三组分别有三个、三个和六个减压阀。

(2) 大气蒸汽排放系统

大气蒸汽排放系统由四根独立的管线组成，每两根管线连接在相应的一条主蒸汽管道上，它们处在反应堆安全壳外，主蒸汽隔离阀上游，压力整定值分别为 7.85 MPa 和 8.05 MPa。在每根管线上装有一个电动隔离阀和一个气动控制阀。气动控制阀装配有压缩空气罐，以便在失去压缩空气系统后仍可工作 2 h(可向单阀连续供气 4 h)。气动蒸汽排放控制阀后装有一个消音器，蒸汽是通过消音器排入大气的，以降低系统的噪音水平。

8.3.2.2　设备说明

GCT 系统的主要功能是在汽轮发电机突然减负荷或是在汽轮机脱扣情况下，排走蒸发器内产生的过量的蒸汽，避免蒸发器安全阀动作。在热停堆和最初冷却阶段，排出由裂变产物和运转主泵所产生的剩余释热和显热，直至余热排出系统 RRA 投入使用。GCT 排放容量的确定，应根据核电厂设计的不同要求，通常在 50%～100%额定流量范围内，此值显著高于常规火电厂旁路系统所取的值(10%～30%)。这反映了核电厂在安全方面的特殊要求。较大的排放容量相应于较大的事故排放的能力，但同时也意味着凝汽器将承受较大的蒸汽排放负荷。尽管凝汽器传热面积不是按事故排放工况而确定的，但应在排放工况下校核凝汽器的真空，最大流量排放工况下不应达到保护真空整定值。秦山二期核电厂额定热功率为 1 930 MW，蒸汽压力为 6.71 MPa(绝对)，额定流量为 3 860 t/h，GCTc 旁路系统的排放容量为 85%的额定流量即 3 281 t/h。

汽轮机旁路系统还包括一个大气蒸汽排放系统，当凝汽器发生故障，不能接受排汽时，GCTa 投入工作，以担负安全功能。GCTa 的气动蒸汽排放阀的排放量通常为额定蒸汽流量的 10%～15%，其动作压力整定值介于蒸发器零负荷压力及安全阀开启压力之间。

安全阀是防止一、二回路超压的最后保护措施，其总排放量取为额定蒸汽流量的 110%，但单只安全阀排放量受下列条件限制：在反应堆热停堆工况下，当一只安全阀失控开启时，不会引起反应堆所不允许的过度冷却。因此安全阀通常取为多组分组设置，各组安全阀动作压力整定值也不相同。

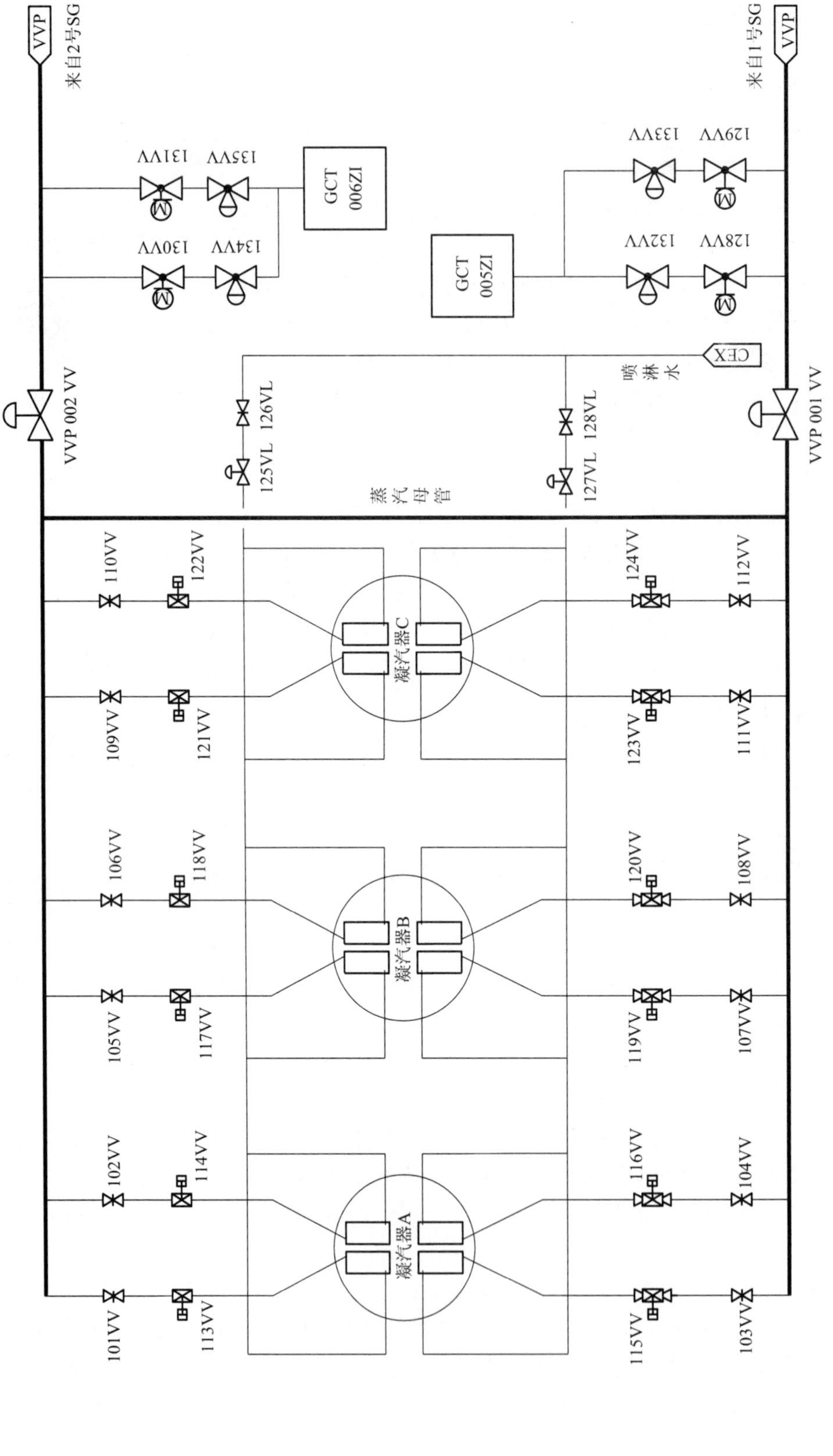

图 8-3-1 GCT系统流程简图

(1) 减压阀

在 6.3 MPa(绝对)下,各个减压阀的设计排量为 273.4 t/h。第一组阀的快开时间为 2.5 s,第二、三组阀的快开时间为 2 s,三组的调节开启时间均为 10 s。每个阀的排放容量为蒸汽额定流量的 7.08%。第一、二、三组阀门由 12 根管道连接形成凝汽器蒸汽排放系统,每组都分别连接到三个凝汽器,因此,在 GCT 系统工作时,各个凝汽器是相通的。根据排放容量的需要,三个组按顺序依次投入工作。

(2) 气动蒸汽排放控制阀

在每个 GCTa 排放管线上都装有一个电动隔离阀和一个气动蒸汽排放控制阀,这个控制阀的工作特性:

最大运行压力	86 bar(绝对)
最大运行温度	316 ℃
流量[76 bar(绝对)时]	230 t/h
关闭时间	20 s
工作压力范围	0.5～9.46 MPa(绝对)

(3) 消音器

在上述的每个气动排放阀的管线上都配有一个消音器,以减小噪音再排向大气。

消音器设计流量(76 bar,292 ℃)	230 t/h
消音器最大流量(86 bar,316 ℃)	478 t/h
总噪音水平	<(110±2)dBA

(4) 压缩空气罐

为了保证气动蒸汽排放控制阀有效的投入工作,每两个控制阀都配备有 3 台相应的压缩空气罐,其特性如下:

最大工作压力	9.5 bar(绝对)
最大工作温度	50 ℃
容积	2.5 m^3
供气时间	6 h

(5) 扩容器

由第一、二、三组 12 个减压阀连接的 12 根蒸汽排放管把旁路来的蒸汽排向凝汽器,而在凝汽器的颈部安装有扩容器,使旁路来的高温高压的蒸汽在其中降温降压而不至于损坏凝汽器,它在凝汽器的颈部装有多孔的节流孔板降低额定流量下的蒸汽压力至凝汽器的压力。冷凝液通过节流孔板的喷嘴在扩容器和节流孔板之间注入到凝汽器中。

8.3.3　系统控制原理

8.3.3.1　凝汽器蒸汽排放系统

每个 GCT 的气动控制阀接收两类信号:一类是控制开启信号,包括调制信号及快开信号,另一类是逻辑允许信号。其气动阀的控制原理见图 8-3-2。

在气动排放阀的供气管线上有 3 个电磁阀及一个气动定位器,电气转换器来的调制信号经气动定位器转换为开启排放阀开度的比例的气压,此空气源由压缩空气系统供给,经过

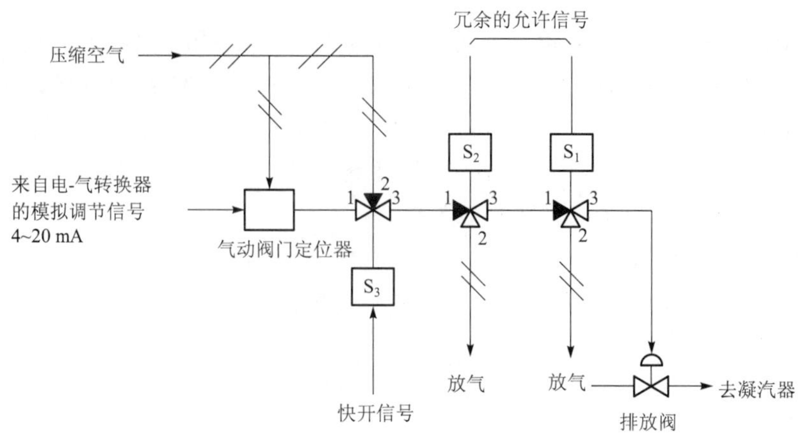

图 8-3-2　排放阀控制原理

3 个电磁阀允许后去打开 GCT 排放阀。在某些瞬态情况下，快开信号直接作用在电磁阀 S_3 上，使压缩空气经 S_3 的 2—3 路通，再经逻辑允许信号电磁阀 S_2、S_1 的 1—3 路通，将 GCT 排放阀快速打开。

考虑安全的因素，使用了一些逻辑允许闭锁信号，此信号具有冗余，分 A/B 列，任一列信号产生，均导通电磁阀 S_2、S_1 的 2—3 路，使阀门排气后关闭。

由上可见，阀门开启有两个必要的信号：一个逻辑允许信号和一个模拟控制信号。

(1) 阀门调节的控制模式

蒸汽排放控制模式有两种，即温度模式和压力模式。所谓温度控制模式，它产生的 GCT 开启信号正比于反应堆冷却剂平均温度与代表汽轮机负荷的整定温度之差，这种控制手段用于自动控制运行，如甩负荷、甩到厂用电、汽轮机脱扣、反应堆紧急停堆等。所谓压力控制模式，它是将蒸汽集管的压力维持在手动预定值水平。控制回路是比例积分回路。此通道用于低负荷手动控制棒期间或蒸汽排放阀开启情况下低负荷长时间运行(反应堆启动或冷却)。

(2) 阀门运行

这两种模式下，通过调节传感器来的调节信号控制每一个阀门，可以连续地调节阀门或阀门组的开启，当前面的阀门或阀门组全开时，则依次打开后面的阀门或阀门组。当接受关闭指令时，按相反的次序执行。第一组阀门是逐个开启的，其余两组阀门都是各阀一起开启。第一组三个阀全开占总开度的 25%，第二组三个阀全开将 GCT 总开度从 25%增加到 50%，第三组六个阀全开将 GCT 总开度由 50%增加到 100%。

(3) 控制模式转换

为了避免控制模式从温度模式转换到蒸汽压力模式时突然打开蒸汽排放阀到凝汽器，这种转换仅在蒸汽集管蒸汽压力控制回路发出的信号与反应堆冷却剂平均温度控制回路发生的信号偏差小于 2%时才有效。

8.3.3.2　大气蒸汽排放系统

大气蒸汽排放系统只是在凝汽器不可用的情况下使用。它的控制是由一个比例积分作用的控制回路来根据蒸汽发生器出口的蒸汽压力和整定压力的偏差加以调节。

8.3.4 系统运行

8.3.4.1 正常运行

核电厂带功率稳定运行时，GCT 系统是正常关闭的。反应堆冷却剂系统的温度由控制棒控制系统来控制。

8.3.4.2 特殊的稳态运行

当反应堆处于热备用、热停堆、正常中间停堆状态和两相中间停堆状态 RRA 系统未投入的状态下，由汽轮机旁路系统投入导出剩余发热和冷却剂泵产生的热量。

8.3.4.3 特殊的瞬态运行

(1) 凝汽器蒸汽排放系统

1) 汽轮机甩负荷

在汽轮机甩负荷时，则堆芯提供的功率与汽轮机吸收的功率之间发生暂时的不平衡，因为控制棒的调节能力有限，在甩负荷幅度较大时，GCT 就要投入运行，可以弥补调节棒调节反应堆冷却剂系统温度的能力的不足，避免冷却剂的温度和压力超过其阈值。在这样的条件下，根据反应堆冷却剂系统的冷却剂的平均温度偏差信号就可以自动控制蒸汽排入凝汽器。GCTc 的排放阀开启条件是一、二回路的温度偏差 ΔT 大于 3 ℃而且有开启阀门的允许信号。根据这个温度偏差信号 ΔT 的大小，排放阀分组依次的开放直至全部打开，使机组恢复到稳定状态。

2) 汽轮机脱扣

汽轮机脱扣(C8)将导致在下列情况下反应堆紧急停闭：

① $\overline{C9}+P16$

汽轮机脱扣，且凝汽器不可用($\overline{C9}$)，并伴随有核功率大于 30％额定负荷(允许信号 P16)，则反应堆紧急停堆。

② 汽轮机脱扣，并伴随有核功率大于 30％额定负荷(P16)，如果同时出现下列情况之一则认为 GCTc 不可用，则延时 1 s 后，反应堆紧急停堆：

- 有蒸汽排放闭锁信号存在；
- 任一手动隔离阀无开启信号；
- 无控制信号($T_{avg}-T_{ref}$)>1.75 ℃。

否则，汽轮机脱扣时并不引起反应堆紧急停堆。汽轮机脱扣而没有引起反应堆紧急停堆与汽轮机甩负荷和带厂用电运行的情况是相同的，多余的蒸汽由 GCT 导出。

3) 反应堆紧急停堆

反应堆紧急停堆将引起汽轮机脱扣而使得蒸汽发生器压力上升。

反应堆紧急停堆会导致汽轮机跳机，汽轮机旁路系统动作可以排出堆芯余热，防止一、二回路超温超压。这种情况下闭锁 GCT 第三组阀的开启，防止一回路过冷。

(2) 大气蒸汽排放系统

汽轮机旁路系统的大气排放阀的压力整定值分别是 78.5 bar 和 80.5 bar，所以在机组正常运行或是甩负荷和反应堆停堆情况下，凝汽器又可用，则在蒸发器出口的蒸汽压力实际上低于此压力整定值,因而大气排放阀处于关闭位置。

如果凝汽器不可用,则凝汽器排放系统被闭锁,蒸汽发生器压力升高,压力升高到大气排放阀的整定值时大气排放阀打开以避免安全阀动作,允许排放大约10%~15%的额定流量(满负荷)。随着一回路剩余热量减少,大气排放阀逐渐关闭。

8.3.4.4 启动和正常停运

(1) 凝汽器蒸汽排放系统

如果凝汽器是可用的,在机组的正常启动和停运期间,我们可以用手动调节蒸汽集管的压力和给定压力之间的偏差来控制多余的蒸汽向凝汽器排放从而使机组正常地启动和停运。控制回路是根据蒸汽集管的压力与手动调整的压力偏差信号加以调节的。这个偏差信号作用到第一、二组的六个减压阀上,仅当有关的逻辑信号允许时,这些阀门才打开。这些减压阀根据这个"偏差"信号的幅度,逐渐地慢慢打开。这种运行方式不会引起阀门快开。

1) 机组启动

反应堆从热停堆达到临界,反应堆冷却剂系统的平均温度则由反应堆冷却剂泵维持,使之升到290.8 ℃。由蒸汽发生器出口抽取蒸汽加热蒸汽管线的蒸汽量要受到限制,只有当反应堆冷却剂的平均温度超过200 ℃后,才抽取更多的蒸汽来加热二回路。

在运行阶段,凝汽器蒸汽排放是通过控制蒸汽集管直接排汽到汽轮机入口的压力来调节的。在最初阶段,蒸汽集管压力控制点是选择在无负荷时所对应的蒸汽压力(76 bar)。反应堆功率升到14%额定功率左右,汽轮机冲转至3 000转,发电机并网运行。随着汽机功率逐渐增大,GCT旁路阀逐渐关闭,GCT旁路阀全关后蒸汽旁路系统可以压力控制模式转换到温度控制模式,当反应堆功率达到15%额定功率以上,控制棒控也可以转换到自动方式。

2) 反应堆冷却

① 热备用

汽轮发电机组根据其减负荷的要求逐渐地减负荷运行直到为15%的额定负荷,其旁路系统是在平均温度控制下自动投入运行。一般的说,当预定的压降小于每分钟5%额定负荷,则蒸汽旁路系统不投入运行。当汽轮发电机组降负荷到15%的额定负荷之下,则GCT系统由温度控制的自动控制方式改变为蒸汽集管压力控制的手动控制方式,操纵员可调整压力的整定值,使由反应堆产生的而未被机组所利用的多余蒸汽排向凝汽器。

冷却应在反应堆冷却剂系统的降温速率范围以内,通过降低压力整定值来手动进行的。当汽轮发电机组的电功率低于几个兆瓦时,机组与电网解列。蒸汽旁路系统便向凝汽器排出所产生的全部蒸汽,其压力就相当于零负荷时的压力(7.6 MPa)。

② 热停堆

反应堆的这种运行状态不会引起对蒸汽旁路系统的任何其他干预,旁路系统仍然受蒸汽集管压力的控制,调节到7.6 MPa,蒸汽旁路系统向凝汽器排出运行中的反应堆冷却剂泵产生的热量和反应堆的余热。

③ 冷停堆

这一运行阶段能使反应堆冷却剂系统从290.8 ℃(热停堆状态)冷却到180 ℃,180 ℃对应于余热排出系统投入运行的温度。

(2) 大气蒸汽排放系统

1) 机组启动

在反应堆冷却剂系统加热期间，由反应堆冷却剂泵、稳压器的加热器和反应堆余热产生的总的热量加热反应堆冷却剂系统。在这期间，没有蒸汽排向大气。

2) 反应堆冷却

如果反应堆在热备用、热停堆和冷停堆的情况下，凝汽器不可用，则大气蒸汽排放系统投入工作，蒸汽排向大气。与凝汽器排放投入工作时相同，操纵员根据蒸汽发生器出口压力整定值来调节大气蒸汽排放系统的控制回路。

8.3.4.5 其他运行

(1) 凝汽器蒸汽排放系统

1) 系统内部的故障和事故

凝汽器蒸汽排放阀的意外打开。

在一定负荷下机组投入自动运行时(温度控制系统投入)，排汽阀需要由模拟控制信号和逻辑允许信号共同作用。这些信号是由两个分离的传感器引入的，这些蒸汽排汽阀的意外打开的概率是受到严格限制的。然而，即使在这种情况下，在低的温度信号下(P12，即$T_{avg}<284$ ℃)蒸汽旁路系统也应该被闭锁。这种蒸汽排放阀的闭锁所提供的保护防止了相当于蒸汽管道的破裂而使堆芯过冷事故的发生。

如果一个或几个阀门组处在故障开启的位置，操纵员可以利用相关的隔离阀使这些阀门分别地隔离。

2) 系统外部的故障和事故

① 失去电源供应

这一故障使得大气排放阀投入运行。因为这时凝汽器失去真空，凝汽器不可用。蒸汽发生器的第一组安全阀可能打开。

② 凝汽器失去真空

这一故障不同于上述失去电源，不同在于主泵是运行的，紧急停堆时刻要迟一些，总体上堆芯余热要大些。它使通向凝汽器的蒸汽旁路不可用，导致 GCT 大气排放系统开启，蒸汽发生器安全阀会开启。

(2) 大气蒸汽排放系统

1) 大气蒸汽排放阀意外打开

这里仅涉及一只排放阀。它排汽的流量小于安全阀的流量。如果有一只阀门处在开的位置或者大量泄漏，操纵员则应利用相关的电动隔离阀隔离这个有故障的阀门。

2) 失去仪用空气

万一压缩空气供应故障了，其辅助的压缩空气罐还可维持两个小时的工作。

8.4 凝结水抽取系统(CEX)

凝结水抽取系统(CEX)是介于汽轮机与低压给水加热器之间的系统，它是汽轮机热力主循环中的一个重要组成部分，包括冷凝器、凝结水泵以及相关的阀门、管道等(见图8-4-1)。

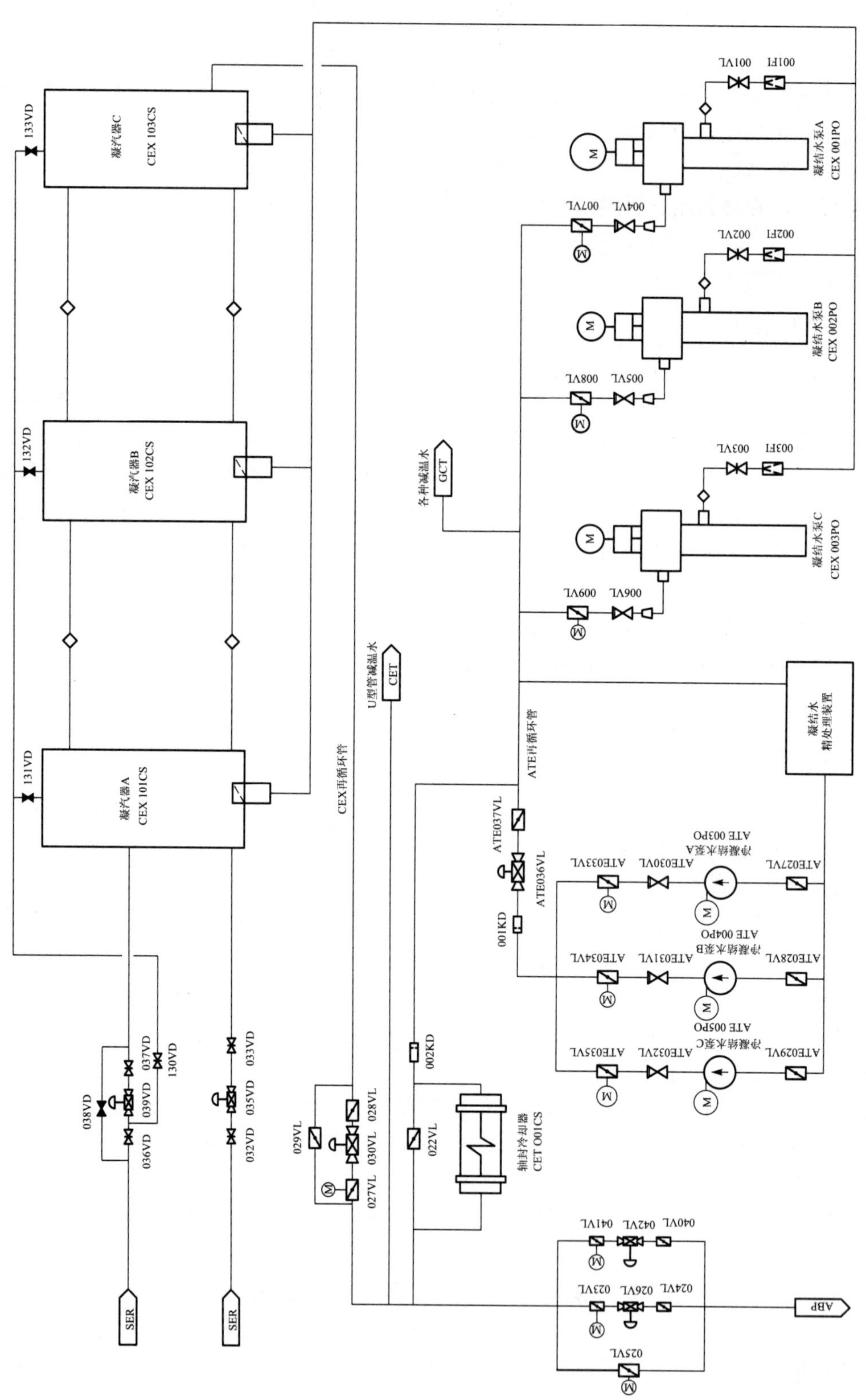

图8-4-1 CEX流程简图

8.4.1　功能

8.4.1.1　主要功能

(1) 接收汽轮机的排汽，将其冷凝为水；

(2) 通过凝汽器将排汽冷凝，使汽轮机排汽端获得高度真空，从而使它们能发出较高功率，提高其经济性；

(3) 在汽轮发电机大量甩负荷或机组紧急跳闸时，本系统能接收 GCTc 系统的排放蒸汽(GCTc 总容量为额定主蒸汽流量的 85%)，使一、二回路不致因负荷不匹配而超温超压，避免紧急停堆；

(4) 在排汽冷凝之后，可将凝结水除气，其功能符合热交换协会(HEI)标准要求。此外，还可将凝结水过滤、净化；

(5) 为电站提供适当和必要的凝结水储存量；

(6) 可将凝结水从凝汽器热井经 ABP 系统输送至除氧器。从 SER 系统接受汽轮机热力系统运行所需的补给水(见图 8-4-2)。

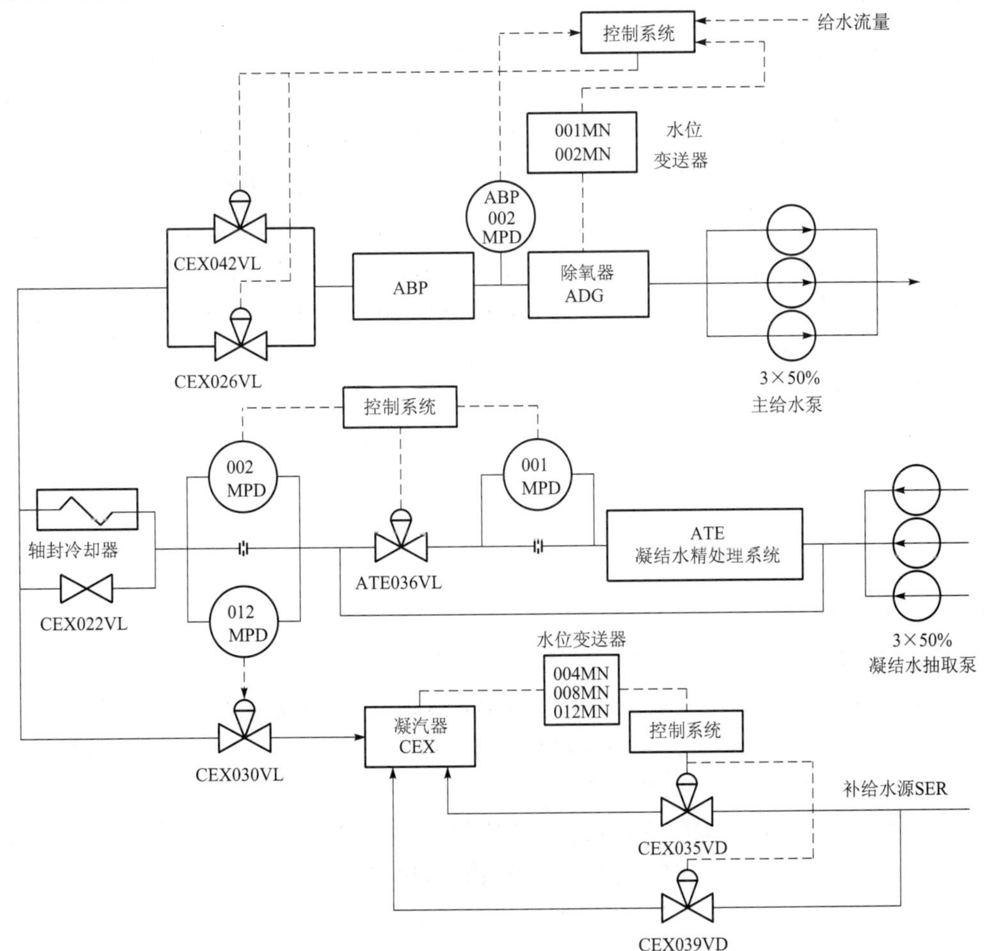

图 8-4-2　凝结水系统控制简图

8.4.1.2 次要功能

(1) 接收大部分热力系统的疏水;

(2) 为 ASG 系统水箱提供凝结水;

(3) 为凝汽器水幕保护装置供水;

(4) 为 APG 再生热交换器提供冷却水;

(5) 为三个疏水扩容器提供减温水;

(6) 为 CAR 系统提供降温用凝结水;

(7) 为凝结从 GCTc 系统进入凝汽器的排汽提供降温水;

(8) 凝结水泵提供自密封水。

8.4.2 系统描述

每个低压缸下方有凝汽器的一个壳体,三个壳体的接颈处设有均压连通管,每个壳体下面的凝结水热井间设有连通管。每个壳体的循环水侧分隔为两个独立回路组成。循环水均为单向流,自一侧进入,由另一侧排出,流过凝汽器后都排入暗渠中,然后经具有虹吸水封作用的跌落井排入大海。

低压缸排汽在凝汽器 101CS、102CS、103CS 中冷凝成水,然后,经由凝结水泵的入口过滤器 CEX001/002/003FI 进入凝结水泵,凝结水从凝结水泵出来后,分别经过各自的逆止阀 006VL、005VL、004VL 和电动隔离阀 009VL、008VL、007VL,合并后的主凝结水经孔板后分为两路,主路经调节阀 042VL、026VL 和旁路阀 025VL 送往低压给水加热器,另一路经阀 029VL 和调节阀 030VL 返回凝汽器 103CS。汽轮机轴封冷却器与孔板串联,该孔板通过设计计算选定,以保证有适当的凝结水流量流过轴封冷却器,保证这一重要设备的正常工作。把轴封冷却器的水路布置在送往低压给水加热器和凝结水再循环管线的上游,也是为了确保向轴封冷却器供应冷却水,使之不受进入除氧器的主系统凝结水量的影响。当主路凝结水量减少时,凝结水再循环阀 030VL 将开启,从而保证供应轴封冷却器的冷却水量。返回 CEX 系统的疏水分别由高压疏水扩容器和凝汽器的两个本体疏水扩容器接收,减温减压后最终进入凝汽器。

8.4.3 设备性能

8.4.3.1 凝汽器

(1) 凝汽器结构

1) 凝汽器型式:单背压、三壳体、对分、单流程表面式,每只壳体之间由汽平衡管和水平衡管连通,在外端两只壳体的外侧边各附有一只本体疏水扩容箱,凝汽器与汽轮机低压缸之间采用弹性连接,与基础之间为刚性连接。

2) 接颈:为钢板焊接结构,内部用支承管支撑,且留有 LP1、LP2 组合式低加安装空间;在每个接颈的内部设有 LP1-LP3 低加抽汽管及水幕保护装置,外侧安装有四只减温减压装置(整套凝汽器共 12 只),以接收来自 GCTc 的排汽。

3) 壳体:为钢板焊接结构,内部由支承管及隔板支撑连接,在壳体的两个端面设挠性板;管板为钛钢复合板,其钢板侧与挠性板直接焊接,钛板侧与水室螺栓连接;冷却管采用钛管，由隔板支撑，两端与管板的连接方式采用胀接加密封焊；在壳体的底部设有低压加热器危急疏水口；在外端两个壳体外侧设有本体疏水扩容箱，疏水经扩容箱喷水减温后凝水排入热井，蒸汽排入接颈。对壳体内的管束布置留有足够的蒸汽通流空间，便于蒸汽均匀地进入管束使热负荷分布均匀并及时地被冷却凝结，同时足够的通道可使部分蒸汽直接流至热井，以回热热井中的凝结水，防止凝结水产生过冷，保证凝结水的含氧量。管束布置采用上窄下宽，设计成一端高一端低，使凝结水能顺管束向低端流动，防止由于上部凝结水流向下部管束太多使下部管束形成液膜而降低热交换效率。

4）凝结水集水槽：由于管束的布置较合理，在管束中间没有设凝结水收集盘，而在管束的下端设有凝结水收集槽。

5）热井：为钢板焊接结构，内部亦由支承管及 T 型钢支撑，在其底部设有刚性支座。三个热井之间通过凝结水平衡管联通，每一个热井底部有一个取水口与母管连接，然后去凝结水泵入口。

6）水室：亦为钢结构，设计成橘皮状（即由两个弧形组合式），这种形状既可改善冷却水在水室中的流型，使冷却水能均匀地进入冷却管，又可减少死角，防止清洗胶球的沉积及泥沙淤积（秦山二期由于海水含沙量大，足以清洗凝汽器管束，所以不再设胶球清洗装置）。底部开有循环冷却水进（出）口，且在水管口设有不锈钢安全栅格，在水室内部与海水接触面均有耐腐蚀衬里。

7）排汽接管：采用橡胶膨胀节，可补偿任何方向的位移，且外侧设水密封。

8）平衡管：每两只壳体之间在接颈处分别采用两根汽平衡管，在三个热井间设凝结水平衡管。

（2）凝汽器主要技术参数和凝汽器热力参数

分别见表 8-4-1 和表 8-4-2。

表 8-4-1　秦山二期核电厂 600 MW 凝汽器主要技术参数

名　　称	最大保证工况	额定工况	最大计算工况
型　　式	单背压、三壳体、对分单流程表面式		
凝汽器总冷却面积/m^2	35 400		
凝汽器设计背压（校核工况）/kPa	5.39	11.8	5.39
凝汽器长度/mm	18 070		
凝汽器宽度（每台/总体）/mm	7 660/25 906		
凝汽器高度/mm	13 830		
凝汽器汽侧进口允许最高温度/℃	80		
管内平均循环水流速/(m/s)	2.3	2.084	2.413
循环水温升/℃	8.65	9.676	8.52
凝汽器热井容量（每台）/m^3	88		
管子有效长度/mm	12 988		
总长度/mm	13 082		
管板材料	钛钢复合板（5 mm　TA2+35 mm　20 mm）		
管子与管板连接方式	胀接+密封焊		

表 8-4-2 秦山二期核电厂电功率为 600 MW 级凝汽器热力参数

名　称	符号	最大保证工况（设计工况）	额定工况（校核工况）	最大计算工况（校核工况）
主机蒸汽量/(t/h)	D	2 024.3	2 048.4	2 096.6
主机蒸汽焓/(kJ/kg)	j	2 302.5	2 381.4	2 300.5
低加疏水量/(t/h)	D	374.5	324.9	393.9
低加疏水焓/(kJ/kg)	j	169.1	231.3	169.1
轴封疏水量/(t/h)	D	1.95	1.95	1.95
轴封疏水焓/(kJ/kg)	j	415	415	415
轴封冷却器疏水量/(t/h)	D	1.93	1.91	2.01
轴封冷却器疏水焓/(kJ/kg)	j	2 530	2 529.2	2 529.9
凝结水量/(t/h)	D	2 402.7	2 492.7	2 490.6
凝结水焓/(kJ/kg)	j	143.4	205.5	143.4
冷却水进口温度/℃	t	18.3	33	18.3
背压/kPa	p	5.39	11.8	5.39

8.4.3.2 凝结水泵

凝结水泵为筒袋型立式双层壳体结构，它由泵筒体、工作部分和出水部分组成。泵筒体是由钢板卷焊制成的，其一侧设有吸入口法兰。泵筒体用以构成双层壳体泵的外层压力腔，正常工作时腔内处于负压状态。

工作部分用多级叶轮同向排列构成的泵转子和在其外围形成导流空间的导流壳共同组成。泵转子由叶轮、泵轴、键、轴套等件组成。由于凝结水泵吸入侧为高真空，故必须将第一级泵轮标高置于热井水位下足够的深度，使水泵实际净正吸头高于所需净正吸头，使水泵吸入侧不致汽化。

出水部分由变径管、圆管、吐出座等件组成。泵的中间轴、传动轴从该部分的中心穿过。从泵工作部流出的液体经该部分后水平进入泵外压力管道。吐出座上设有填料函、卸压孔、脱汽孔。卸压孔用以将轴封腔内压力减至最低；脱汽孔用以将泵筒体内的汽体及时排至凝汽器。泵内设有多处水润滑轴承，用以承受泵转子径向力。泵转子的轴向力由电动机上的推力轴承承受。轴封采用软填料密封，由凝结水泵出口水进行自密封。泵座上填料处设有冷却室，当泵座温度大于 80 ℃时，需要 SRI 提供冷却水。该泵基本参数如下：

型号：YLST500-4　　频率：50 Hz　　功率：1 120 kW

功率因数：0.88　　转速：1 486 r/min　　绝缘等级：F

8.4.3.3 高压疏水扩容器 CEX001BA

为了避免高能流体直接进入凝汽器造成不必要的损害，除了两个本体疏水扩容器外，特布置了一个外置卧式高压疏水扩容器，将高能流体先引入扩容器，进行减温减压后，再排入凝汽器。高压疏水扩容器的外径为 ϕ2 640 mm，长度为 10 000 mm，容积约为 46 m^3，高压疏水扩容器的疏水量大，疏水复杂，为了满足汽轮机厂房的布置要求，采用了卧式设计。

高压疏水扩容器筒体采用了局部不锈钢衬里，耐冲蚀部件采用不锈钢制造。排气口管道和排水管道上采用特制喷雾效果好的喷嘴进行喷淋，利于更好地减温。在筒体的适当位置设有人孔，方便检修人员进入高压疏水扩容器。

为了确保设备的运行性能，高压疏水扩容器在正式投入运行前，其筒体部分必须按GB150规定进行水压试验，水压试验压力为0.75 MPa，水温不应低于15 ℃。各焊缝、接口、人孔等应无泄漏、渗水现象以及整个筒体无变形现象。

高压疏水扩容器接收的主要疏水有：

(1) 5号、6号、7号高加紧急疏水；

(2) GSS二级再热器紧急疏水；

(3) MSR壳体紧急疏水；

(4) 高压调节阀后疏水；

(5) 二级再热器紧急扫汽。

高压疏水扩容器的主要技术参数如表8-4-3所示。

表8-4-3　高压疏水扩容器的主要技术参数

名　称	疏水扩容器	类　别	I类容器
容器设计压力	0.5 MPa	喷水量	70 t/h
容器设计温度	300 ℃	喷水压力	1.8 MPa
介质名称	蒸汽、水	工作温度	120 ℃
工作压力	0.2 MPa	有效容积	46 m^3
净重	29 t	运行重量	约45 t
满水重量	约90 t		

8.4.4　运行和控制

8.4.4.1　系统充水

主凝汽器的充水由SER系统提供，充水时开启补给水气动调节阀039VD的手动旁路隔离阀038VD，对热井、凝结水泵及其入口管道充水。

8.4.4.2　系统的冲洗

凝结水系统的冲洗是以再循环方式进行的，启动一台凝结水泵通过二级过滤，除去杂物，第一级过滤是指热井上的机械过滤，第二级过滤是指凝结水泵入口管道上的过滤器，过滤热井不能除去的较小杂质。

8.4.4.3　启动

正常运行时，一般选定三台凝结水泵中的两台作为工作泵，另一台为备用。工作泵的启动可由控制室操作。启动前开启泵的进口隔离阀(首台泵启动时应先开启泵出口阀至1/3开度，泵启动后，根据泵出口压力，逐渐开启泵出口阀)，而除氧器隔离阀、凝结水排放阀应关闭，再循环隔离阀应开启。

当一台运行泵故障停运或当凝结水母管压力低时，备用泵自动启动。

8.4.4.4 正常停运

正常停运在主控室操作,凝结水泵自动停运的信号有:热井水位低低、出口阀全关延时30 s。

8.4.4.5 凝汽器的水位控制

凝汽器的水位由水位控制器自动控制补给水阀CEX035VD和CEX039VD来满足水位的要求。

每台冷凝器装有一个水位计,由于三台冷凝器的热井由连通管相连,从整体看,冷凝器构成了一式三套水位测量装置。每个水位计设有4个水位开关报警点,分别为高高水位、高水位、低水位、低低水位。冷凝器水位的实测值由三个水位计(004 MN、008 MN、012 MN)的测量值经平均后产生。一个水位计故障不影响冷凝器水位自动调节。

冷凝器的水位整定值由手操器手动设定,在升降负荷时注意监视冷凝器的水位变化,这是因为正常运行时,二回路的水容积是一定的,零负荷时蒸汽发生器内尽管水位低,但水密度大,容纳的水质量相对较多,所以冷凝器中储存的水较少,而高负荷时,蒸汽发生器内水位虽高,但水中汽泡多,密度小,容纳的水质量相对较少,所以冷凝器中储存的水较多,导致负荷变化过程中冷凝器水位会有明显的变化。

当实测水位与整定值水位有偏差时送PI调节器,调节器的输出控制小补给水调节阀039VD和大补给水调节阀035VD,向冷凝器补充除盐水,使实测值等于整定值。冷凝器的初始充水也是经补水阀来完成的。在自动调节不可用的情况下,由操纵员通过主控RCM039RC或RCM035RC手动直接控制补给水阀。在主控室有水位记录仪001EN和指示仪023ID、030ID,手操器上也可以显示实测值和整定值。在正常运行时,维持冷凝器水位等于整定值。当达到高水位时,只触发高水位报警,操纵员应分析原因并采取相应措施。如果水位继续上升,将触发高高水位报警,操纵员应尽快使汽轮发电机减负荷并监视冷凝器水位,如果水位没有下降,快速停运汽轮发电机组。

造成冷凝器高水位的原因主要有:

(1) 凝结水泵故障;

(2) 除氧器水位控制系统或相应控制阀失灵;

(3) 冷凝器水位控制系统失灵。

冷凝器低水位触发低水位报警,低低水位时,运行的凝结水泵自动脱扣,并且闭锁备用泵启动。

8.4.4.6 凝结水再循环流量控制

为保证凝结水泵有足够的最小流量,设有单根的再循环管。再循环流量由控制阀030VL控制,为PLC控制方式,原理见图8-4-3,实测值为002LMD测得的凝结水流量信号,整定值设定,二者偏差经PI调节器控制030VL。

汽轮机低负荷时,除氧器水位控制器和再循环流量控制器共同使用,使凝结水流量约为950 t/h,当汽轮机负荷大于一定值时,再循环流量控制阀全关,凝结水流量随负荷成比例增加,100%P_n时达到2 492.7 t/h。

再循环管线不但保护凝结水泵并且在启动和低负荷时确保流过轴封冷却器的流量。在电站启动时,使进入冷凝器的水经金属滤网再循环,以便系统清洗。

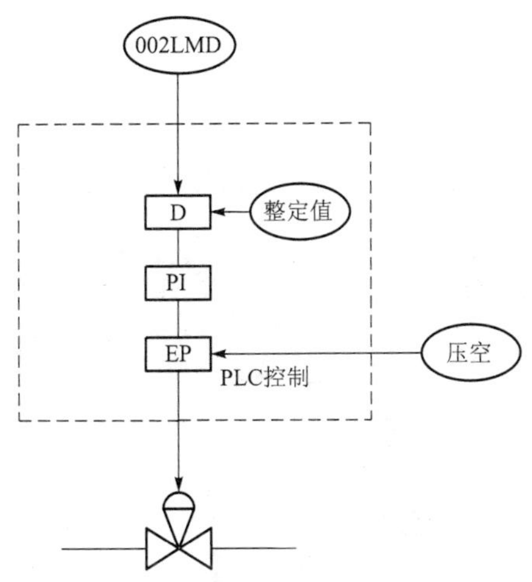

图 8-4-3　凝汽器再循环阀控制原理图

8.5　低压给水加热器系统(ABP)

8.5.1　功能

ABP 系统的功能是在主凝结水进入除氧器之前，利用汽轮机的抽汽加热给水，从而提高二回路热力循环效率，并使进入除氧器的主凝结水达到预定的温度。这个功能是利用 3 级低压加热器来实现的。

8.5.2　系统组成

本系统包括 1 级、2 级、3 级低加及其相应的管道、阀门、疏水装置和仪表控制等设施。其中，1、2 级低加为三列并联连接的双生式(DUPLEX TYPE)或称复合式结构(1/2A，1/2B，1/2C)，它们以并联方式在三条给水管线中，每列复合式加热器通过 1/3 额定给水流量，布置在 3 台凝汽器的喉部，分别用汽轮机低压缸的 6 级后抽汽和 5 级后抽汽对凝结水进行加热；第三级低加分两列(3A/3B)并联运行，每列加热器通过为 1/2 额定给水流量，其抽汽来自 3 号低压缸的 4 级后抽汽。

8.5.3　系统描述

该系统又可分为凝结水、抽汽、疏水和排气四部分，见图 8-5-1 低压加热器系统流程图，现分述如下。

(1) 凝结水侧

在正常运行工况，来自凝结水抽取系统(CEX)的凝结水，被分成三条并列管线，分别进入 3 台复合式加热器第一级的水室，经过第 1、2 级低压加热器的 U 型管加热后，从第 2 级低加出水室排出，汇集在母管中。然后，再分成两条并列的管线，分别进入并列的第三级低压加热器进口水室，经第三级加热器 U 型管加热后，从出口水室排出，汇集成一条管线送往除氧器系统。

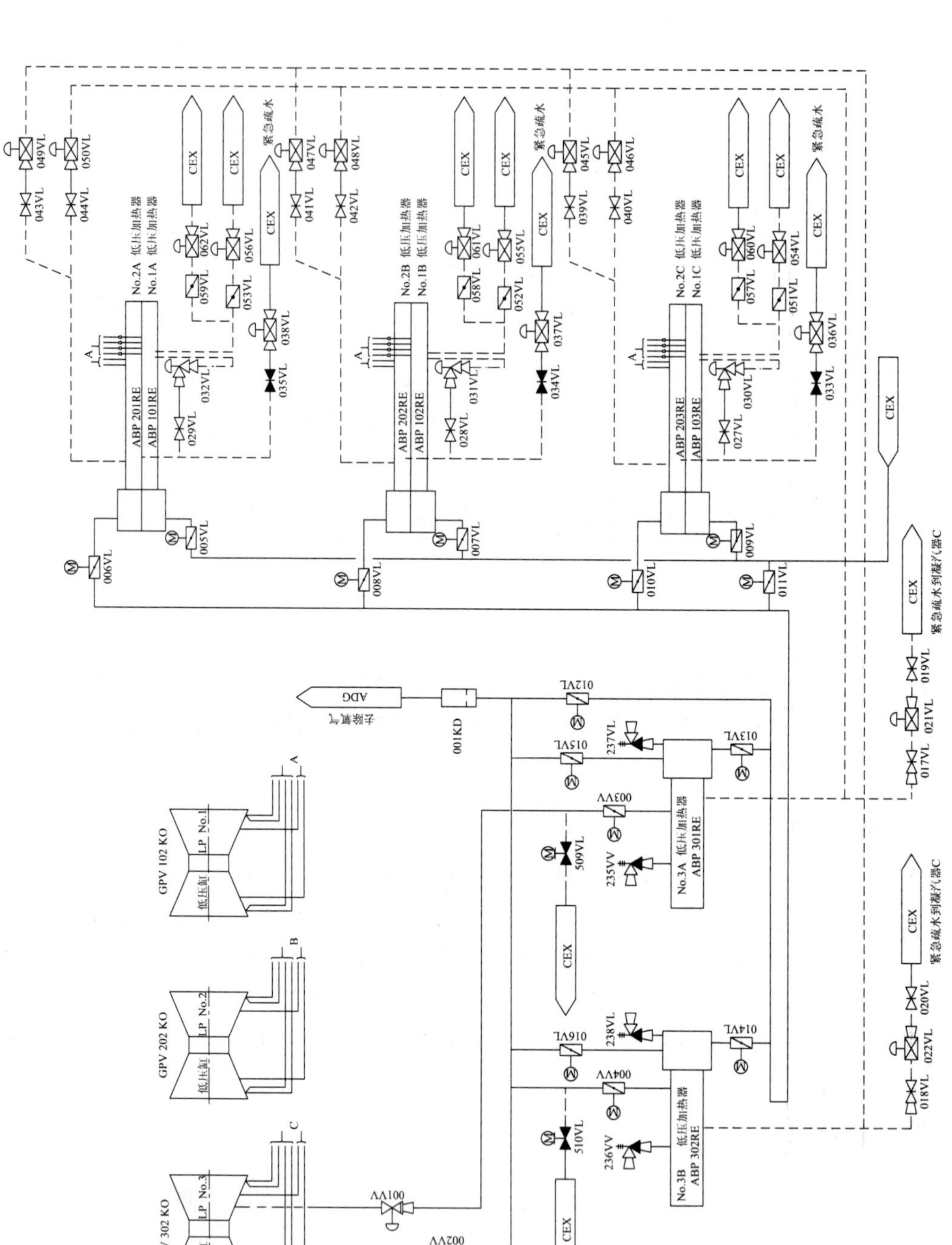

图 8-5-1 低压加热器系统流程图

(2) 抽汽侧

复合式低压加热器所用抽汽分别取自汽轮机 3 个低压缸的 5、6 级抽汽(即 1 号低加为 6 级后抽汽;2 号低加为 5 级后抽汽)。复合式低压加热器直接安放在凝汽器喉部,大大缩短了抽汽管道长度(减少中间容积),减少汽轮机超速的危险性,所以复合式加热器的抽汽管道上不装逆止阀,又因该加热器正常疏水和紧急疏水不受限制,故也不必安装隔离阀。

3 号低加所用抽汽取自 LP3 低压汽缸 4 级后。3 号低压加热器抽汽管上设有逆止阀和隔离阀,逆止阀尽量靠近汽轮机抽汽口,以减少中间容积,防止汽轮机甩负荷时蒸汽或水倒流入汽轮机,而导致汽轮机超速或损坏叶片。抽汽管上的隔离阀则尽量靠近低压加热器,用于快速切断(隔离)3A/3B,以防 U 型管泄漏或疏水受堵而引起满水倒入抽汽管道。

(3) 疏水侧及安全装置

低加疏水分为正常疏水和紧急疏水,正常疏水采用逐级回流方式返回凝汽器,如图 8-5-2所示。

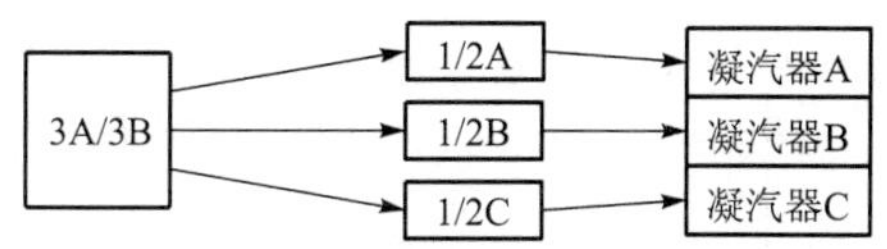

图 8-5-2　低压加热器疏水流向示意图

紧急疏水直接返回凝汽器。在紧急疏水管线上设有紧急疏水阀,当水位高 3 或高 2 延时 3 s 时,该阀超弛打开;其他情况该阀置于自动位置。

1 号低压加热器设有大口径自由疏水用的 U 型管。2 号低压加热器疏水流入 1 号低压加热器,1 号低加疏水流入凝汽器,疏水管容量足以满足几根加热器管爆裂之需。如发生爆管,加热器的水侧蝶阀将迅速关闭,以防水淹。

复合式低压加热器水室设有安全阀以适应水膨胀的需要,其水排走不再回收。3 号低加也有类似的措施。

1、2、3 号低加在冷凝段后均设有疏水冷却段。

3 号低压加热器汽侧容量能满足 2 根加热器管爆裂和疏水阀全开进水量的情况。

(4) 排气

如果不凝气体在加热器汽侧内部积聚,既会导致腐蚀,又影响加热器传热效果,为了防止发生这种情况,在低压加热器壳侧均设有排气点,排气管临近加热器处设有隔离阀。每台加热器的排气管分别接往凝汽器,不在加热器间逐级串联,机组启动时,低压加热器汽侧与抽气管内的空气由抽气管抽往凝汽器。

8.5.4　设备说明

(1) 设计特点

典型低压加热器结构示意图如图 8-5-3 所示。每个低压加热器都包括一个冷凝段和一个疏水冷却段。

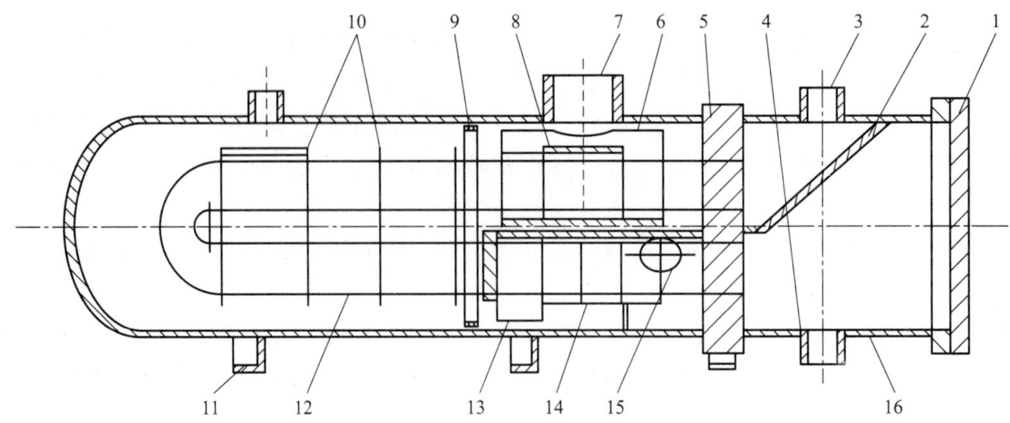

图 8-5-3 典型低压加热器结构示意图

1—端盖及法兰；2—水室分隔板；3—给水出口；4—给水进口；5—管板；6—蒸汽过热段；7—蒸汽进口；8—防冲板；9—管束保护环；10—隔板；11—支座；12—U 型管；13—疏水冷却段进口；14—疏水冷却段；15—疏水出口；16—水室筒身

冷凝段是利用蒸汽冷凝时的潜热加热给水的，一组隔板使蒸汽沿着加热器长度方向均匀分布，起支撑传热管作用。进入该段的蒸汽，根据汽体冷却原理，自动平衡。直至由饱和蒸汽冷凝成饱和的凝结水，并汇集在加热器的底部，然后流向疏水冷却器。

位于壳体上的排气接管，可排除不凝结气体，收集不凝结气体的排气管必须置于管束最低压力处以及壳体内容易集聚不凝结气体处。不凝结气体的集聚影响了有效的传热，因而降低了效率并造成腐蚀。

疏水冷却段是把离开凝结段疏水的热量传给进入加热器的给水，而使疏水温度降至饱和温度以下，疏水冷却段位于给水进口流程侧，并有包壳板密封，疏水温度降低后，当流向下一个压力较低的加热器时，从端板和吸入口或进口端保持一定的疏水水位，使该段密闭，疏水进入该段，由一组隔板引导从疏水出口流出。

(2) 第 1、2 级复合式加热器

复合式加热器是一个两级加热器，每级都是通常的双流道表面式换热器，给水流经传热管内侧，加热蒸汽流经管外。三列复式加热器结构是完全相同的。

加热器由一个壳体、一组管束和一个出入口水室所组成。依靠环绕第 2 级的一个内壳体，将第 1 级和第 2 级分隔开来。内壳体焊在管板上。

组合式管束由单根的 U 型传热管组成，其端部胀接在低合金钢管板上。管板焊在水室和壳体上，传热管为外径 16 mm，壁厚 1 mm 的有缝不锈钢管。

管束和第 2 级内壳体封在圆柱形碳钢壳体内，壳体上有 6 根抽汽进口接管，4 根通往第 1 级低压加热器，2 根通往第 2 级低压加热器。

(3) 第 3 级低压加热器

双列式并联连接的 3 级低压加热器取用汽轮机 LP3 低压缸的 4 级后抽汽。

第 3 级低加由两列 50%额定流量的双流道表面式加热器组成。给水流经传热管内，蒸汽流过管外。加热器主要由壳体、管束和出入口水室构成，传热管的端部胀接在低合金钢管板上，管板焊在水室和壳体上，管束封闭在一个带蝶形端头的圆柱形碳钢壳体内，传热管为外径 16 mm，壁厚 1 mm 的有缝不锈钢管。

每个加热器依靠两个支座，装在钢制的支承构件上。为了允许热膨胀和收缩，在管板之下装有固定支承。另一端为滚动支承。此外在加热器壳体中部设有相同的滚动支承，供检修抽出壳体用，在运行时不承载。壳体上有指明的现场切割线，需要检查壳体内部时可沿切割线切开。在切割线部位设计有保护管束的不锈钢支承环。

加热器冷凝段有中心放气管将不凝结气体排至冷凝器。

8.5.5 系统运行

8.5.5.1 正常运行

在机组最大保证功率 689.097 MW、全部低压加热器投入运行时。1 级低加将来自凝结水系统的给水从 49.7 ℃加热至 64.2 ℃，2 号低加再将给水加热到 89.2 ℃，3 号低压加热器将来自 2 号低压加热器的 89.2 ℃的主给水加热至 110.7 ℃。

8.5.5.2 解列

复合式 1/2 级低加的接管和阀门配置可在需要时将部分或全部低加解列，当然这将影响热力系统的经济性。任一列中的 1 级低加水位 3 高或 2 级低加水位 3 高都会导致本列低加解列，解列时凝结水进出口阀全关，正常疏水阀关闭，1、2 级低加旁路隔离阀 ABP011VL 开启。

在 100％反应堆出力下，第 3 级低加可以解列一台，也可以暂时解列两台，但也会影响热力系统的经济性。任一列 3 级低加水位 3 高，都会导致本列 3 级低加解列，解列时，给水进出口隔离阀全关，正常疏水阀关闭，3 级低加旁路隔离阀 ABP012VL 开启。

8.5.6 控制

8.5.6.1 疏水控制

每一个低压加热器都设有一条至下一级低加的正常疏水管线和正常疏水阀、一条至凝汽器的紧急疏水管线和紧急疏水阀。

低加疏水阀的控制有自动调节和超弛动作。

正常情况下，正常疏水阀根据加热器水位实测值与整定值的比较给出调节信号，自动调节正常疏水阀开度以维持低加正常水位(PLC 调节仪)。

而当发生破管等故障造成水位不可调节时，则采取以下措施：

1/2 级低加水位 3 高时，正常疏水阀快速关闭，其余情况下自动；

1/2 级低加水位 2 高延时 3 s 或 3 高，则快速开启紧急疏水阀，其余情况下自动。

第 3 级低加也有类似控制逻辑：

正常疏水阀：1) 3 级低加水位 3 高时快速关闭；

2) 1/2 级低加出、入口阀未全开时关闭，其余情况下自动。

8.5.6.2 抽汽控制

由于 1/2 级低加抽汽管线上无任何阀门，故无控制信号。

第 3 级低加抽汽管线有一个靠近汽轮机低压缸的抽汽逆止阀和一个靠近加热器的电动隔离阀。其控制逻辑为：

抽汽逆止阀:在OPC动作时关闭(OPC为超速保护控制);
在汽轮机脱扣(Trip)时关闭;
在加热器水位3高时关闭。

电动隔离阀:在汽轮机脱扣(Trip)时关闭;
在水位3高时关闭;
在3号低加进、出口阀未全开时关闭。

低压加热器性能参数表见表8-5-1。

表8-5-1　低压加热器性能参数表

名　　称	低压加热器数据		
设备代号	ABP101/102/103RE	ABP201/202/203RE	ABP301/302RE
管　材	SA688 TP304		
总长(近似尺寸)/mm	15 250		11 885
壳侧设计压力/MPa	0.35		
壳侧设计温度/℃	140		
管侧设计压力/MPa	0.35		
管侧设计温度/℃	140		
传热总面积/m^2	987	775	900
凝结段面积/m^2	811	671	—
疏水冷却段面积/m^2	176	104	—
U型管总数/根	787		889
管子外径×壁厚/mm	ϕ16×1.0		
给水流程数	2		
管子管板连接方式	焊接		机械胀接
给水流量/(t/h)	801		1 201.35
给水进口温度/℃	34.8	63.7	89.6
给水出口温度/℃	63.7	89.6	110.7
蒸汽压力/MPa	0.026 7	0.076 8	0.161
加热蒸汽温度/℃	66.5	92.4	113.5
加热蒸汽焓/(kJ/kg)	1 940.9	2 195.84	2 648.1
加热蒸汽量/(t/h)	49.32	43.85	47.41
进入疏水量/(t/h)	75.46	31.60	—
进入疏水温度/℃	69.2	95.2	—
出口疏水量/(t/h)	124.8	75.46	47.41
出口疏水温度/℃	40.4	69.2	95.2
管侧压力降/MPa	0.082	0.062 5	0.10
壳侧压力降/MPa	0.012 27	0.011 3	0.074

8.6　给水除氧器系统(ADG)

给水除氧器系统是电站二回路主要热力循环中的一个重要组成部分。该系统接收 ABP 系统供给的初步升温的给水,经本系统加热除氧后,送往 APA 系统,再经 AHP 系统加热达到要求温度后,送往核岛蒸汽发生器。在机组正常运行时,本系统所需的加热蒸汽,由汽轮机 LP1 和 LP2 低压缸第 2 级后抽汽供给。

8.6.1　功能

本系统的基本功能是加热给水并去除给水中含的氧气和其他不凝气体,以最大限度减少蒸汽发生器、汽轮机及其热力系统中的一切辅机、辅助设备和管道阀门等的腐蚀。

具体功能如下:

(1) 对给水进行除氧,保证向给水泵连续提供合格的含氧量不大于 5 ppb[①] 的给水;

(2) 作为混合式加热器加热给水,提高循环效率;

(3) 除氧器水箱有足够标高,以保证给水泵所要求的净正吸入压头,防其汽蚀;

(4) 除氧器水箱有一定给水储量,以应付蒸汽发生器需求与可能获得的凝结水供应量之间的任何瞬时失配,起流量调节和缓冲作用;

(5) 接收以下工作循环中的介质:

1) 给水泵出口管再循环;

2) 高压加热器的排气和疏水;

3) STR 疏水器的疏水;

4) 蒸汽发生器排污冷却凝结水;

5) 除氧器加热汽源:包括低压缸抽汽、辅助蒸汽、新蒸汽;

6) ABP 系统送来的给水。

(6) 平时将不凝气体排入凝汽器,在用辅助蒸气作为热源时,则将不凝气体排入室外大气中。

8.6.2　除氧原理

电厂中采用的除氧器是一种物理除氧方法,其简单除氧原理如下:

(1) 道尔顿(Dalton)分压定律

混合气体全压力等于各组成气体分压力之和。对除氧器而言:

$$P_d = P_s + P_a$$

式中:P_d、P_s、P_a 分别为除氧器中混和气体总压力、蒸气分压力、空气分压力。

给水定压加热时,随着水的蒸发过程不断加强,水面上水的分压力逐步加大,相应其他气体的分压将不断减小。当把水加热至饱和温度时,水蒸气的分压力实际上就等于水面上的全压力,其他气体的分压力就会趋近于零,从而创造了将水中溶解的气体全部除去的条件。

---

① 1 ppb$=10^{-9}$。

(2) 亨利(Henry)定律

该定律指出:在一容器中,当溶于水中的气体与自水中逸出的气体处于动态平衡时,单位体积水中气体的溶解量和水面上该气体的分压力成正比。

如果水面上某气体的实际分压力低于水中溶解气体所对应的平衡状态压力,则该气体就会在不平衡压差 ΔP 作用下自水中离析出来,直至达到平衡状态时为止。反之,将会发生该气体继续溶于水中的过程。如果能使水面上某气体的实际分压力为零,在不平衡压差作用下就可把该气体从水中完全除掉,这就是物理除氧方法的基本原理。因此,除氧的关键是降低水面上氧的分压力。

热力除氧过程必须同时满足传热和传质两方面的条件:

——将水加热至相应压力下的饱和温度;

——创造气体自水中离析的传质条件。

8.6.3 除氧器结构及设备说明

秦山 600 MW 机组采用卧式喷雾淋水盘式除氧器,由除氧器和给水箱两部分组成。其断面及原理图参见图 8-6-1 和 8-6-2。

(1) 除氧器

型号为 4200,其技术参数如下:

设计压力	0.56 MPa
设计温度	250 ℃
最高工作压力	0.45 MPa
最高工作温度	213 ℃
额定出力	4 200 t/h
介质	给水,过热蒸汽
进水温度	111.8 ℃
出水温度	149.1 ℃

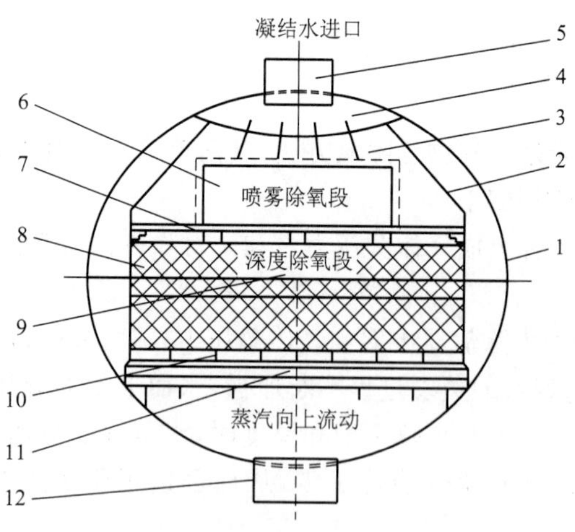

图 8-6-1 除氧器断面简图

1—除氧器本体;2—侧包板;3—恒速喷嘴;4—凝结水进水管;5—凝结水进水管;6—喷雾除氧段空间;7—布水槽钢;8—淋水盘箱;9—深度除氧段空间;10—栅架;11—工字钢托架;12—除氧水出口管

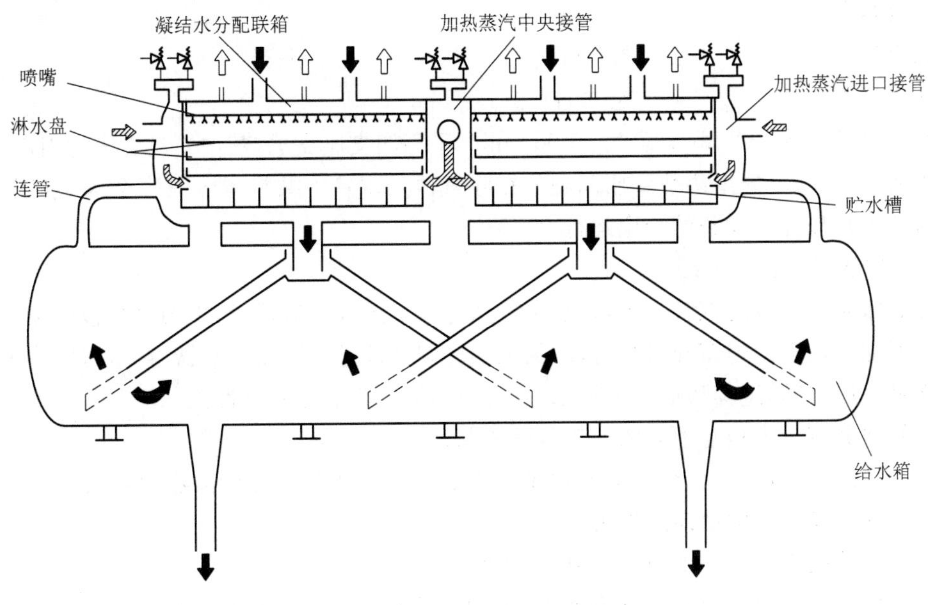

图 8-6-2　除氧器截面示意图

—蒸汽；—水；—不凝气体

除氧器采用内径 ϕ3 000 mm，总长 19 000 mm 的壳体焊接而成，用双支座支承在水箱上部，用四支大口径连通管与水箱连通。在除氧器上方采用了两只单独的凝结水进水口，进水分两路均匀地进入除氧器上部的两个独立水室，便于操作和控制。

除氧器采用了喷雾除氧段和淋水盘式深度除氧段两段除氧结构。在两进水室的长度方向各均匀布置了 125 只 16 t/h 的恒速喷嘴，因凝结水的压力高于除氧器的气侧压力，水汽两侧的压差 ΔP 作用在喷嘴上，将喷嘴上的弹簧压缩打开喷嘴，使凝结水在喷嘴中喷出，呈现一个圆锥形水膜进入喷雾除氧段空间，在这个空间中逆向流动的过热蒸气与圆锥形水膜充分接触，迅速把凝结水加热到除氧器压力下的饱和温度，绝大部分的非冷凝气体均在喷雾除氧段中被除去。

穿过喷雾除氧空间的凝结水喷洒在淋水盘箱上的布水槽钢中，布水槽钢均匀地将水分配给淋水盘箱。淋水盘箱由多层一排排的小槽钢上下交错布置而成，凝结水从上层的槽钢两侧分别流入下层的槽钢中一层层地交错流下去，使凝结水在淋水盘中有足够停留时间且与过热蒸汽接触使热交换面积达到最大值。流经淋水盘箱的凝结水不断再沸腾，凝结水中剩余的非冷凝气体在淋水盘箱中被进一步去除，使凝结水中含氧量达到要求（含氧量 <5 ppb），故该段称为深度除氧段。在喷雾除氧段中和深度除氧段中被除去的非冷凝气体均通过除氧器上部设置的 8 根排气管排向大气（或凝汽器）。溶解氧达到要求的除氧水从两根出水管流入除氧水箱。

(2)除氧器给水箱

该水箱型号为 GS-500，技术参数如下：

设计压力	0.56 MPa
设计温度	250 ℃
最高工作压力	0.45 MPa
最高工作温度	213 ℃

有效容积　　500 m^3

总容积　　605 m^3

介质　　给水,过热蒸气

水箱内径为 ϕ4 200 mm,总长 45 000 mm,采用四支座支承,其中一只支座为固定支座,其余为活动支座,并能解决热膨胀问题。在除氧器及水箱上共设置 8 只安全阀(水箱 6 个,除氧器 2 个),保证了设备的安全运行。

(3) 加热蒸汽进入系统

除氧器两端各有进汽管一个,过热蒸汽从进汽管进入除氧器时,由匀汽孔板把蒸汽沿除氧器的下部断面上均匀布开,使蒸汽均匀地从栅架低部进入深度除氧器,再由深度除氧器进入喷雾除氧段空间,这样形成一个汽水逆向流动,提高除氧器除氧性能。

除氧器共有 3 个相互独立的加热蒸汽汽源:

——辅助蒸汽供汽:机组启动前对除氧器给水箱及其存水进行预热和除氧之用。辅助蒸汽由蒸气转换器或辅助锅炉提供。

——汽轮机 1 号、2 号低压缸 2 级后抽汽。

——新蒸汽经两级减压后供除氧器加热用,用于机组启动到 4 段抽汽投入前的除氧器加热。

(4) 再循环泵系统

除氧器均有一套再循环泵系统。本系统的功能是在机组启动时,将除氧器内的储水用再循环泵抽出,再送入除氧器内反复加热除氧。其加热蒸汽为辅助蒸汽。

(5) 除氧器放气系统

除氧器共有 8 根 ϕ60×3 的放气管,使除氧器各部放气量均匀。放气管自主给水进入管的前后接出后,排往凝汽器。在凝汽器停运,除氧器再循环泵投入时,此放气管则排向大气(室外)。

8.6.4 除氧器运行方式

8.6.4.1 除氧器定压运行

除氧器蒸汽压力不随机组负荷变化而变化的运行方式,称为除氧器定压运行。

以这种方式运行时,因除氧器的主要加热蒸气是汽轮机的非调节抽汽,当汽轮机负荷降低到该级抽汽压力已不能满足除氧器定压运行要求时,需要切换至高一级抽汽,同时停用原级抽汽,除氧器的这种连接系统,由于存在节流损失和低负荷时停用一级回热抽汽,无论高低负荷下运行时都是不经济的。

8.6.4.2 除氧器滑压运行

除氧器蒸汽压力随机组负荷变化而变动的运行方式,称为除氧器滑压运行。滑压运行范围为 0.147～0.45 MPa。除氧器滑压运行带来的主要问题是,在变动工况下由于除氧器内压力和水温的变化速度不可能完全一致(压力变化快,水温因水的热容量而变化较慢),水温变化总是滞后于压力的变化,于是在负荷急剧变动时会产生下述问题:在负荷骤升时,压力升高较水温升高为快,导致除氧效果恶化;在负荷骤降时,压力降低较水温降低为快,给水泵容易出现汽蚀。而若按定压运行,虽然可使除氧效果及给水泵安全运行得到保证,但机组热经济性要作出牺牲。为提高机组的经济性,除氧器常采用滑压运行方式。

为防止负荷骤升时除氧效果的恶化,可以通过在给水箱内增设再沸腾装置等措施解决。

对更为重要的机组负荷骤降的过程中防给水泵汽蚀问题,为此采取的措施有:

(1) 提高除氧器安装高度;

(2) 设置低转速的前置给水泵;

(3) 适当增加除氧水箱容积;

(4) 装设能快速投运的备用汽源,阻止除氧器压力继续下降。

8.6.5 系统运行

8.6.5.1 正常运行

正常运行工况是指汽轮发电机组在最大连续出力 689.097 MW 及全部回热加热器系统投入的工作状态。

8.6.5.2 特殊稳态运行

特殊稳态运行包括:一列、两列或三列 1、2 级低加解列,一列 3 级低加解列及一列 5、6、7 级高加解列等情况。解列时部分给水将通过旁路管道。进入除氧器的给水温度将有所下降,运行压力也有所降低。

8.6.5.3 启动与正常停运

(1) 冷态启动

为避免除氧器充水过多,首先由凝结水抽取泵向除氧器注水至低水位(约 2.05 m),然后利用除氧器再循环泵和辅助蒸汽将水加热除氧,使其压力、温度和含氧量达到正常值。这项运行大约需要三小时。在此期间,除氧器的放气送至室外大气中。

为加速启动,向除氧器注水亦可只达低低水位,然后在具有蒸汽的条件下,同时利用除氧器和低压给水加热器系统进行除氧和加热。

(2) 热态启动

当反应堆在 GCT 系统动作下运行,汽轮机在短期停机后空载运行时,除氧器的压力和温度可由新蒸汽供汽情况下定压运行。

(3) 正常停运

在正常停运时,机组无负荷,除氧器维持在 0.147 MPa 压力下。此后由于热损失使压力降低。如预期停运时间不长,则可利用辅助蒸汽使除氧器内给水维持在 110 ℃。

除氧器若长期停运,则必须充氮保养。

8.6.6 除氧器的水位控制

凝结水泵的凝结水输送流量是按除氧器的水位要求控制的,在汽机负荷在 0%～100% P_n 范围内,除氧器水位要求维持在 2 200 mm。其控制原理如图 8-6-3 所示。除氧器水位调节系统设有单冲量和三冲量调节器,单、三冲量的切换由给水流量的大小来完成自动切换。

当给水流量低于某一定值时,单冲量调节器通过两只水位计值的平均值与设定值的偏差,经 PI 环节后去控制调节阀 CEX026VL 与 CEX042VL。凝结水流量较小时,由小阀 CEX042VL 来调节,当凝结水流量较大时,由 CEX026VL 调节,此时 CEX042VL 保持全开状态。

当给水流量高于定值时，三冲量调节回路投入运行，三冲量调节系统除接受水位偏差信号外，还接受主给水总流量和凝结水流量信号。该方式可克服单冲量调节响应的迟后。

在运行过程中，造成除氧器水位低的原因主要有：

(1) 除氧器水位控制阀 CEX042VL 和 CEX026VL 或相关控制回路故障；

(2) 汽轮机大幅度甩负荷；

(3) 凝结水抽取泵运行不正常。

除氧器水位低将引起一系列保护动作(具体参见图 8-6-3)。

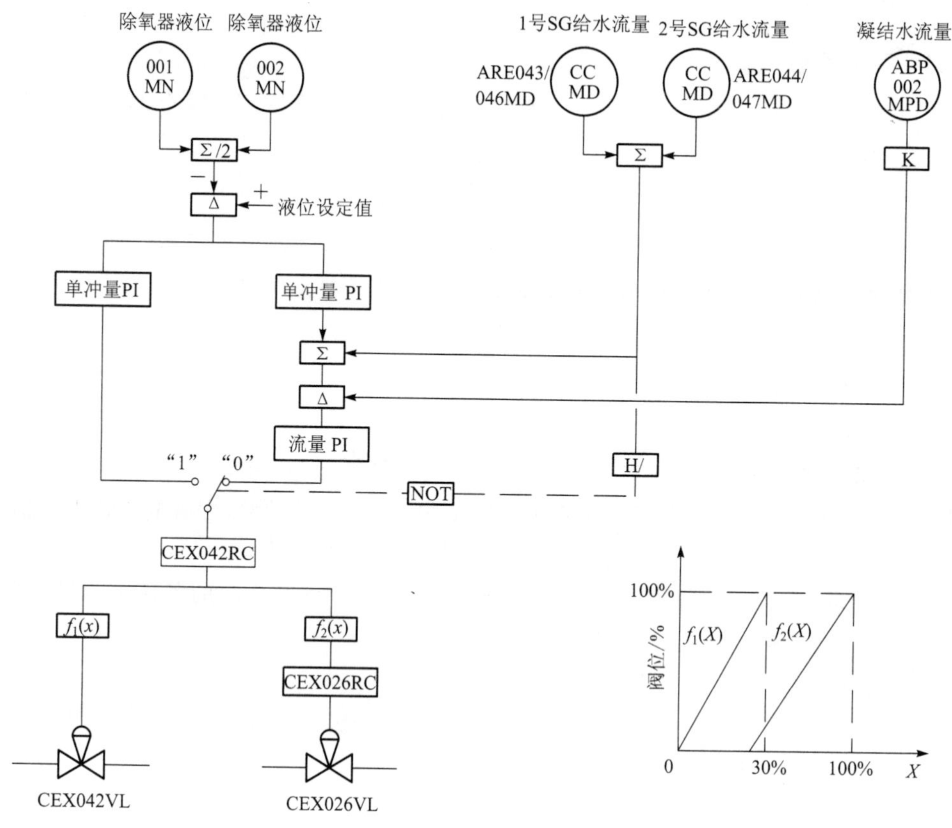

图 8-6-3 除氧器水位控制原理图

8.6.7 除氧器压力控制

控制除氧器内的压力，一方面是保证除氧器正常工作，另一方面是保证主给水泵入口有一定的吸入压头，以防止主给水泵汽蚀。其原理见图 8-6-4。

在系统启动或低负荷工况时，低压缸抽汽压力达不到除氧器供汽压力要求，除氧器通过新蒸汽减压维持压力。通过如图 8-6-4 调节辅助蒸汽入口调节阀 ADG031VV 的开度使辅助蒸汽进入除氧器，保持除氧器压力为 0.147 MPa。

在正常运行工况，当低压缸抽汽压力足够高时，用该抽汽来加热除氧器。压力随负荷变化的范围为 0.147～0.45 MPa。此时 ADG031VV 关闭，但一旦除氧器内压力下降(低于

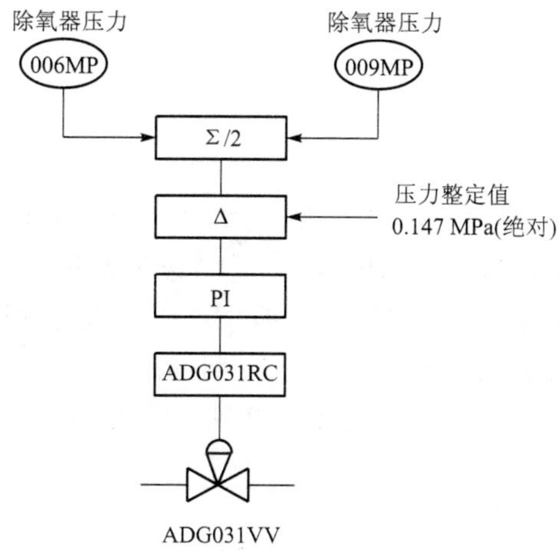

图 8-6-4　除氧器压力控制原理

0.147 MPa)，该调节阀就会调节开启，保持除氧器压力不低于 0.147 MPa。

当汽轮机甩负荷致使抽汽压力不足或 OPC 动作使抽汽逆止阀快速关闭而使除氧器压力低于 0.147 MPa 时，辅助蒸汽入口调节阀 ADG031VV 调节开启，保持除氧器内压力为 0.147 MPa。

8.7　电动主给水泵系统(APA)

主给水泵系统由三台并联的 50%容量的电动泵组构成，正常时两台运行，一台自动备用，为蒸汽发生器的二次侧提供所需的给水。每台给水泵组在 8.79 MPa(绝对)的压力下能提供 2 298.5 m^3/h 的有效输出流量。整个泵组安装在单独建造的基础上。

8.7.1　主要功能

(1) 在规定的各种运行工况下，本系统将连续地经过高压给水加热器向蒸汽发生器提供所需的给水。给水来源取自除氧器水箱；

(2) 在各种周波电源条件下，能正常提供给水；

(3) 给水泵可以单台运行或两台并联运行；

(4) 处于备用状态的电动泵能在一台或两台运行中的给水泵之一跳闸时迅速投入运行；

(5) 在反应堆额定热功率范围内，电动给水泵的变速方式能适应 ARE 系统向蒸汽发生器供水的需要；

(6) 两台电动泵并联运行提供蒸汽发生器所需的给水时，能具有适当的裕量；

(7) 备用电动泵自动投入运行的过程中，蒸汽发生器给水量的减少满足要求，防止保护系统动作；

(8) 电动给水泵系统的滤网有充分的过滤作用，足以保证压力级泵长期安全运行。

8.7.2 系统描述

8.7.2.1 电动给水泵

(1) 电动给水泵的结构

如图 8-7-1 所示,电动给水泵组由吸入级泵(Suction Stage Pump)(前置泵)、压力级泵(Pressure Stage Pump)、电动机、液力耦合器以及增速齿轮箱等主要部件组成。电动机轴的一端直接驱动前置泵,轴的另一端通过液力耦合器和增速齿轮箱带动压力级泵。前置泵由一台功率为 7 100 kW 的鼠笼式异步电动机直接驱动,额定转速为 1 485 r/min;压力级泵由电动机轴的另一端通过增速齿轮及涡轮液力联轴器驱动,额定转速为 5 825 r/min。

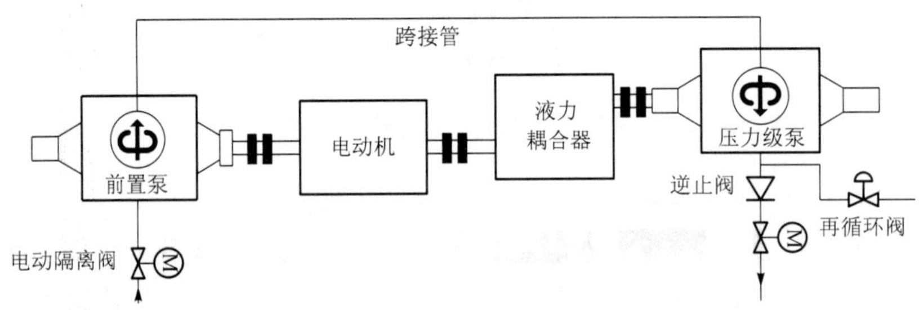

图 8-7-1 电动给水泵结构

(2) 电动给水泵的给水主回路系统

电动给水泵的前置泵和压力级泵均属卧式、单级双吸泵。除氧器来的水经过三条降水管、前置泵入口电动隔离阀(APA101/201/301VL)、临时粗滤网、异径接头,进入前置泵(APA101/201/301PO),再从前置泵出口经装有异径接头、流量测量孔板的泵间联络管(此管与前置泵为法兰连接,与压力级泵为焊接)进入压力级泵(APA102/202/302PO),然后经出口逆止阀和电动隔离阀送往高压给水加热器。在压力级泵与出口逆止阀之间设有再循环管线以保证泵的安全运行,每条再循环管线上有一只再循环阀(APA106/206/306VL)。

(3) 给水泵再循环管

每台给水泵组都单独设有防止由于低流量时过热而损坏泵的再循环管线。再循环管线由压力级泵出口引出,引漏流量为 620 m^3/h,约为泵额定流量的 30%;阀门由气动执行机构操作,执行机构的控制信号是来自前置泵与压力级泵之间的跨接管上的流量信号。

当泵的流量降低到低于 27%额定流量时,再循环阀开启。为了防止冲击,在再循环阀全关之前,压力级泵出口流量必须达到 67.4%的额定流量。

再循环阀同时还起降压装置的作用。在再循环管线靠近除氧水箱处安装有节流孔板,以使再循环管线保持足够的压力,防止发生闪蒸。在再循环阀的两侧都装有隔离阀,供维修隔离时用。

(4) 泵的机械密封

1) 前置泵

泵壳的两端都有填料式机械密封,机械密封由管座式螺钉固定在驱动端和非驱动端的端盖上。填料函和端盖之间的泄漏是通过填料函法兰和端盖之间的压缩非石棉纤维环来防止的。所有的填料函都设有冷却水套，冷却水来自外来水源。

安装在泵两端的机械密封都是卡盘式结构，并且密封是通过外来水源进行冷却的。

2）压力级泵

安置在泵轴每一伸出端的机械密封采用盒式结构，以利于更换。密封由一只动环和一只静环组成。密封部件具有一体化的唧液螺杆，用于提供由密封腔经过热交换器和磁性过滤器的液体循环流动。此外还有一个备用的磁性过滤器。泵在运转时，该循环流动是连续的，并由磁性过滤器返回密封壳，以提供冷却循环，并形成闭式冷却回路。热交换器的冷却水由 SRI 系统提供。

（5）液力联轴器

秦山二期采用的液力联轴器是由德国 Voith Turbo GmbH 公司制造的 R16K-550.1 型带有增速齿轮的勺管调节式涡轮液力联轴器。其结构原理图如图 8-7-2 所示。

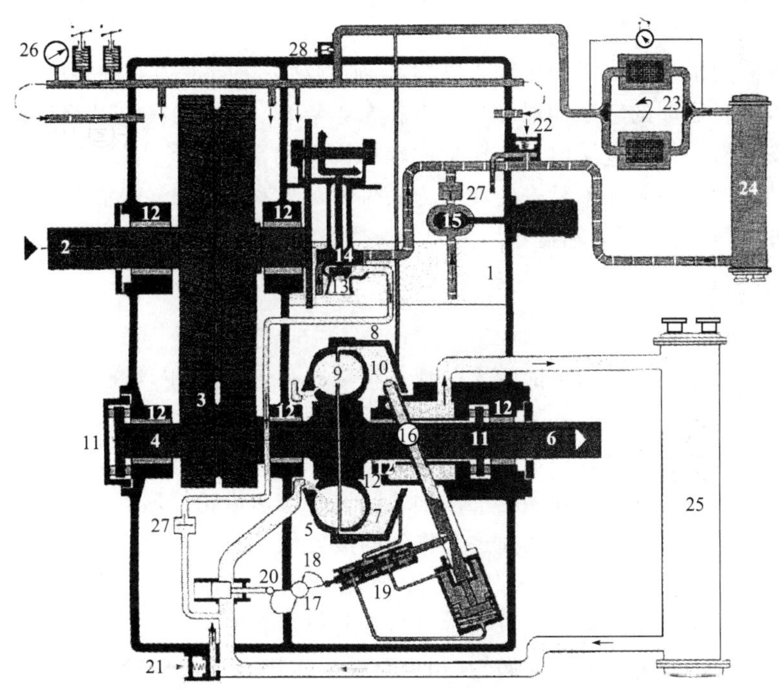

图 8-7-2　液力联轴器原理图

1—带有油箱的壳体；2—输入轴；3—带有双螺旋齿轮的齿轮箱；4—一次轴；5—一次涡轮；6—二次轴；7—二次涡轮；8—涡轮壳；9—工作腔；10—勺管腔；11—推力轴承；12—滑动轴承；13—机械工作油泵；14—机械润滑油泵；15—电机带动的辅助润滑油泵；16—勺管；17—勺管驱动机构；18—勺管驱动机构的凸轮盘；19—管位置控制阀；20—带有凸轮的油循环阀；21—工作油压力释放阀；22—润滑油压力释放阀；23—复式油过滤器；24—润滑油冷却器；25—工作油冷却器；26—仪表；27—止回阀；28—控制油的可调孔板

联轴器包括以下部件：

——一次轴和一次涡轮；

——二次轴和二次涡轮；

——联轴器壳（法兰连接在一次涡轮上，由二次涡轮侧的壳体封闭）；

——包括勺管控制机构的勺管套。

一次轴与一次涡轮、二次轴与二次涡轮之间都采用刚性连接。一次轴通过变速齿轮箱与电动机相连接,二次轴与压力级泵相连接。一次涡轮、二次涡轮和联轴器壳构成了工作腔。勺管和勺管套与液力联轴器是一个整体。二次轴支承在勺管套上。

(6) 壳体

机械齿轮箱和联轴器统一容纳在一个封闭的箱体内。油箱用法兰固定在箱体的底部。

(7) 齿轮箱

齿轮箱包括带有齿轮的输入轴,齿轮与液力联轴器的一次轴上的齿轮相啮合。

(8) 轴承

所有的轴都由滑动轴承支撑,并由润滑油润滑。

(9) 油泵

工作油与润滑油回路是相互独立的;但两者使用的油都是取自同一油箱的一种油。油由泵来输送。

工作油泵和润滑油泵由同一根输入轴驱动,轴的动力来自液力联轴器的输入轴的旋转。一台由交流电动机驱动的辅助润滑油泵用来在泵组启动、停运过程中以及事故工况下提供润滑油。还安装有一台由直流电动机驱动的辅助润滑油泵作为备用(这台由 220 V 直流电动机驱动的辅助润滑油泵并不是安装在液力联轴器的本体结构上的,而是安装在联轴器箱体以外的地方,通过管线从联轴器箱体内的油槽中吸油)。

8.7.2.2 相关概念

(1) 能量的传输

齿轮变速液力联轴器可以将能量无级地从电动机传递到被驱动端,能量通过如下途径传递:

——电动机和齿轮液力联轴器之间通过一个接触式挠性联轴器传递;

——液力联轴器的输入轴和涡轮一次轴之间通过增速齿轮传递;

——一次涡轮和二次涡轮之间通过工作油的液力传递;

——齿轮液力联轴器和被驱动部件(压力级泵)之间由接触式挠性联轴器传递。

因此对压力级泵的无级调速可以通过对勺管的控制实现。

电动机的转动动能传递给一次涡轮(相当于泵的作用),一次涡轮的转动使工作油被加速,机械能被转化为工作油的动能。二次涡轮(相当于透平的功能)吸收了工作油的动能,并将其转化回机械能。这样能量就传递给了压力级泵,使其转动。

(2) 滑差

在能量传递的过程中,二次涡轮的转速要低于一次涡轮的转速,这个转速的差称为“滑差”。产生滑差的主要原因是涡轮和工作油的摩擦,使一部分机械能转化为了工作油的热能。因此,对工作油的冷却是必要的。

(3) 工作油循环

工作油通过油循环阀进入工作腔,由于旋转产生的离心作用,在工作腔内形成一个旋转的油环。勺管的位置决定了勺管腔内的油环的厚度,同时也决定了工作腔内的油环厚度(勺管腔与工作腔是连通的)。勺管将被加热的工作油直接引向工作油冷却器,工作油在那里得到冷却,然后通过工作油循环阀返回液力联轴器,完成工作油的循环。

如果需要增加联轴器内的工作油的油量，可调节勺管的位置，工作油泵将从油箱中抽取更多的油供联轴器使用。

工作油的流速：工作油循环阀控制工作油的流速以补偿整个回路的阻力损失。回路中的任何超压都会使多余的油通过压力释放阀返回油箱。

工作油的压力：工作油的压力由压力释放阀控制。

工作油的温度：在工作时保证冷却水的供应是非常必要的，通过对冷却水流量的控制即可实现对工作油的温度的控制。

(4) 熔塞

如果在事故工况下，工作油的温度达到 160 ℃，封固塞子的低熔点焊料熔化，工作油从工作腔中甩出，进入联轴器箱体内，使联轴器失油而停止工作。工作油高温可能是由冷却功能失效或联轴器过负荷引起的。

(5) 联轴器的转速调节原理

压力级泵的转速可以无级调节，这是通过在运行中改变可移动的勺管的位置实现的。勺管的控制如图 8-7-3 所示。

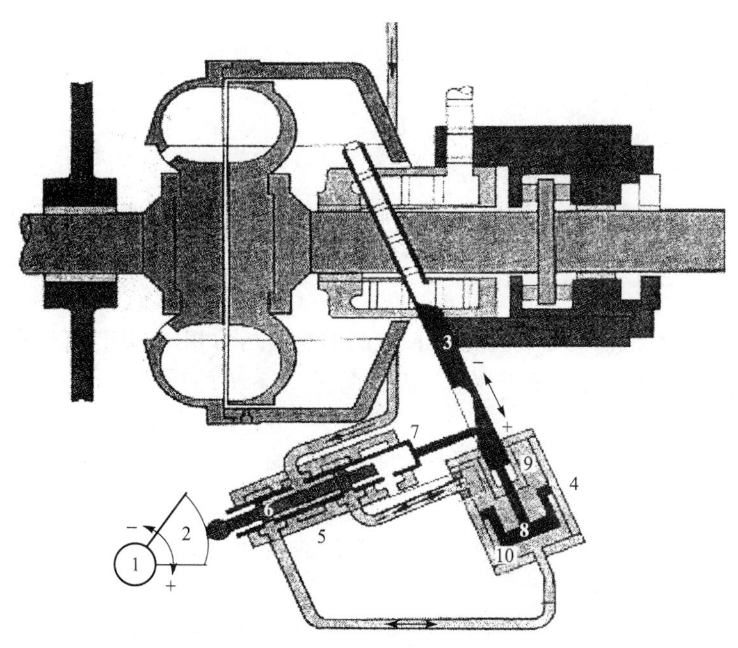

图 8-7-3　勺管的控制

1—驱动机构；2—凸轮盘；3—勺管；4—定位套筒；5—控制阀；6—控制杆；7—控制套管；8—勺管活塞；9—腔室 a；10—腔室 b

——勺管插入到勺管腔中尽可能深的位置(0%位置)：油环厚度最小，输出转速最低；

——勺管从勺管腔中抽出到尽可能外的位置(100%位置)：油环厚度最大，输出转速最大；

——勺管的位置由凸轮盘决定，执行机构用来调节凸轮盘。

最大转速调节：通过执行机构调节凸轮盘向“最大输出转速(100%)”方向转动。

——控制杆向勺管方向移动;

——控制油流入勺管定位筒的腔室a(图8-7-3的部件9)中,推动活塞,连带勺管向100%位置移动(向勺管腔外移动)。工作油泵向工作油循环补充工作油。

最小转速的调节:与最大转速调节的方法相反,控制油流入勺管定位筒的腔室b(图8-7-3部件10)中,推动活塞连带勺管向0%位置移动(插入勺管腔中)。联轴器排油。通过压力释放阀,多余的油返回油箱。

控制油:用于勺管液压控制的控制油通过调节孔板取自润滑油的返回管线上。

控制油油压:控制油压力与压力释放阀的整定压力相同,由于通过孔板与润滑油循环相连,也充当控制润滑油压力的手段。

(6)润滑

1)自润滑

齿轮液力联轴器的轴承和齿轮在运行中需要润滑,并且在投入运行前需要预润滑。

润滑油回路:正常运行时,润滑油泵从油箱中吸油打入润滑油回路。在启动和停运时,辅助润滑油泵承担循环润滑油回路的功能。通过:

——止回阀;

——压力释放阀;

——润滑油冷却器;

——复式油过滤器。

经过过滤和冷却的油供给需要润滑的部件。

润滑油的流速:轴承和齿轮箱所需要的润滑油流速由喷嘴中提供的孔板或孔来确定。多余的润滑油通过压力释放阀返回油箱。只有当改变润滑油压力时才可能对润滑油的流速有间接的影响。

润滑油的压力:润滑油的压力与压力释放阀的整定压力相同,并且可调孔板由压力测量仪表监测(压力计、传感器、定值开关)。任何润滑油系统的压力改变都会影响控制油的压力。

润滑油的温度:润滑油的温度由温度测量仪表监测。

2)外部部件的润滑

电动机、被驱动的泵以及接触式联轴器所需的润滑油均取自齿轮液力联轴器的润滑油回路,并返回液力联轴器的油箱。

润滑油油压及流速:润滑油的压力和流速由与液力联轴器的法兰连接处的孔板或由相关的润滑部件的回油回路上的孔板(如果有必要的话)决定。

(7)冷却水系统

冷却水系统是SRI系统的一部分,它为电动给水泵组的多个部件提供冷却。电动泵无论处于备用还是运行状态,都需要冷却水的供应。需要提供冷却的部件如下:

——润滑油冷却器;

——液力联轴器的工作油冷却器;

——电动机空气冷却器;

——压力级泵机械密封水冷却器,使密封水得以循环使用;

——前置泵和压力级泵的冷却夹套,其作用是提供热屏障以保护轴封填料函。

电动机的左右端上方各设有空气冷却器一台，热风自电动机中部上端分流进入冷却器，降温后再进入电动机壳体内循环使用。

压力级泵的机械密封水自成一闭式回路，由泵轴上的泵水环唧送水，经冷却器 103RF 及 104RF 后进入机械密封面。冷却器管内为密封水，管外为冷却用的 SRI 系统的除盐水。在冷却水的返回回路中均设有限流孔板，它可调整压差以限制流量。

如冷却水不能正常供应，则首先发出报警，继续恶化最终将导致跳闸停泵。

8.7.2.3　主要设备参数

(1) 前置泵

其设备参数见表 8-7-1。

表 8-7-1　前置泵设备参数

制　造　商	Weir Pumps Ltd.	
级　　数	1，双吸式叶轮	
泵送介质	给水	
负　　荷	设计值	额定值
吸入温度/℃	149.1	147.8
比重	0.918 0	0.918 8
体积流量/(m^3/h)	2 298.5	2 101.7
质量流量/(t/h)	2 110	1 931
吸入压力/bar(绝对)	6.0	5.9
出口压力/bar(绝对)	22.2	22.7
差压/bar(绝对)	16.2	16.8
压头差/m	180	186
NPSHR(需要的净正吸入压头)/m	9.0	8.0
NPSHA(可提供的净正吸入压头)/m	15.2	15.55
运行时的功率损失/kW	1 215	1 176
转速/(r/min)	1 485	1 485
效率/%	85.0	84.5
从电机往泵的方向看，转动方向	顺时针	

(2) 压力级泵

其设备参数见表 8-7-2。

表 8-7-2　压力级泵设备参数

制　造　商	Weir Pumps Ltd.
级　　数	1，双吸式叶轮
泵送介质	给水

续表

负　　荷	设计值	额定值
吸入温度/℃	149.1	147.8
比重	0.918 0	0.918 8
体积流量/(m^3/h)	2 298.5	2 101.7
质量流量/(t/h)	2 110	1 931
吸入压力/bar(绝对)	21.7	22.3
出口压力/bar(绝对)	87.9	94.2
差压/bar(绝对)	66.2	71.9
压头差/m	735	798
NPSHR(需要的净正吸入压头)/m	53.0	48.0
NPSHA(可提供的净正吸入压头)/m	190.2	197.5
运行时的功率损失/kW	4 942	4 900
转速/(r/min)	5 825	5 825
效率/%	85.5	85.7
从电机往泵的方向看,转动方向	顺时针	
引漏流量(30%)/(m^3/h)	620	
最大瞬时流量/(m^3/h)	2 873.1	

(3) 驱动电机

其设备参数见表8-7-3。

表8-7-3　驱动电机设备参数

制　造　商	Laurence,Scott & Electromotors Ltd.
型号	鼠笼式异步电动机
输出功率/kW	7 100
有效输出功率	最大连续出力
磁极数	4
转速/(r/min)	1 485
启动电流/A	4 833
满功率工作电流/A	805
安装方式	水平安装
外壳/保护	CACW/IPW55
电源	6 kV,3 pH,50 Hz

(4) 液力联轴器

其设备参数见表8-7-4。

表8-7-4　液力联轴器设备参数

制　造　商	Voith Turbo GmbH
类型	带有增速齿轮的勺管调节式液力联轴器
传递功率/kW	4 942,有效输出
调节范围	4∶1,向下

续表

制 造 商	Voith Turbo GmbH
转速/(r/min)	
输入端	1 485
输出端	5 825
滑差/%	2.65

8.7.3 系统运行

8.7.3.1 正常运行

机组正常满负荷运行时两台泵并联运行，一台处于自动热备用状态。

8.7.3.2 特殊稳态运行

汽轮机组跳闸：当汽轮机组跳闸(主蒸汽排向凝汽器)时，给水泵将继续运行并增速，以维持给水母管与蒸汽母管的压差。

8.7.3.3 特殊瞬态运行

(1) 除氧器卸压

在汽轮机组甩负荷或跳闸时，除氧器的自动控制系统能保证其压力基本稳定或有控制的下降。这将保证实际的净正吸入压头满足给水泵所需净正吸入压头的要求。一般的系统失效时仍能保证给水泵所需的净正吸入压头。

(2) 多台泵并联运行

正常运行时两台泵并联运行。

在以下情况时将出现三台泵并联运行：在两台电动泵并联运行时，用另一台电动泵来代替其中之一的切换过程中；

上述切换过程是经常出现的工况。此时刚接入系统的给水泵以高速投入，自控装置将使运行的两泵大致相同地降低负荷，随即三台泵都承担提供给水的任务。接下来是将刚接入的给水泵投入自动状态，将拟停运的给水泵切换到手动控制状态，并让它降到零负荷后解列。

(3) 电源供应变化(指电源的电压、周波变化)

电源供应变化将影响电动给水泵的转速，会变更其前置泵的转速，此时液力联轴器将起调节作用，调整压力级泵转速，维持整台给水泵组的应有功能。

(4) 压缩空气、冷却水或电源中断

——压缩空气中断时，再循环阀将全开；

——正常运行时如冷却水中断，将发出警报，操纵员可手动使给水泵跳闸；

——220 V 交流电源中断时，液力联轴器的执行机构将因失电而“故障固定”。

8.7.3.4 启动与正常停运

(1) 手动启动

电动给水泵可以由主控室遥控或就地操作予以启动。启动前必须先核实以下五个条件均已满足：

——电动泵润滑油系统已投入运行，且润滑油压不低于限值；

——电动泵系统所需的冷却水系统已投入运行；

——再循环阀已全开；

——液力联轴器勺管的执行机构已调整到最小转速(0%)位置；

——全部阀门均处于正确位置。

启动步骤：

——确认以上列出的所有启动前检查已经结束；

——将涡轮耦合器勺管执行机构设在“START”位置；

——启动主给水泵驱动电机；

——在泵升速后，确认辅助润滑油泵停运，并且泵组轴承的润滑油供应是由机械驱动的主油泵来完成的；

——当泵达到运行速度后，逐渐开启出口隔离阀，当给水流量超过67.4%额定流量时，确认再循环控制阀关闭。

注意：若泵组是向空的给水母管充水，则出口阀不能立即完全开启，应该慢慢开启以控制进入母管的给水流量。

给水泵组的启动：

运行工况	动　　作	结　　果
勺管在0%位置		
	辅助润滑油泵启动	联轴器和压力级泵仍处于静止状态，轴承被润滑
润滑油油压>1.6 bar	电动机启动	电动机启动、联轴器充油并旋转
电动机启动后1 min(润滑油油压>2.5 bar)	辅助润滑油泵停运	联轴器和压力级泵旋转
	勺管在n%位置	压力级泵在所需的转速下运行

给水泵组的停运：

运行工况	动　　作	结　　果
	勺管在0%位置	联轴器放油，压力级泵以最小转速运行
	电动机停运	电动机和压力级泵逐渐停止，轴承仍被润滑
电动机停运或润滑油压力<1.5 bar的信号自动启动辅助润滑油泵	辅助润滑油泵启动	轴承仍然被润滑
整个泵组停运后	辅助润滑油泵停运	轴承不再被润滑

(2) 自动启动

与上节所述的五个条件中的第四条相反，首先应将液力联轴器的勺管执行机构置于最高转速(100%)位置，并核对其余四个条件均已满足，然后将泵组置于“备用”状态。这样，当该泵组接到运行中的电动给水泵的跳闸信号时，即能在8～10 s内自动启动投入运行。刚接入的泵的压力级泵以高转速投入，然后自控系统会调节其转速，使其与并联运行的电动泵的给水负荷大致相同。

(3) 降速

当电动给水泵跳闸或失去电源时，其惰走时间一般在 1.5 s 内就降至不再向蒸汽发生器供水的转速。

(4) 停转

正常停泵时应手动将转速降至最低运行转速，然后再切断电动机的电源。虽然电动给水泵可以在任何转速下手动拉闸停泵，但推荐的操作方法是把转速控制信号先手动降至最低值，然后再手动停泵。这样操作可避免蒸汽发生器出现短时流量不足的缺陷。

(5) 倒转

电动给水泵处于备用状态或在停运过程中，如果出口逆止阀失灵，则有可能发生倒转。此时保护装置将关闭给水泵出口隔离阀；当倒转转速达到某整定值时，连锁装置将闭锁电动机的启动。倒转时，监测装置将使 AGM 系统投入运行。如果处于备用状态下的电动泵发生倒转，则该泵将不能自动投入运行，必须通过手动才能启动该泵。

8.7.4　仪表与控制

(1) 给水泵运行时的监测和连锁

——监测给水泵倒转，发生倒转时自动关闭泵的出口隔离阀；

——吸入侧阀门与给水泵的启动信号之间的连锁：阀门全关时给水泵无法启动；

——给水泵支持轴承与推力轴承乌金瓦温度监测及报警；

——用净正吸入压头表计对水泵的吸入条件进行监测，当净正吸入压头过低时即报警，并使泵无法启动；

——监测泵组高速轴承的振动，超标时发出报警；

——前置泵前滤网的差压监测，差压过大时报警，提醒操作人员清理滤网；

——当流量降低到某整定值时，泵间联络管上的流量孔板将发出信号，将再循环系统自动投入；当流量增至某整定值时，将自动关闭有关再循环阀。给水泵启动时，再循环阀是开启的。就地装有试验阀启、闭的设施；

——电动机定子线圈装有测温装置；

——电动机空气冷却器装有检漏用的滴水盘，有泄漏时将发出报警，滴水盘装有虹吸排水管。

(2) 泵的转速控制系统

泵的转速控制系统能保证实现如下功能：

——保证蒸汽发生器给水母管和蒸汽母管之间的压差等于一个随负荷变化的整定值，以维持给水流量控制系统调节阀前后的压差恒定，从而消除了两台蒸汽发生器之间给水的耦合影响，满足蒸汽发生器给水流量要求。

——在保证总给水流量的前提下，使并联运行的电动泵的流量合理分配，并具有一定的裕量。

给水泵组的前置泵由电机直接带动，其转速基本不变。压力级泵通过液力联轴器和增速齿轮驱动，其转速的变化可以满足不同的给水需求量。调速原理如下：调速信号调节液力联轴器勺管的位置,改变联轴器工作腔内的充油程度,从而改变二次轴的转速,使压力级泵达到所需的转速。

(3) 给水泵的停运信号

——泵轴向位移高高与推力瓦温度高(110 ℃);

——润滑油压力低;

——除氧器液位低低低;

——给水泵入口阀全关;

——来自反应堆保护系统的停泵信号;

——对应6 kV母线的主电源进线开关(100JA)跳闸;

——手动停运。

8.8 高压给水加热器系统(AHP)

8.8.1 系统功能

利用汽轮机高压缸抽汽加热给水,将主给水泵出口148.3 ℃的给水加热至230.4 ℃以提高热力循环的经济性。另外,5级、6级和7级高加还分别接收汽水分离再热器壳体和第一级及第二级再热器的疏水,6级和7级高加分别接收汽水分离再热器第一级及第二级再热器扫气,回收热量,并起到了排除抽汽中不凝气体的作用。

8.8.2 系统组成

高压给水加热器(AHP)是介于APA系统与ARE系统之间的一个系统,是汽机热力循环中的重要组成部分。高压给水的加热分三级,共有两列,每列包括一个5级、一个6级和一个7级加热器,给水在容量各为50%的双列流道内进行。在每列加热器的进口和出口,各设置闸板式电动隔离阀和一条设置有闸板式电动隔离阀的旁路管线,用来保持给水的输送流量。正常运行时双列均应投入运行,特殊条件下也可允许单列运行。

5级、6级和7级加热器分别使用汽机高压缸不同抽汽口的抽汽,将给水加热后送往ARE系统,提供蒸汽发生器二次侧给水。

每列加热器给水进、出口各设一台闸板式电动隔离阀(014、015、016、017VL),另设一条旁路管线隔离阀018VL。如果疏水系统失效或加热器管子破裂,需要隔离该列或两列加热器时,就应打开电动旁路阀,以保持给水输送通畅。

高压给水加热器的充水通常是通过除氧器重力充水或由除氧器系统(ADG)的除氧循环泵ADG001PO进行的。

8.8.3 系统描述

(1) 给水侧

由给水泵APA送来的给水分别进入两列5级高压加热器进口水室,经U型管从出口水室流出,最后进入7级高加进口水室,同样经U型管从另一侧流出至给水母管汇合,通过给水流量控制系统(ARE)分别送到两台蒸汽发生器。高压加热器系统流程见图8-8-1。

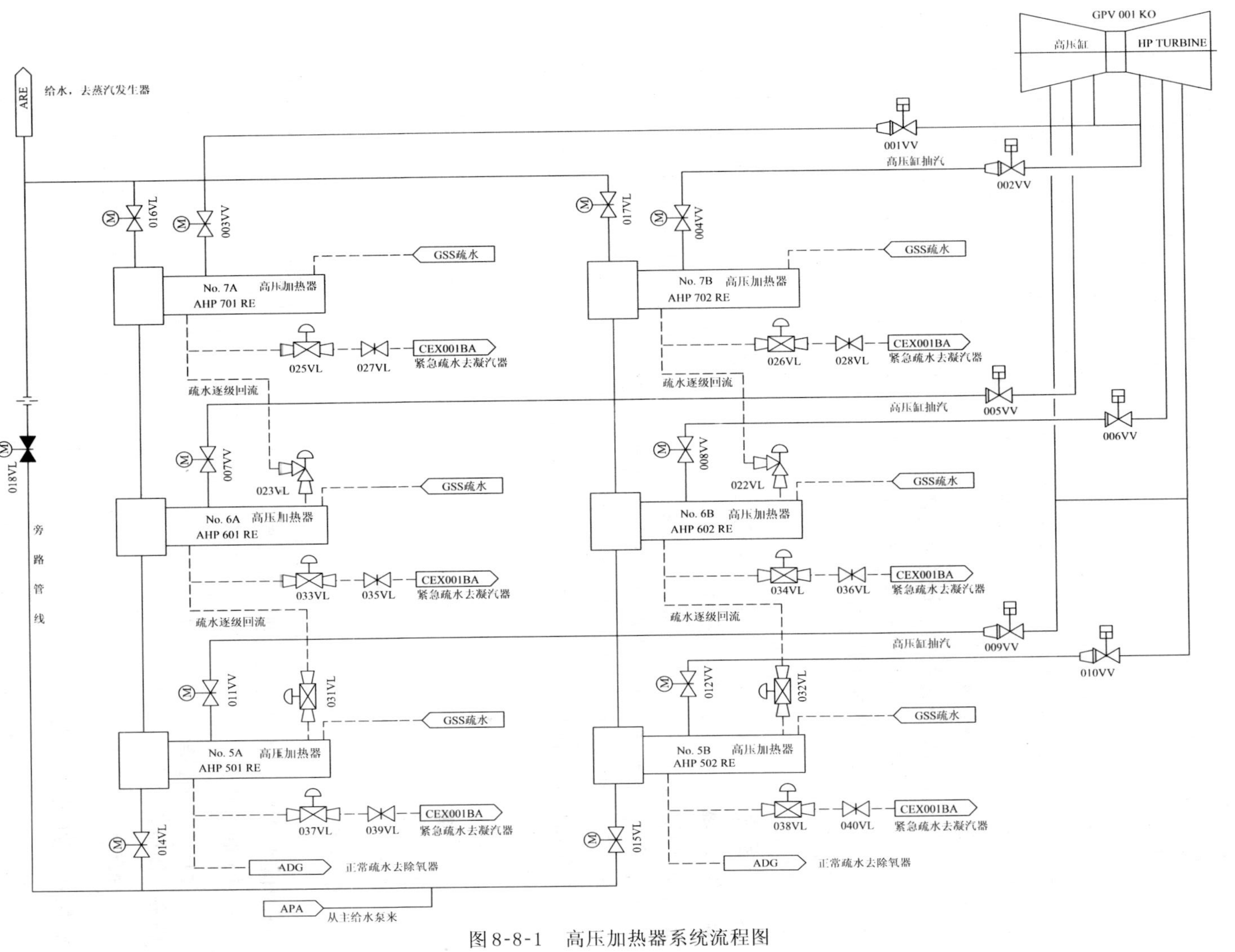

图 8-8-1　高压加热器系统流程图

当疏水被堵塞或U型管破裂使加热器水位升至3高水位时，该列出入口隔离阀可在规定时间内关闭，为确保给水畅通，应打开高压加热器旁路管线上的电动旁路阀。

(2) 抽汽侧

5级、6级和7级高压加热器分别从汽轮机高压缸7级、4级和1级叶片后抽汽。在机组最大连续电功率下，这三级抽汽压力分别为1.029 MPa(绝对)、1.873 MPa(绝对)和3.120 MPa(绝对)。

抽汽管线经逆止阀001VV、002VV、005VV、006VV、009VV和010VV后分别进入六台高压加热器，逆止阀尽量靠近汽轮机侧。另外，每台高加还各有一台电动隔离阀(003VV、004VV、007VV、008VV、011VV和012VV)靠近加热器，以防止加热器满水时水倒流进入抽汽管道或汽轮机。

高压加热器在正常运行时，除接受汽轮机高压缸的抽汽外，7级高加还同时接受GSS系统的汽水分离器二级再热器扫汽，6级高加同时接受GSS系统的汽水分离器一级再热器扫汽，以保证汽水分离再热器的传热效率。

(3) 疏水侧

高压加热器的疏水采用逐级自流方式，见图8-8-2、图8-8-3。除接受有关的汽轮机抽汽及GSS系统来的扫汽外，7号高加还接受汽水分离再热器二级再热器来的疏水，通过正常疏水管线送往6号高加，6号高加接受7号高加和汽水分离再热器的一级再热器来的疏水，通过正常疏水管线流至5号高加，5号高加接受6号高加和汽水分离再热器的壳侧疏水，最后5号高加的疏水通过正常疏水管线排入除氧器。在紧急情况下，正常疏水管线上疏水阀门关闭，高压加热器的疏水通过紧急疏水管线送往高压疏水扩容器。

高压加热器抽汽管道中的疏水，则通过疏水袋或带有气动调节阀和电动旁路阀的管线排至凝汽器。

(4) 排气侧

高压加热器的排气系统是将高加壳体内积聚的不凝结气体排出，改善高压加热器的换热条件。

由图8-8-4可知，No.7A、7B分别通过421VV、422VV和427VV、428VV将不凝气体排入除氧器。

No.6A、6B分别通过AHP434VV和437VV将气体排入除氧器；No.5A、5B分别通过AHP442VV和445VV将气体排入除氧器。

(5) 卸压装置

每台高压加热器汽侧都装有一个安全阀，当壳侧压力达到一定阈值时，安全阀将自动开启进行卸压。

每台高压加热器水室也装有一个水室安全阀，当管侧超压时，也将起到保护作用。

8.8.4 加热器结构

5级、6级、7级高压加热器结构基本相同，均为常规的双流程U型表面式加热器，采用卧式布置，给水在管内流动，蒸汽在管外流动。每个高压加热器都包括一个凝结段和一个疏水冷却段。图8-8-5所示为典型的高压加热器结构示意图。

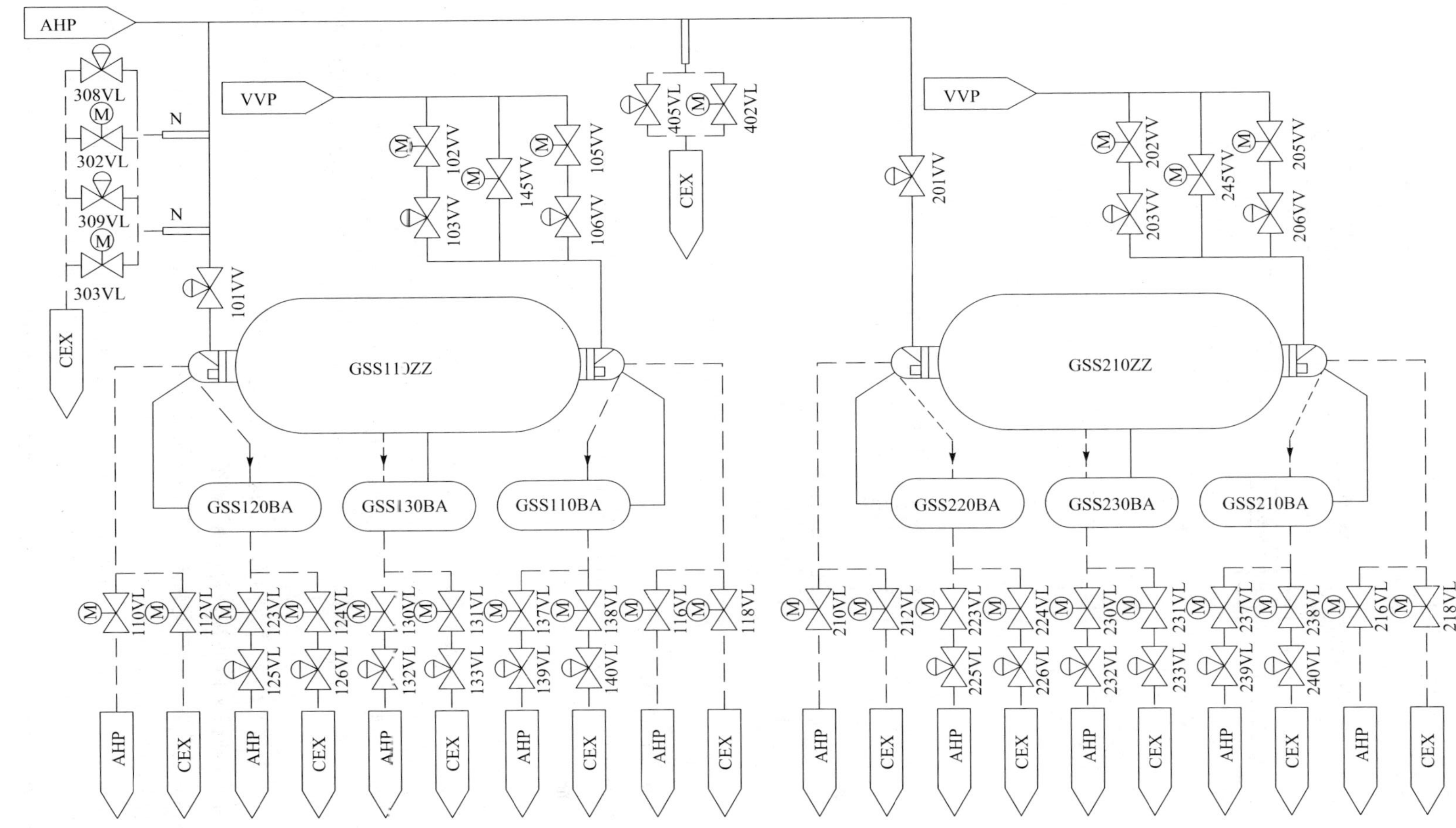

图 8-8-2 GSS系统扫汽和疏水至高压加热器流程

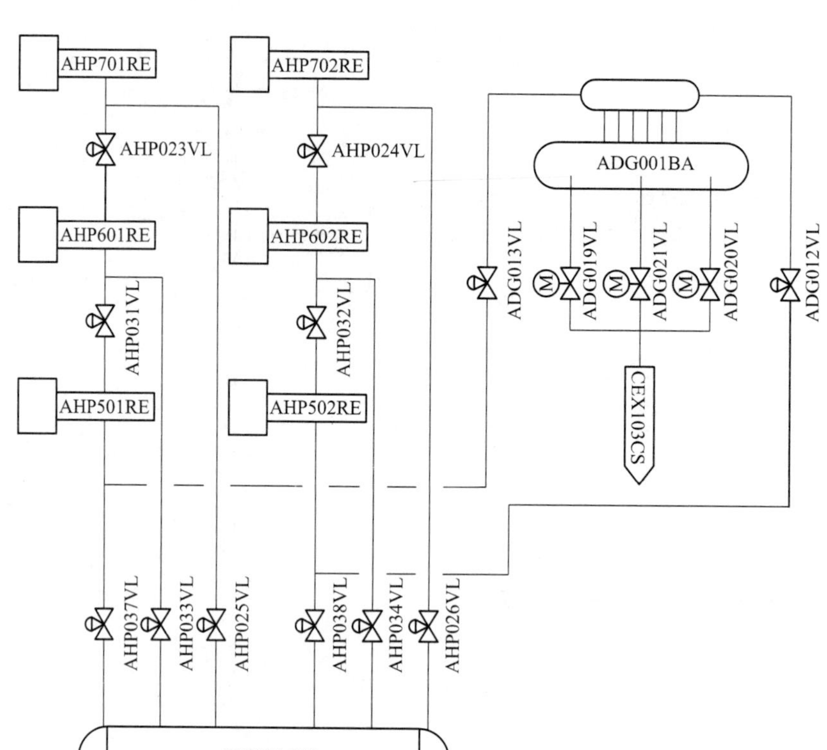

图 8-8-3 高压加热器系统疏水流程图

高压加热器的壳体是钢板焊接构件，为了便于壳体的拆移，还安装了吊耳及壳体滚轮，并使其运行时自由膨胀。在加热器壳体上有指明的现场切割线，当蒸汽侧需要检查时，可沿切割线切开，在切割线部位有保护管束的不锈钢制防护环，当切割和重新焊接时，它可保护管束。

壳体和水室是焊接连接，水室为半球形小开口水室。水室组件由半球形封头和管板组成。管板钻有孔，以便插入U型管，水室组件还包括给水进口接管、出口接管、排气接管、安全阀、化学清洗接头和引导水流按规定流动的分隔板以及带密封垫圈的人孔盖、人孔座或密封盖。通过水室的椭圆形人孔门和可拆卸分隔板，可方便地接近水侧进行检查和堵管。

U型管外径为16 mm，壁厚1.5 mm，材料为SA688TP304，管子是经焊接和爆胀于管板上。

钢制隔板沿着整个长度方向布置。这些隔板支撑着管束并引导蒸汽流沿着管束按90°转折流过管子，隔板又借助拉杆和定距管固定。

在加热器里装置不锈钢防冲板，可使壳侧液体和蒸汽不直接冲击管束，以免管子受冲蚀，这些板都布置于壳体各进口处。

给水从水室下侧的给水进口管进入，在U型管内流动，从水室上侧给水出口管流出。而加热蒸汽从蒸汽进口进入，遇到防蒸汽冲击板后向圆周和周向流动，进入加热器管束，蒸汽在管子外侧对给水进行加热，蒸汽凝结成水后流入疏水冷却区，最后从疏水口流出。

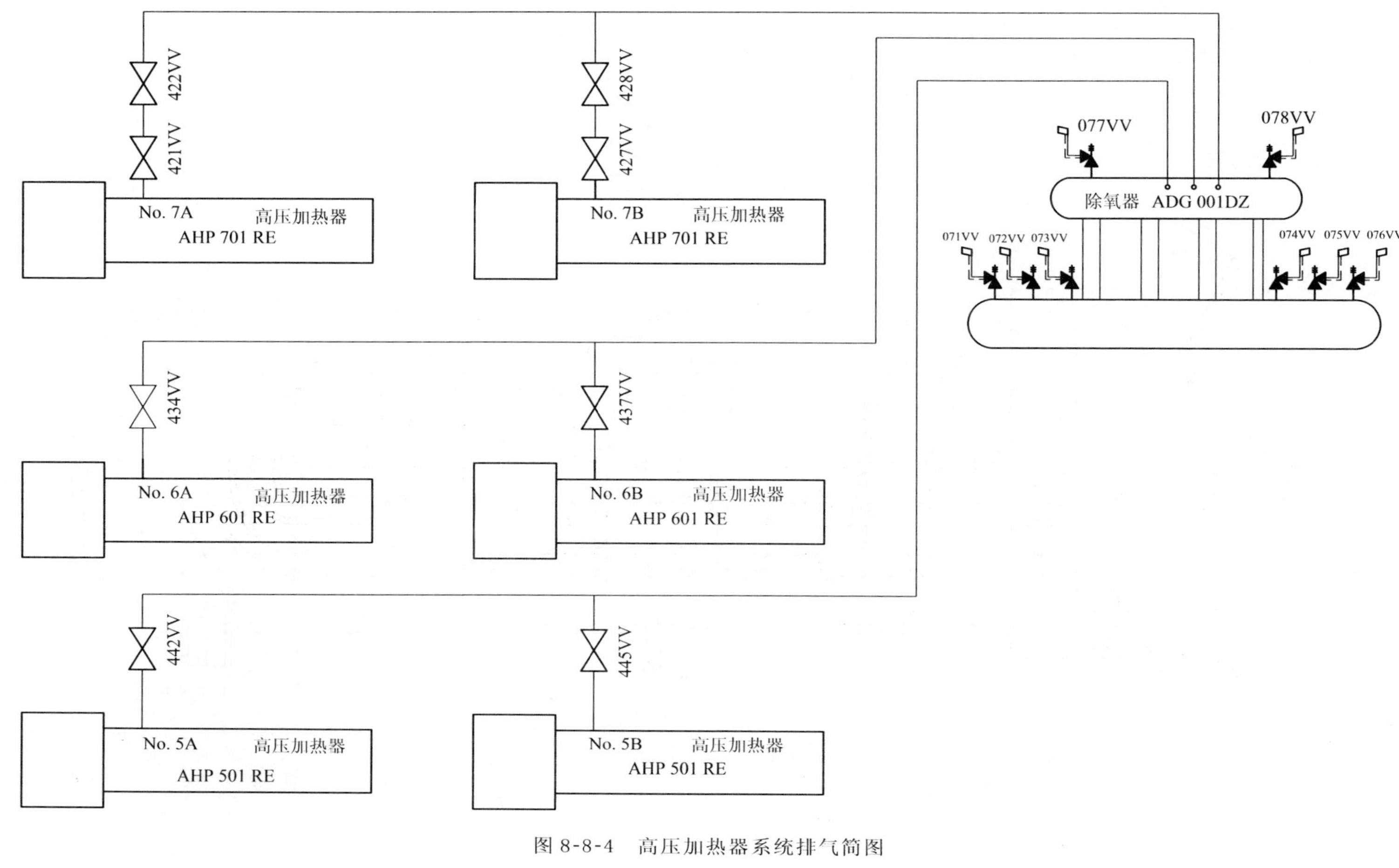

图 8-8-4 高压加热器系统排气简图

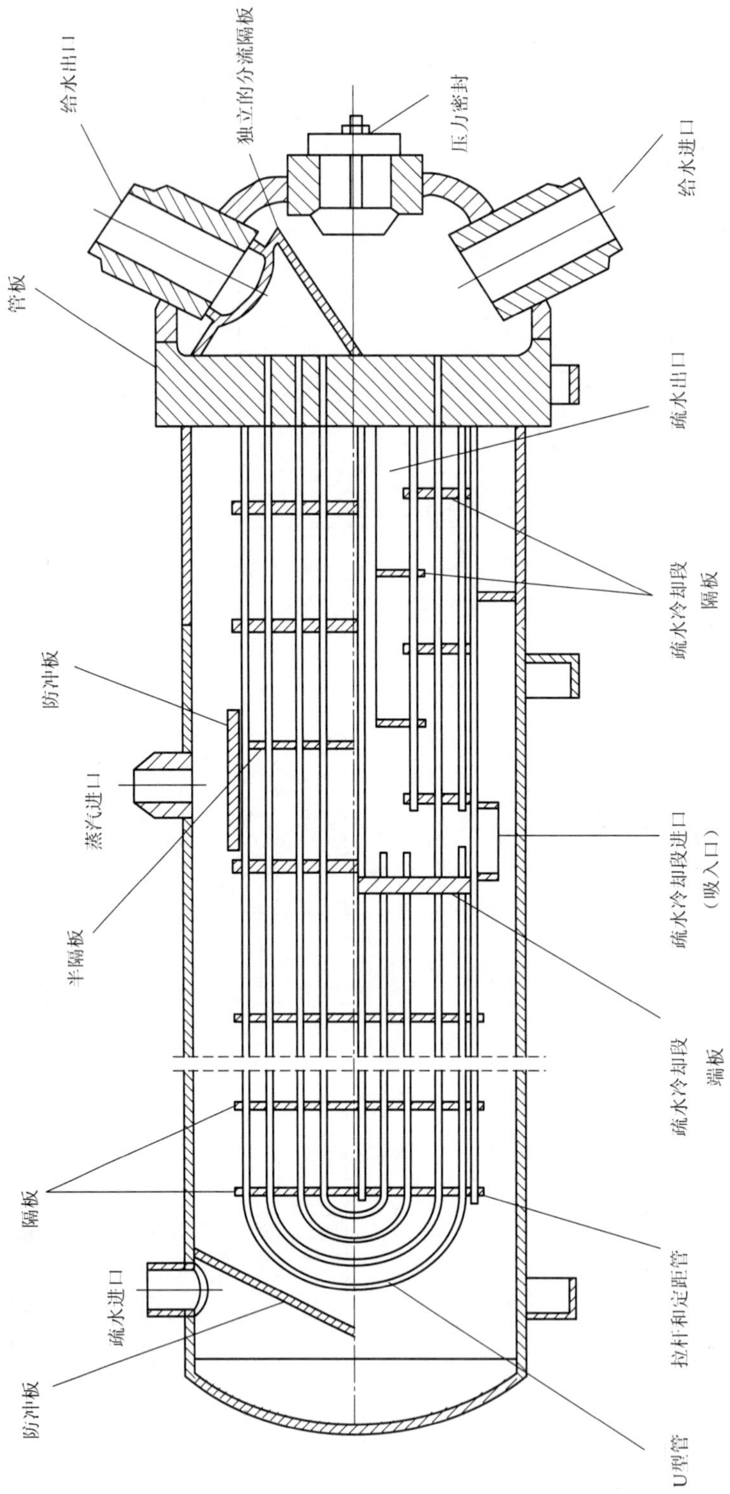

图 8-8-5　高压加热器结构示意图

疏水冷却段位于一个独立的罩壳内，其内部设有挡板，使加热蒸汽凝结水与管内给水成逆向流动，提高传热效果，使疏水温度进一步降低，使该级疏水自流到下一级加热器时尽量减少对下一级抽汽的影响。疏水冷却段位于加热器底部，并可在低于壳体内正常水位下运行，使整个冷却段始终处于被水淹的状态。疏水冷却段的布置应防止气体和氧化物集聚。

5 级、6 级、7 级高压加热器传热面积分别为 2 300 m^2、1 900 m^2 和 1 800 m^2。疏水冷却段的传热面积分别占加热器总传热面积的 38.35%、24.16%和 16.5%。

加热器冷凝段的中心放气系统，使蒸汽能源源不断地沿壳体流动，并有一个畅通的流道空间。该系统将加热器壳体内收集的不凝结的气体排出，因为空气的存在明显的增大热阻，降低传热效果并造成腐蚀。

8.8.5 运行

8.8.5.1 正常运行工况

正常运行工况是指在机组最大连续电功率 689.097 MW，全部给水加热器投入运行的工况。

正常运行时，5 级高压加热器将主给水泵来的给水从 148.3 ℃加热至 178.3 ℃，6 级高压加热器加热给水至 203.8 ℃，7 级高压加热器再把它加热至 230.4 ℃，然后送往 ARE 系统，供蒸汽发生器之用。

一列加热器被隔离时，系统仍能连续运行。当一列加热器隔离后，部分流量通过旁路管线分流，75%正常流量的给水通过运行的加热器组。

8.8.5.2 启动

高压加热器启动前应先充水。充水可由除氧循环泵 ADG001PO 提供，或由除氧器经不转的给水泵靠重力输送过来。

充水后应对系统进行冲洗，冲洗水可流回凝汽器，靠热井上方滤网排污。

启动时所有给水和抽汽隔离阀均应开启，但给水旁路阀应关闭，与正常工况下相同。自动状态的抽汽逆止阀在汽流冲击下自动打开。

8.8.5.3 正常停运

正常停运时，高加水侧不隔离，与正常运行时情况一样。在正常停运时，关闭抽汽管线隔离阀，抽汽逆止阀因无汽流冲击而靠自重关闭，即停运汽侧即可，同时应关闭高加至除氧器排气阀。

8.8.6 控制

(1) 疏水控制

每一个高压加热器都设有一条至下一级高加的正常疏水管线和正常疏水调节阀、一条至高压疏水扩容器的紧急疏水管线和紧急疏水调节阀。高加疏水调节阀的控制分自动调节和超弛动作。

正常情况下，正常疏水阀根据加热器水位实测值与整定值的比较给出调节信号，来自动调节正常疏水阀开度，以维持高加正常水位。而当发生破管等故障造成水位不可调节时，则采取以下措施。

正常疏水调节阀：

当水位 3 高以下时，正常疏水调节阀处于自动；3 高以上时关闭；

当高加出口阀关闭时，正常疏水调节阀关闭；

当高加入口阀未全开时，正常疏水调节阀关闭。

紧急疏水调节阀：

水位 2 高时，延时 3 s，超弛打开；

水位 3 高以上时，超弛打开；

水位低于 2 高时，自动。

(2) 抽汽控制

各级高加的抽汽管线上都各有一个靠近汽轮机高压缸的抽汽逆止阀和一个靠近加热器的电动隔离阀。

其控制逻辑为：抽汽逆止阀 TO 的关闭命令、OPC 动作、汽轮机脱扣和高加水位高高高时关闭；抽汽电动隔离阀在 TPL 的关闭命令、高加进出口阀关闭、汽轮机脱扣和高加水位高高高时关闭(见表 8-8-1)。

表 8-8-1　高压加热器性能参数

名　　称	高压加热器数据		
设备代号	ABP701/702RE	ABP601/602RE	ABP501/502RE
管材	SA688 TP304		
总长(近似尺寸)/mm	11 330	12 000	14 045
抽芯长度/mm	8 500	8 500	11 000
壳侧设计压力/MPa	3.70	2.314	1.42
壳侧设计温度/℃	246	220	200
管侧设计压力/MPa	12.0	12.0	12.0
管侧设计温度/℃	246	220	220
传热总面积/m^2	1 800	1 900	2 300
U 型管总数/根	2 065	2 037	2 037
管子外径×壁厚/(mm×mm)	ϕ16×1.5		
给水流程数	2		
管子管板连接方式	焊接后爆胀		
给水流量/(t/h)	1 931		
给水进口温度/℃	205.1	180.7	148.8
给水出口温度/℃	230.5	205.1	180.7
加热蒸汽压力/MPa	2.971	1.829	1.087
加热蒸汽温度/℃	233.3	207.9	183.5
加热蒸汽焓/(kJ/kg)	2 625.16	2 521.16	2 530
加热蒸汽量/(t/h)	113.27	96.5	102.1

续表

名　　称	高压加热器数据		
进入疏水量/(t/h)	—	196.6	375.4
进入疏水温度/℃	—	210.7	186.3
出口疏水量/(t/h)	196.6	375.4	652.3
出口疏水温度/℃	210.7	186.3	154.4
GSS 系统加热器扫汽量/(t/h)	1.665	1.645	—
GSS 系统加热器扫汽温度/℃	275.86	233	—
GSS 系统疏水箱疏水量/(t/h)	81.65	80.65	174.85
GSS 系统疏水箱疏水温度/℃	275.865	233	183.98
管侧压力降/MPa	0.1		
壳侧压力降/MPa	0.05		

8.9 主给水系统(ARE)

8.9.1 功能

主给水系统(ARE)用来向蒸汽发生器输送经过高压加热器加热的高压给水。供水量由给水流量控制系统进行调节,维持蒸发器二次侧水位在一个随汽轮机负荷变化所预定的基准值。

ARE 系统还用于触发反应堆和汽轮机的保护系统动作。这些动作包括在 RPR 系统手册内,它们是:

(1) 蒸发器液位保护动作;

(2) 给水隔离阀快速关闭;

(3) 给水主调节阀和给水旁路调节阀快速关闭;

(4) 电动主给水泵跳闸;

(5) 对未能紧急停堆的预期瞬态(ATWT)的保护。

ARE 系统的安全功能是其测量通道向 RPR 系统提供蒸发器液位信号,以便进行事故后监测。

8.9.2 系统描述

8.9.2.1 系统概述

主给水泵打出来的水经过高压加热器后进入一条给水母管,再由此分为两条给水管路,通往两台蒸发器,进入蒸汽发生器的给水环管,在母管上还设有一根到凝汽器的再循环支管。每个给水调节站包括一个主给水调节阀和一个旁路调节阀,在主调节阀前后设电动隔离阀。开此隔离阀前,先开与其相连的平衡阀。

系统的管道布置确保到每台蒸汽发生器的给水流量相等。

高加下游的公用母管,可保证各蒸汽发生器的给水温度相同。采用的布置保证调节阀下游的给水环管(蒸发器内)处于系统的最高点,以防止在运行瞬态期间管路中出现蒸汽阻塞现象。

8.9.2.2 给水调节阀(ARE031、032VL;ARE242、243VL)

并联安装的主、旁路调节阀进行给水流量调节,以调节蒸发器的水位。给水主调节阀可保证1 854 t/h的流量(名义流量的95%),旁路调节阀可保证的流量为293 t/h(名义流量的15%)。流量控制由两个互补的通道来保证:

(1) 一个两参量(蒸发器水位—负荷图像)控制通道,用于低负荷(小于18.5%P_n)时蒸汽发生器的水位控制,控制旁路调节阀(ARE242、243VL);

(2) 一个三参量(蒸发器水位—给水流量—蒸汽流量)控制通道,用于高负荷(从18.5%P_n到100%P_n)时蒸汽发生器的水位控制,控制主给水调节阀(ARE031、032VL)。在这种情况下旁路调节阀保持全开状态。

8.9.2.3 隔离阀

给水主调节阀和旁路调节阀可用电动阀从上游和下游进行隔离。所有隔离阀能在最高压头、流量和压力情况下,在20 s或更短时间内关闭。此外也做维修隔离之用。

8.9.2.4 流量测量装置

在每根给水管路上,从给水调节站到蒸汽发生器给水进口之间装有一个测量流量的文丘里管(ARE009、010KD)。文丘里管配有压差变送器(两个宽量程和三个窄量程),这些变送器发出与文丘里管前后压降成正比的信号,其中宽量程通道的输出用于反应堆保护和蒸汽发生器的液位控制,窄量程的输出用于反应堆保护和对未能紧急停堆的预期瞬态(ATWT)的保护。

此外,在文丘里管下游给水管路上装有实验孔板(ARE101、102KD),用于在电站启动期间和性能实验标定和校核与其有关的仪表。

8.9.2.5 给水止回阀(ARE037、038、040、041VL)

每条给水管路设有两只止回阀。

第一只安装在安全壳外侧,紧靠安全壳,作为安全壳外主给水止回隔离阀。

第二只安装在ASG注入接口的上游且尽量靠近蒸汽发生器,用来防止蒸汽发生器给水入口上游给水管道破裂时蒸汽发生器内存水的流失,同时允许ASG运行。

8.9.2.6 主给水管道

每条主给水管路的尺寸根据能在100%P_n时的给水流量,即在230.5 ℃下通过额定流量1 951 t/h来确定。在稳态工况下的最大流量为2 009 t/h。

设计压力和设计温度如下。

——常规岛供水管路

给水调节阀下游隔离阀的上游为:12.3 MPa(绝对),240 ℃;

给水调节阀下游隔离阀的下游为:9.2 MPa(绝对),240 ℃。

——核岛供水回路

从常规岛/核岛分界点到安全壳内的止回阀为9.2 MPa(绝对),240 ℃;

从安全壳内的止回阀(包括止回阀)直至蒸发器:8.7 MPa(绝对),316 ℃。

8.9.2.7　布置

主给水母管上游在+1.48 m标高处接来自高压加热给水母管的主流量和旁路流量的管道，母管的下游在+3.60 m标高处通向两个给水调节站。两条通向蒸汽发生器的主给水管路分别布置在WX厂房+11.45 m标高层的两个隔间内，在+12.2 m标高处贯穿安全壳。在安全壳内，主给水管布置在环形通道+11.5 m层，在蒸汽发生器隔间内垂直布置在+23.5 m标高处接入蒸汽发生器给水接管口。在+6.0 m标高处有管路通往核岛和常规岛交接点。

8.9.3　运行

8.9.3.1　正常运行

在正常工况下，ARE系统投入工作，两个反应堆冷却剂环路都运行。由主给水控制系统和主给水调节阀（ARE031、032VL）来保证主给水流量。旁路调节阀全开，所有的给水隔离阀全部开启，主给水泵的转速控制通道投入运行，用于保护的通道投入工作。

（1）给水泵转速控制

电动给水泵的转速控制系统用于使蒸汽母管与给水母管之间压差保持在预定值上，该值随负荷增加而增加（如图8-9-1所示）。输入到转速控制系统的参数有：

——蒸汽流量（通过两台蒸发器的流量之和）；

——蒸汽母管与给水母管之间的压差（ARE002MP和VVP004MP的差值）。

以蒸汽流量信号来推导蒸汽和给水母管之间的压差ΔP作为设定值，该设定值随蒸汽流量增加而增加。

（2）蒸发器水位控制

每台蒸汽发生器装有一个水位控制器，用于使蒸汽发生器保持一个随负荷变化的预定水位。在（蒸汽）负荷小于20%P_n时，程序水位线性的从34%（零负荷时）变化到51.6%（在20%P_n时）。在负荷大于20%P_n时，程序水位是恒定的，并设定为窄量程水位的51.6%。如图8-9-2所示。

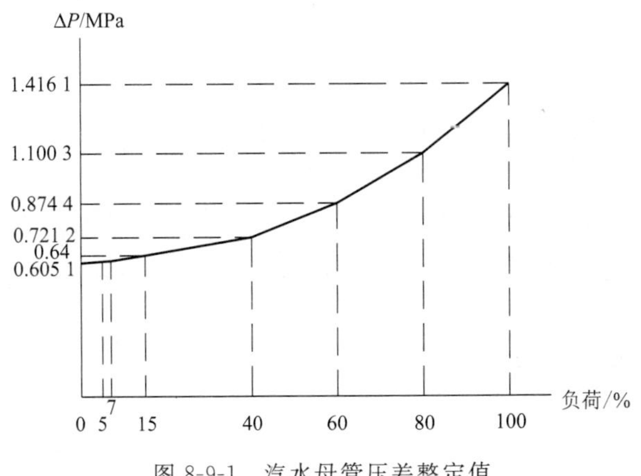

图8-9-1　汽水母管压差整定值

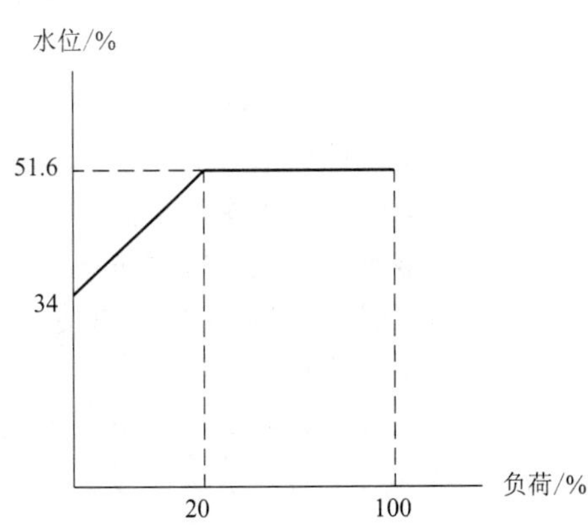

图8-9-2　蒸汽发生器水位定值与负荷的关系

（3）给水主调节阀和旁路调节阀的控制

在0%～100%功率范围内，给水流量自动控制。

——一个是“高流量”通道(三参量通道,即蒸发器水位、蒸汽流量、给水流量),它的应用范围是 18.5%～100%P_n。它控制给水主调节阀,而此时旁路调节阀全开。

一方面,测得的蒸汽发生器窄量程水位与其预定的水位相比较(其差值经一个随给水温度变化的增益所修正);另一方面,给水流量与蒸汽流量相比较(汽/水平衡)。汽/水平衡和各台蒸汽发生器水位通道产生的信号之间的差形成主给水调节阀的调节信号。其调节模拟简图参见图 8-9-3。

图中,蒸汽发生器的总蒸汽负荷包括两部分:

- 通往汽轮机的蒸汽流量。它以汽轮机高压缸进汽入口压力为代表;
- 通往旁路排放系统(GCT)的蒸汽流量。

回路中通往 GCT 系统的蒸汽流量必须经 GCT 第一组阀中 GCT121VV 或 117VV 打开时的行程开关确认。

——另一个是“低流量”通道,它用于负荷低于 18.5%P_n 时,是一个单一参量的通道,即蒸发器水位,它控制旁路调节阀。功率低于 18.5%P_n 时,主调节阀关闭。

(4) 蒸汽发生器水位通道与主给水泵转速通道的接口

在负荷扰动要求增加蒸汽流量时,为了用较高的给水流量来补偿这个增加,蒸发器水位通道驱使给水调节阀开大。给水调节阀开大又导致给水母管压力下降,造成实测的水/汽压差 ΔP 减小,而另一方面 ΔP 预定值随负荷的增加而增大,这就引起给水泵的加速并引起蒸发器给水流量的增加。水位控制系统通过把阀门调整到所需开度来修正到蒸汽发生器的给水流量。

蒸汽和给水压差 ΔP 由给水泵转速通道重新恢复其整定值。

8.9.3.2 特殊稳态运行

包括手动操作和通道停运。

在必要时(一个控制通道参量失效的情况下),根据各台蒸汽发生器的水位、给水流量和蒸汽流量,可利用主给水调节阀和旁路调节阀的手动控制来控制蒸汽发生器的水位。

8.9.3.3 特殊瞬态运行

(1) 主给水通道和旁路给水通道的切换

在提升功率到 18.5%P_n 或降功率到 18.5%P_n 时,主给水通道和旁路给水通道均可自动或手动切换。

(2) 反应堆紧急停堆

反应堆紧急停堆信号与 RCP 平均温度 T_{avg} 低信号同时发生时将导致:

——自动关闭给水主调节阀及其隔离阀;

——使给水旁路调节阀固定在一个预定值上(约为全部额定流量的 11.5%)。即使有大量余热的情况下,这个流量可以使蒸汽发生器的水位在 8 min 内得以恢复。

(3) 反应堆保护

主给水调节阀和隔离阀当出现下列信号时关闭:

——蒸汽发生器高水位信号;

——安注信号;

——T_{avg} 低信号与反应堆停堆信号同时;

——由控制室发出的手动信号。

给水旁路调节阀和隔离阀当出现下列信号时关闭:

——蒸汽发生器高水位信号;

——安注信号；
——由控制室发出的手动信号。

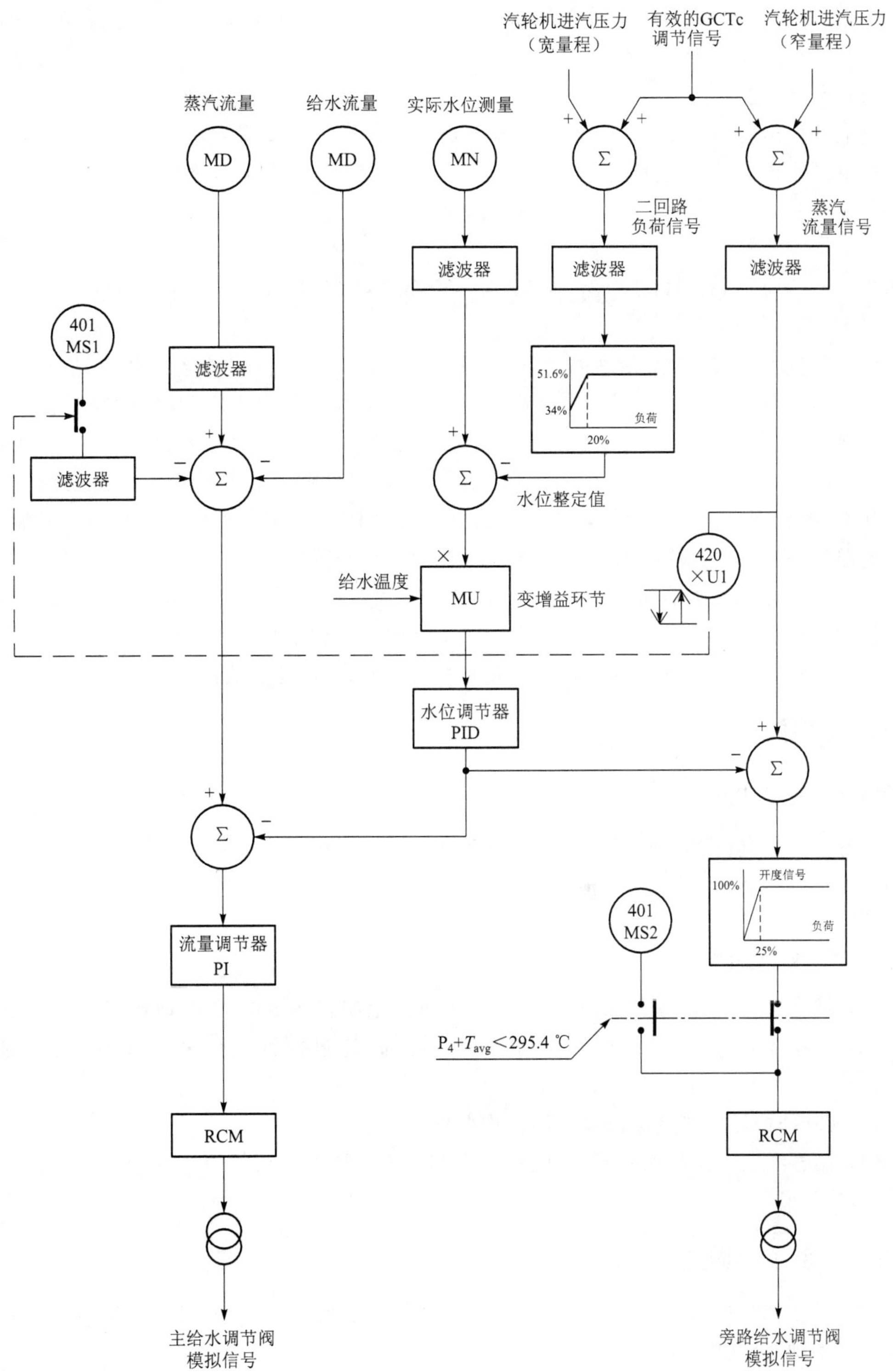

图 8-9-3 蒸汽发生器水位调节图

(4) 系统启动

各仪表通道在系统启动之前投入工作，蒸汽发生器水位手动调整到其零负荷整定值。

采用 ASG 泵供水，用调整辅助给水调节阀的办法来手动控制给水流量，直至 ARE 启动及有关的控制通道投入工作。

(5) 系统停运

当电站停运时，ARE 退出工作。其步骤与系统启动时的步骤恰好相反。

如果给水调节站不能使用，或为了运行方便，可以隔离主给水系统，由辅助给水系统(ASG)向蒸汽发生器供水，直至 RRA 投入运行。

8.10 蒸汽发生器排污系统(APG)

保持蒸汽发生器二次侧良好的水质是至关重要的，据统计，世界各国核电站约有 50% 被迫停运是起源于蒸汽发生器的传热管破裂。二次侧水质会由于冷凝器钛管破裂、蒸汽发生器传热管泄漏、二回路补给水不合格或系统和设备完整性破坏而导致水质变差。在管板上表面，管子和管板的连接部位，流动死区部位等，很容易由于水的不断蒸发而导致杂质(主要为盐类)的积聚。杂质会使得这些部位的应力腐蚀加剧，引起一回路向二次侧的泄漏或传热管的破裂，最终导致反应堆停闭，造成放射性污染及经济损失。

为了改善蒸汽发生器的工作条件，延长蒸汽发生器的使用寿命，世界各国都在研究蒸汽发生器的管材和二次侧水处理的新方法。在运行中，严格控制蒸汽发生器二次侧的水质和加大排污量对延长蒸汽发生器寿命有很大的关系。为此，设计了蒸汽发生器排污系统。

8.10.1 功能

8.10.1.1 主要功能

收集和处理蒸汽发生器的排污水。系统可根据不同运行工况的需要，将蒸汽发生器二次侧的水以可调流量连续排污，排污水经过冷却、减压和净化处理后再送入凝汽器或排放到 TER 系统经监测或处理后排放。

8.10.1.2 辅助功能

(1) 对蒸汽发生器二次侧的水连续取样分析或定期取样分析，并对取样水进行再处理；

(2) 冷停堆后，尤其是核蒸汽供应系统升温前，通过排污流量来调节蒸汽发生器的水位；

(3) 必要时，可以排空蒸汽发生器二次侧的水；

(4) 在蒸汽发生器湿保养期间，能将二次侧试剂搅拌混合均匀；在干保养时为蒸汽发生器供应氮气。

8.10.2 系统的描述

蒸汽发生器排污系统可以分为排污水的收集、冷却、减压和流量控制站、处理系列、回收及排放 5 个部分，如图 8-10-1 所示。

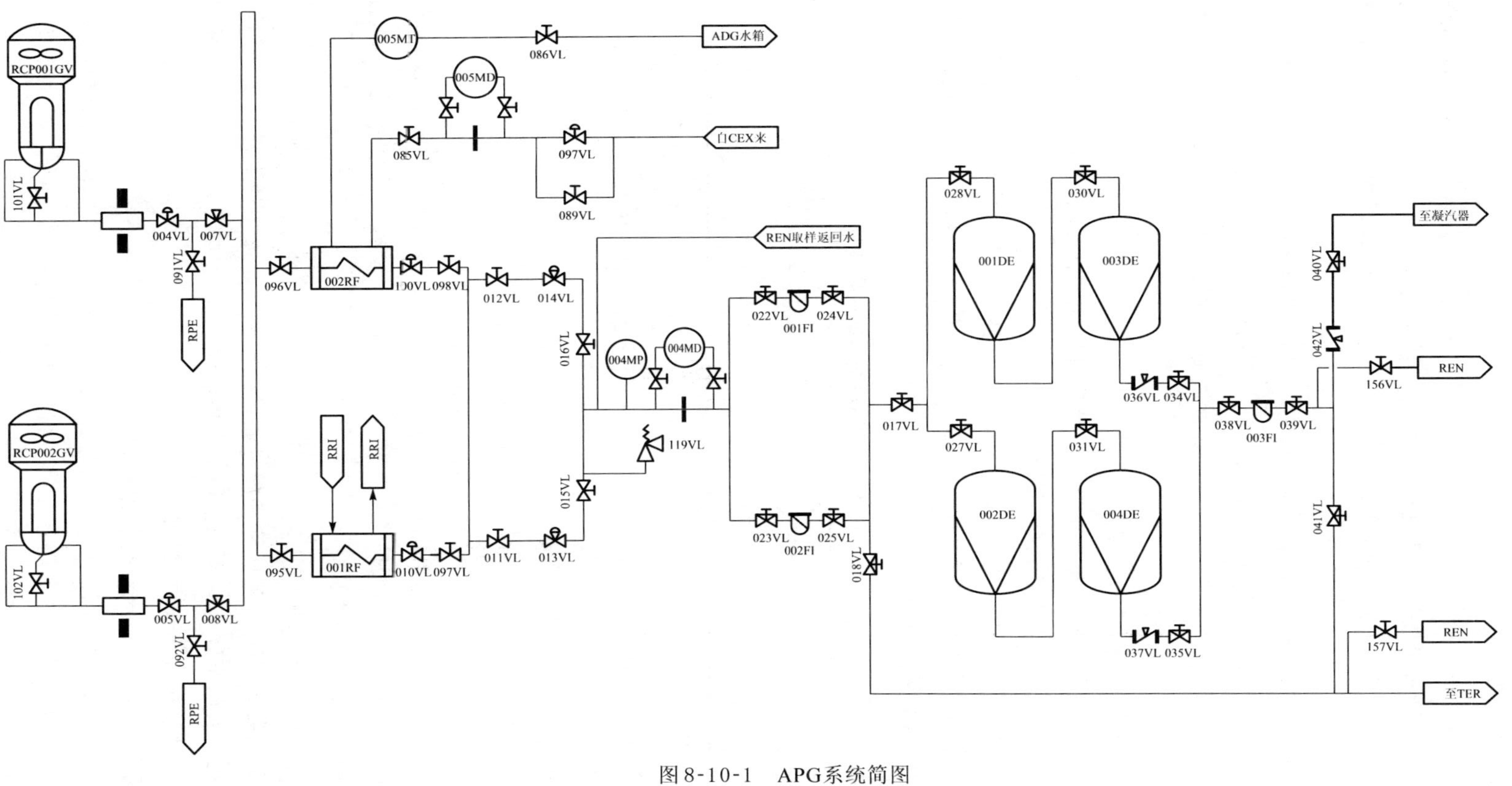

图 8-10-1　APG系统简图

(1) 排污水的收集

每台蒸汽发生器的排污水是靠两个径向对称的支管段在管板上收集的，支管上开有排污孔。这两个支管水平放置，和管板平面平行。排污支管在安全壳内合并成一根可控制流量的排污管穿过安全壳，在安全壳外装有一个密封的气动隔离阀(004/005VL)和一个手动流量调节阀(007/008VL)。

这条排污支管上分别有一根去核取样系统的支管和一个与氮气分配系统相连接的接管。打开蒸汽发生器二次侧疏放隔离阀(101/102VL)后，流量调节阀(007/008VL)上游的接管就可用于蒸汽发生器的排空，该管嘴通过阀门(091/092VL)与疏水排气系统相连。

(2) 排污水的冷却

两条排污管路在安全壳外合并为一根母管，根据电站的运行工况，流体可引到再生热交换器(002RF)或非再生热交换器(001RF)。

为了使除盐器具有良好的运行条件，蒸汽发生器排污水应冷却到不大于56 ℃。再生热交换器(002RF)用凝结水(CEX)进行冷却，非再生热交换器(001RF)由设备冷却水冷却。两种冷却水的参数见表8-10-1。

表8-10-1　两种冷却水的主要参数

冷却水来源	供水压力*/MPa	入口温度/℃	出口温度/℃	流量/(t/h)
设备冷却水系统	1.1	35	83.3	128.7
凝结水抽取系统	3	49.3	149.1	116.9

注：* 供水压力为表压。

再生热交换器(002RF)不能在所有运行工况下冷却排污水，尤其是：

1) 热试验和临界前试验时；

2) 给水设备维修时的热停堆；

3) 从冷停堆启动或从热态到冷停堆的瞬态工况；

4) 与再生热交换器(002RF)相连的设备或部件失效时。

正常运行工况下，凝结水被加热到149.1 ℃，然后送至除氧器水箱(ADG)，作为蒸汽发生器给水继续使用。每台热交换器能用位于其下游的气动阀与排污系统的其余部分隔离，热交换器冷却水侧也能被隔离。

(3) 减压和流量控制站

经001RF或002RF冷却后的排污水通过一个减压和流量控制站。该站由两根平行的管路组成，每根管路都装有一个减压和流量控制阀(013/014VL)，但在任何时候都只有一根管路在运行，另一根处于备用或维修状态。

控制阀的运行受一个流量控制器控制，可将下游表压限制在1.4 MPa。控制阀上游设置隔离阀(011/012VL)，并设有旁路阀(115/116VL)。在系统运行时，011/012VL是打开的。排污水是通至除盐处理回路还是排放可通过手动阀017VL或018VL来实现。系统的超压保护通过安全阀(119VL)实现。

(4) 排污水处理回路

排污水经减压和冷却后，如果需要回收，将排污引向处理回路，经过 001FI 或 002FI 中任何一台细过滤器，进入并列的除盐器管线的一条或两条，每条管线都串联有一台阳离子交换器（001DE 或 002DE），一台混合离子交换器（003DE 或 004DE）和一个手动流量调节阀（036VL 或 037VL）。过滤器 003FI 用来滤去除盐过程中树脂碎片。

处理管路中的流量在 003DE、004DE 下游测量，用自动记录装置（006QD 和 007QD）进行监测，特别是每条处理管路的处理流量能被积算，从而能够估计树脂的状态。

装在减压和流量控制站下游和流量计 004MD 之间的一个支管是用来处理 RPE 系统收集起来的 REN-APG 样品返回水。

除盐器通过分接管与 9TES 和 9SED 系统相连，可以将废树脂通过除盐水冲入废树脂箱送固化处理。

(5) 排污水的返回和排放

经除盐处理过的水至回路出口有两种排放方式。正常运行时，经采样分析水质合格，送往机组的冷凝器补水系统（CEX）继续使用。中间经过一台冷凝器真空保护蓄水罐，罐内除盐水由 SER 提供；在某些情况下，处理后的排污水通过 041VL 隔离阀排放至废液排放系统（TER）；另外一种排放方式是不经过除盐处理直接排放至 TER 系统，即：蒸汽发生器排污水经过减压、流量控制站、细过滤器 001FI 或 002FI，开启 018VL 直接排放到 TER 系统，排放流量由 008QD 测量。

排污水的取样和处理监督是由通向 REN 的支路通过电导率的连续测量来实现监测除盐处理回路的效果。

8.10.3　设备说明

(1) 非再生热交换器（001RF）

该热交换器为 U 型管式结构，壳体采用碳钢，排污水在管子内流动，而设备冷却水在壳侧流动。最大流量为 25 t/h，将最高排污水温度从 291 ℃冷却到 56 ℃，而设备冷却水进口温度为 35 ℃，出口温度为 83.3 ℃。

(2) 再生热交换器（002RF）

其结构与非再生热交换器相同，排污水在管内流动，而来自凝结水的冷却水在管子外面，凝结水的冷却水入口温度 49.3 ℃，出口温度 149.1 ℃，从而回收了排污水的热量。排污水最大流量为 46.7 t/h。

(3) 除盐装置

有两条并联的除盐器管线，每条管线各设有一台阳床和一台混床。它们的结构相同，内装相应的树脂，每条除盐管线处理的最大流量为 35 t/h，每台除盐器的压力损失最大为 0.15 MPa。

(4) 过滤器

除盐器上游设置两台过滤器（001FI、002FI）（5 μm），而下游设置一台树脂阻挡过滤器（25 μm），每台在最大排污流量下过滤效率都为 98%。每台过滤器的最大压降为 0.25 MPa。当压降达到该值时，发出压降大的报警，运行人员应将排污水切换到备用过滤器。过滤器芯子要定期更换。

8.10.4 系统运行

8.10.4.1 正常运行

(1) 正常运行状态的定义

在正常运行状态中，排污是连续的，排污流量可以调节，排污水经处理后再循环到凝汽器。同时，排污水由再生热交换器冷却(冷却水来自凝结水)，因此，冷凝器和至少一台凝结水泵运行，对应机组功率大于15%额定功率。

(2) 正常运行状态

为了对蒸汽发生器二回路水进行连续净化和便于控制，排污要连续进行。另外，在二回路内添加化学物，氨水用来调节 pH 值，联胺用来降低氧浓度。

正常运行时的排污流量在 7～46.7 t/h 之间。排污量的大小取决于凝汽器的内漏和一回路向二回路的泄漏量。调节排污量和化学试剂的添加量可使蒸汽发生器的水质保持在控制参数范围内，特别是在带功率运行期间。

当系统处在极限容量(46.7 t/h)和蒸汽发生器二次侧水质(因腐蚀产物及因凝汽器泄漏和一回路向二回路泄漏)被污染而达到极限条件时，凝汽器的任何泄漏量的增加都要求机组在限制时间内停机。

蒸汽发生器二次侧水的放射性和蒸汽发生器中水的放射性可由取样检验得到，因此可以准确地指出一回路向二回路的泄漏量。当发生泄漏时，每台蒸汽发生器的排污量会加大到 23.3 t/h。当排污系统已经按最大允许容量运行，而蒸汽发生器水中的放射性仍在继续增加，此时电站应在规定的时间内停机。

排污水由再生热交换器(002RF)冷却到 56 ℃，冷却水来自凝汽器凝结水(49.3 ℃)，冷却水在该热交换器中被加热到 149.1 ℃，然后返回到除氧器给水箱，冷却后的排污水经减压阀 013VL 或 014VL 减压。在经除盐器处理前，排污水经过滤器(001FI 或 002FI)过滤。过滤后的排污水由两条并联的除盐系列处理，每一系列都可以处理最大流量的一半，即 23.3 t/h，然后排污水被引至凝汽器，在凝汽器前面有一道水封可以避免管道虹吸和空气进入。

如两条除盐回路都有效，不论排污流量多大，单一回路的运行是不允许的。实际上，在除盐系列投入运行的初始阶段，会出现离子盐析，此时的排污水需排向 TER 系统。

8.10.4.2 特殊稳态运行

(1) 非再生热交换器的使用

下列运行工况使用非再生热交换器：

- 功率运行(再生热交换器处于维修状态)；
- 热备用；
- 热试验和临界前热试验；
- 从冷停堆启动或从热态到冷停堆的温度过渡期间。

在后两种状态下，凝汽器和凝结水泵没有运行。

排污水经非再生热交换器冷却(010VL 打开，100VL 关闭)。一般通过 013VL 减压，也可在手动切换后通过 014VL 减压。排污水的流量限制到 25 t/h。

(2) 排污水的直接排放

直接排放使用于下列情况：

- 处理设施失效；
- 凝汽器不能使用且排污水有轻微放射性。

对第一种情况，排污水送至 TER 系统并对其放射性进行连续监测。对第二种情况，说明凝汽器失效，同时又必须用排污系统时，这些低放射性的排污水被转向 TER 系统。

(3) 除盐处理后的排放

无法输向凝汽器而在排向 TER 系统之前又必须对排污水进行去污，这种情况尤其发生在一回路向二回路泄漏之后的一台或两台蒸汽发生器排空时。

8.10.4.3 特殊瞬态运行

(1) 蒸汽发生器的排空

APG 系统用于对蒸汽发生器进行部分或全部排空，以便进行冷态湿保养或干保养，疏水被引至减压站下游的接管。在冷却器 001RF 和 002RF 或减压设备失效时，可以借助一个临时接管排空，这根接管可使失效设备旁通。

考虑到设备各自的标高，重力排空是可能的。然而，若将蒸汽发生器置于氮气压力下排空或在尽可能不阻断正常排污的前提下在临时接管上装一台移动式水泵，就可以缩短排空时间。

也可以通过位于安全壳隔离阀 004VL、005VL 下游的支管进行排空，这时疏水流到疏水收集系统(RPE 的化学系统)。这种疏水方式较特殊，其真正功能是使蒸汽发生器完全排空。

(2) REN-APG 系统样品的收集

REN-APG 系统样品通过重力流入疏排系统的积水坑(RPE004PS)，在此处由泵 RPE029PO 回收并以 5 m^3/h 的流量和大约 1.5 MPa(绝对)的压力从流量计 004MD 上游的接管再注入 APG 系统。REN-APG 样品的稳定流量为 0.66 m^3/h 左右，但最大可达 1.5 m^3/h，该管线运行是间断的。

(3) 辅助给水系统(ASG)的启动

在 ASG 启动时，APG 系统由安全壳隔离阀隔离，以保持 ASG 水箱的水装量。

(4) 安全壳第一阶段隔离

出现第一阶段隔离信号时，安全壳隔离阀 004/005VL 关闭。

(5) 001RF 和 002RF 出口温度高

当除盐器入口温度高达 60 ℃时，说明排污水没有得到足够的冷却，这样会导致离子交换树脂的失效。因此，当温度达到 60 ℃(008ST)时，阀 010VL 或 100VL 便自动关闭。随后，减压阀 013VL 或 014VL 也自动关闭。

(6) 减压站下游压力升高

在过滤器-除盐器处理系列内部被杂质沾污而引起减压站下游压力超高时，要对调节阀 013VL 或 014VL 进行控制，减少排污流量。当控制失效时，为了不引起安全阀(119VL)开启,要关闭010VL或100VL使排污中断。

(7) 001RF或002RF内冷却水压力太低

冷却水压力太低会使水汽化,而且当额定压力恢复时,会造成汽室的突然消失。对002RF,压力低于定值将通过关闭100VL来停止排污,同时关闭阀087VL将CEX供水隔离。

(8) 002RF热交换器冷却水出口水温度高

热交换器冷却水流量不足,会使出口水温度升高,这种温度升高由控制室中报警显示,从而必须降低排污水量。若温度继续升高,则要求关闭阀100VL,使排污水自动隔离。

(9) 001RF热交换器冷却水流量不足

冷却水流量不足可引起壳侧水的汽化,并且当恢复正常流量时,可发生汽室突然消失。为避免这种现象,这时应关闭阀013VL或014VL使排污终止,然后再关闭阀010VL,这样,设备冷却水在恢复到正常流量之前,就能将非再生热交换器中的热量带走。

(10) 蒸汽发生器传热管破裂

在蒸汽发生器传热管破裂时,出故障的蒸汽发生器必须与给水隔离,同时进行最大排污以使蒸汽发生器排空。此时,排污水直接地或通过去污处理管线排放到TER系统。

8.10.4.4 排污水系统启动和正常停堆

(1) 启动

排污水系统启动和再启动如下:

· 非再生热交换器001RF

为避免热冲击和在001RF热交换器中热水的汽化,在蒸汽发生器排污之前,设备冷却水必须先启动。为避免水锤现象发生,必须将空气从系统中排出,并通过减压阀013VL或014VL逐步增加排污量完成这一启动。该过程只在安全壳隔离阀已打开后进行。

· 再生热交换器002RF

086VL和087VL关闭之后,通过089VL使热交换器壳侧增压,087VL和086VL相继打开,使冷却水进入壳侧。002RF的其他操作与001RF相同,都借助减压阀013VL或014VL来完成这一过程。

(2) 正常停堆

· 热备用或热停堆

在这两种工况下,为保持反应堆冷却剂的温度不变,要求蒸汽发生器二次侧水的特性与功率运行状态基本相同。因此必须使二次侧蒸汽能够释放,其中包括安全阀的起跳。根据ASG辅助给水的能力,应尽可能减少排污量来控制蒸汽发生器二次侧水的化学特性。

· 冷停堆

在冷停堆期间为使蒸汽发生器二次侧水质符合水化学标准,需要加大排污流量,当水温达到120 ℃,化学试剂才开始注入,排污阀被隔离。在此期间,不能使用再生热交换器而是使非再生热交换器投入运行。关闭控制阀(013VL或014VL),然后关闭气动阀(010VL或100VL)使排污系统停运,如需要可关闭安全壳隔离阀(004/005VL)。

8.10.4.5　停堆之后的功率提升

在停堆期间，一些杂质会沉积在蒸汽发生器的管板上，当达到零功率额定温度时，排污系统以最大流量运行，直到蒸汽发生器二次侧要求的水质特性重新建立为止。

8.10.4.6　热态试验(堆芯装料之前)

在热态试验期间，当二回路冷却剂系统的温度接近零功率的温度时，蒸汽发生器水的特性与热备用或热停堆时相同。在此期间，由于溶解固体浓度增高，要求在保持一回路温度的前提下以最大流量进行排污，此时的排污水无放射性，可以不加限制地排放。

8.11　凝结水精处理系统(ATE)

机组正常运行时，由于腐蚀产物的产生和凝汽器泄漏引入盐分，如不处理掉，进入蒸汽发生器浓集、沉积，造成破坏，缩短其使用寿命。凝结水精处理系统就是为除去这部分杂质而设置的。

8.11.1　功能

凝结水精处理系统通过前置阳床、高速混床的离子交换作用，将凝结水中的离子除去，同时亦有一定的过滤作用，从而达到改善水质的目的。

8.11.2　系统描述

凝结水精处理系统主要由5台前置阳床、5台阳床树脂捕捉器、1台阳床再循环泵、5台混床、5台混床树脂捕捉器、1台混床再循环泵、3台净凝结水泵及与其相连的管道、阀门组成。

为达到阳床、混床再生目的，还设置了阳床再生塔2台、混床分离塔1台、混床阳树脂再生塔1台、阴树脂再生兼树脂储存塔1台、再生用水泵2台、罗茨风机2台，此外还有酸碱计量箱、计量泵、酸碱储存罐等。

本系统采用控制室集中控制、人机对话方式，具有PLC控制、控制室键操及就地手操3种方式。故还设置有1台电源柜、3台程控柜、1套计算机操作台、19台电磁阀箱(兼就地手操箱)、1只旁路操作箱、1台分析仪表取样架及1套完整的现场检测仪表系统。流程简图见图8-11-1、图8-11-2所示。

8.11.3　系统运行

8.11.3.1　正常运行

正常投运四台阳床、四台混床，二台净凝结水泵运行，混床、阳床、净凝结水泵各一台作备用。出口调阀ATE036VL处于自动调节状态，控制约有5%的凝结水通过旁路管线回流，从而达到全流量精处理的目的。

二台阳床再生塔中一台装满已再生完的阳树脂，另一台为空的，做好再生准备。阴再生塔装满已再生好且混合均匀的混树脂，分离塔则准备好接受待再生混树脂。

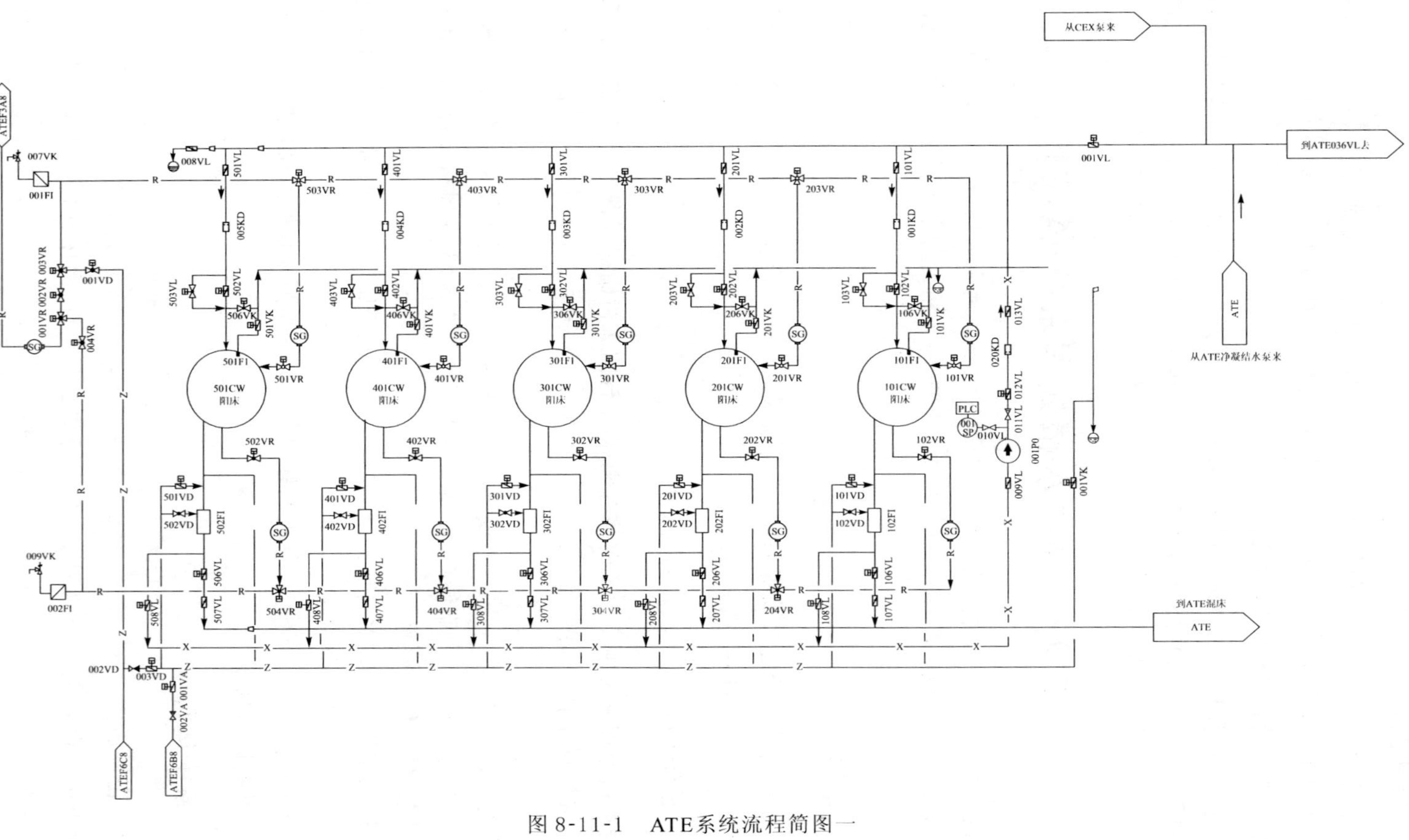

图 8-11-1 ATE系统流程简图一

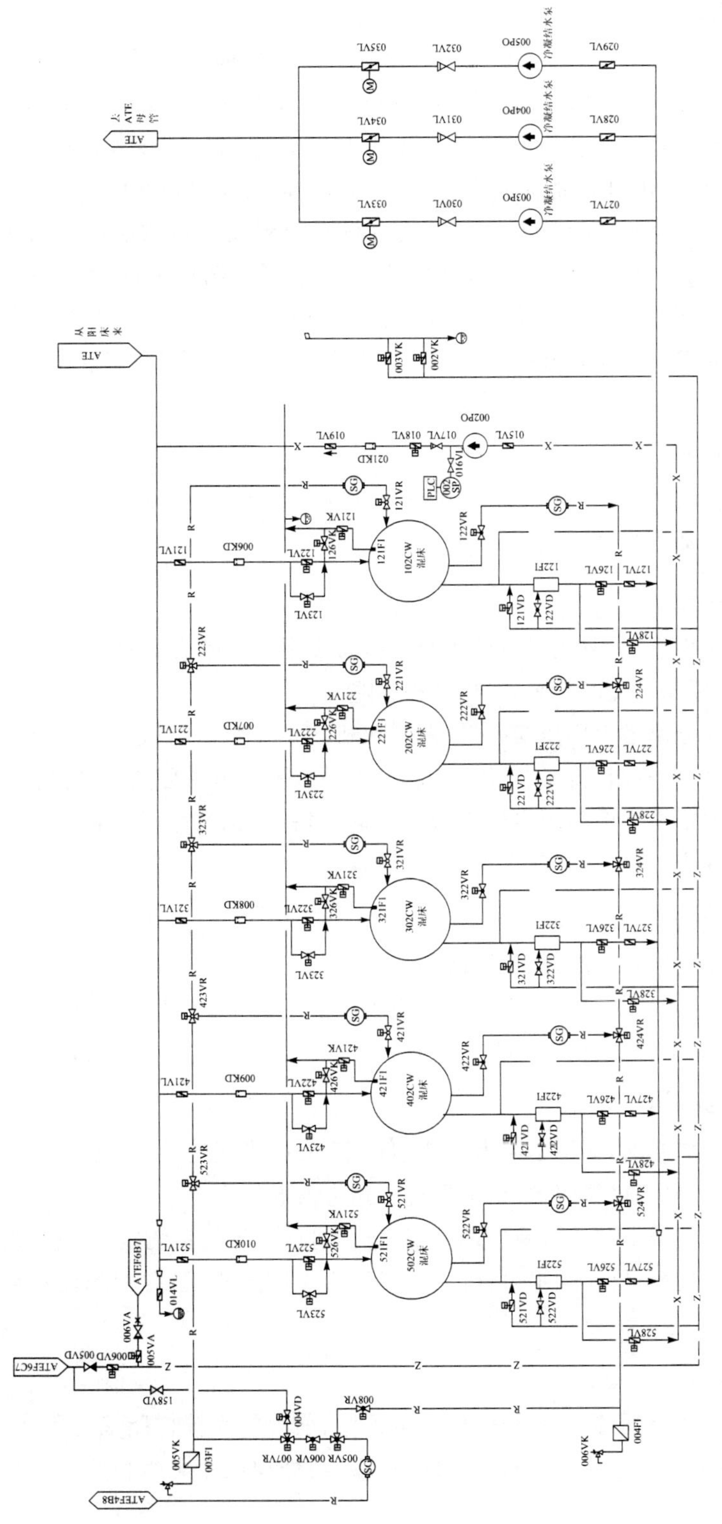

图 8-11-2　ATE系统流程简图二

8.11.3.2 解列投运

当阳床出口阴电导>0.2 μs/cm(25 ℃)或阳床出口树捕器压差达0.1 MPa或阳床压差达0.3 MPa时,备用阳床开始通过再循环泵打循环,防止备用阳床管路中的杂质带入凝结水中。待备用阳床出口水质合格后(循环5 min后投入监测),其投入运行。此时失效阳床解列,退出运行。阳床出口树捕器压差达0.1 MPa的同时发出报警信号。

当混床出口电导>0.1 μs/cm(25 ℃)或流量累积到设定值或混床出口树捕器压差达0.1 MPa或混床压差达0.3 MPa时,备用混床开始通过再循环泵打循环,防止备用混床管路中的杂质带入凝结水中。待备用混床出口水质合格后(循环5 min后投入监测),其投入运行。此时失效混床解列,退出运行。混床出口树捕器压差达0.1 MPa的同时发出报警信号。

8.11.3.3 树脂输送

失效树脂通过再生水泵及压缩空气输送至阳再生塔或分离塔,已再生完的合格树脂再通过再生水泵及压缩空气送入阳床或混床。

8.11.3.4 树脂再生

阳树脂先用压缩空气(罗茨风机产生)擦洗,将吸附在树脂表面的杂质清洗出来,然后进酸浸泡树脂,将金属离子交换出来,产生合格树脂。

混床树脂先在分离塔内用压缩空气(罗茨风机产生)擦洗,将吸附在树脂表面的杂质清洗出来,随后由于阴阳树脂的比重不同而沉降也不同,阴阳树脂分离,阳树脂在下部,阴树脂在上部。分别送入阳再生塔与阴再生塔兼树脂储存塔,分别进酸进碱再生。再生完后将阳树脂送入树脂储存塔,用压缩空气搅混,充分混合。

8.11.3.5 中和池

中和池用于接受再生废液、生产废液等。

当中和池液位高时,先用压缩空气充分搅混,随后检测其pH。当pH在6~9时,水质合格,可以排放。如不合格,根据pH决定加酸及加碱,直至水质合格排放。

8.11.3.6 解列与投运

由于树脂的特殊要求,凝结水温度不能超过55 ℃。当超过时,精处理系统自动解列,停止净凝结水泵,关闭出入口阀门,凝结水通过旁路进入低加。

当凝结水温度低于45 ℃时,精处理系统可再次投运:先将系统压力升到凝结水压力,然后逐一阳床混床列进行再循环,水质合格后投运,直至四列投运,并根据流量需要投运净凝结水泵。

8.11.3.7 程控简介

程控程序共有9个:前置氢系统解列投运程序、前置氢系统树脂输送程序、混床系统解列投运程序、混床系统输送程序、前置氢再生程序、精处理混床再生程序、中和程序、精处理系统解列程序、精处理系统投运程序。

其中,前置氢系统解列投运程序、混床系统解列投运程序、中和程序、精处理系统解列程序为自动启动程序(触发信号如上述),其余5个为手动触发程序。

8.12 二回路热量的排出（CRF、SEN、SRI）

二回路的蒸汽在汽轮机内做功后排入凝汽器，但仍然有很大的剩余热量；常规岛设备的运行也会导致很多热量的产生，这些热量不能任其积聚，必须及时排出，否则后果不堪设想。正是通过 CRF、SEN、SRI 系统的协同作用，它们最终排向大海，其中蒸汽的剩余热量由 CEX 系统在凝汽器内传给 CRF 系统带走，同时一部分 CRF 的海水经过 SEN 系统加压后，在板式热交换器吸收了 SRI 系统收集的热量，使常规岛能够始终在一个安全稳定的环境下运行。

8.12.1 循环水系统 CRF

8.12.1.1 功能

本系统的功能是通过两条带有连通管的管道向下列设备提供必需的冷却水流量：

——凝汽器，以保证其一定的真空度（过冷度）以满足发电的需要；

——常规岛辅助冷却水系统（SEN），以带走常规岛设备运转产生的热量。

循环水通过取水口，输水隧道，水闸门，格栅，鼓形滤网，循环水泵后通过 GD 沟供给凝汽器和常规岛辅助冷却水系统后，通过排水渠，跌落井，排出口闸门井排入海中。

8.12.1.2 系统组成与描述

CRF 系统由系列 A 和系列 B 两条回路组成（见图 8-12-1），每条回路提供正常运行和汽轮机旁路使用时冷却机组所需冷却水量的一半。每条回路提供经过滤的海水以冷却三台凝汽器的传热管束。它主要由下列设备组成：

——两个系列共用的取水头部及闸门井；

——两个系列共用的 DN4200 的输水隧道；

——两组闸门和加氯框；

——两个带有垃圾耙斗的固定式拦污栅；

——一个具有两挡转速的鼓形滤网；

——由一根 DN200 总管连通两个机组的鼓形滤网冲洗系统，它包括：两根冲洗管线，一台深井泵，冲洗管道和喷嘴；

——由感应电动机（6 kV）和减速箱驱动的，具有钢筋混凝土涡室的离心泵；

——一条由泵站向汽轮机厂房输送冷却水的压力管道，泵房内为 DN2800 钢管，泵房外为 ϕ3 000 现浇钢筋混凝土管，进汽轮机厂房之前采用 DN2800 玻璃钢管外包钢筋混凝土，该管道在泵房内与另一系列由一根 DN2200 的管道连通，连通管上设有阀门；

——常规岛辅助冷却水（SEN）系统的吸入口管线连接在该管道上；

——三根将循环水供给凝汽器冷却用水的接管；

——三台并联的带有出口水室的凝汽器；

——一组虹吸破坏装置；

——三条将出口水室与出水管连接的循环水管；

——一条由汽轮机厂房接至室外排水暗渠的玻璃钢管外包钢筋混凝土；

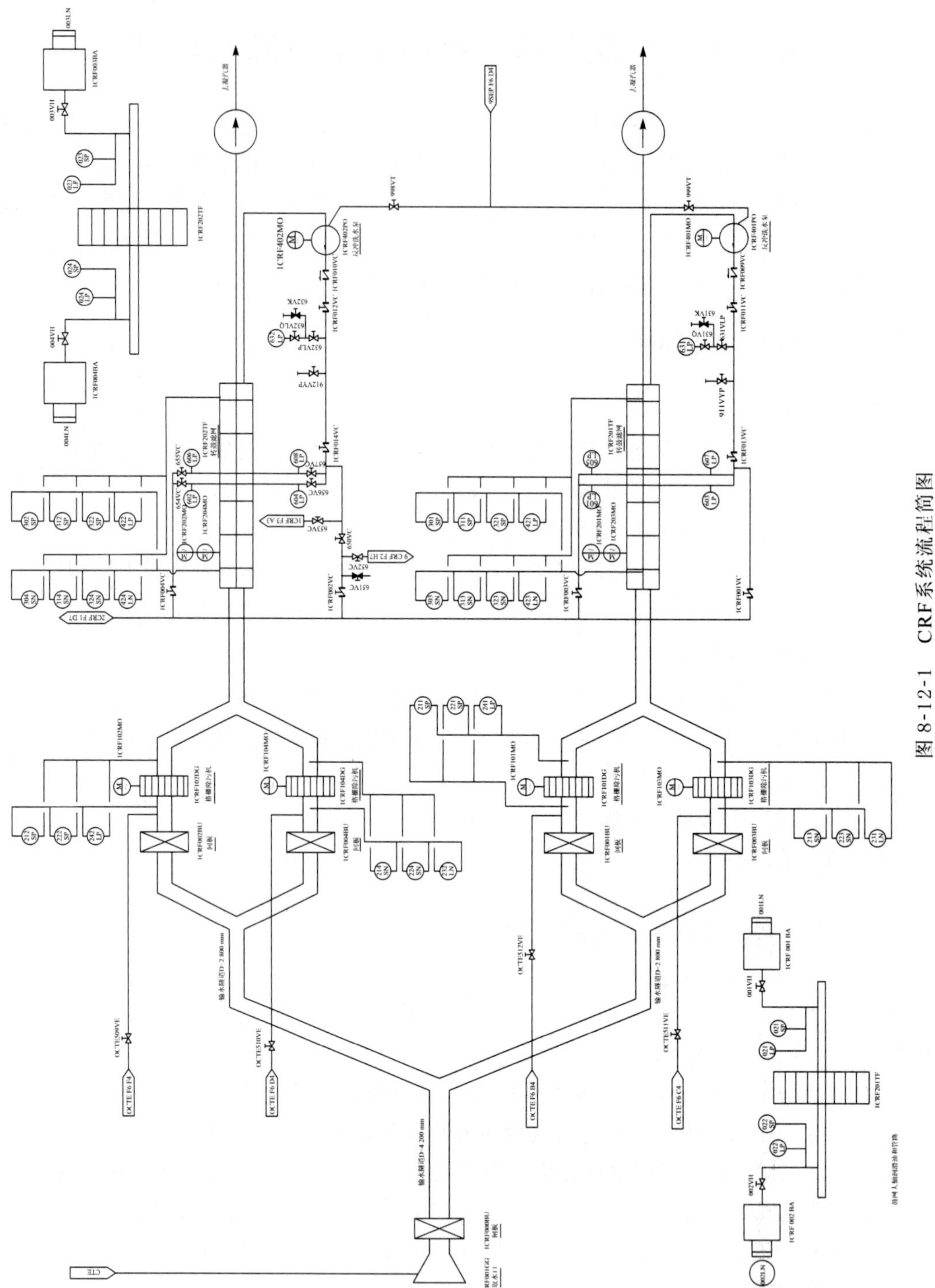

图 8-12-1 CRF系统流程简图

——两个系列共用的一条排水暗渠，排水暗渠设有带溢流堰的跌落井以及排出口闸门井。辅助冷却水的出水管与该系统回路出水管相连。

8.12.1.3 系统运行

（1）格栅除污机

每台格栅除污机的运行分三种模式：停止模式、强制模式和自动模式，目前两台机组的格栅除污机均放在停止位置，当格栅除污机前后压差超过 0.2 mH_2O 时通过就地控制箱上的升降按钮进行就地控制，当两组水位压差计有一组大于 0.3 mH_2O 时，引起主控室报警。

（2）鼓形滤网

正常运行工况下，每个系列的鼓形滤网为：A 系列为 CRF201TF；B 系列为 CRF202TF。两台鼓形滤网均投入运行。鼓形滤网采用双速电机驱动，根据鼓形滤网前后压差控制鼓形滤网转速，正常情况下每个系列的鼓形滤网在自动方式下以低速投入运行。当鼓形滤网前后两台压差计之一超过 0.2 mH_2O 时发出高速运行信号，高速 15 m/min；当两台压差计均小于 0.2 mH_2O 时，经延时切换至低速运行，低速为 5 m/min。如果压差值继续增加，达到 0.3 mH_2O(1/2 逻辑)，则向主控室发出第一次报警(高压差报警)，此时运行人员应对鼓形滤网进行检查。如果压差值进一步增加达到 0.5 mH_2O(1/2 逻辑)，则向主控室发出第二次报警(高高压差报警)，此时运行人员应采取紧急措施。

（3）反冲洗水泵

鼓形滤网配有反冲洗系统，反冲洗水泵为深井泵(立式多级泵)，反冲洗水喷嘴位于鼓形滤网外，由外向内对鼓形滤网进行冲洗。每台机组有两台反冲洗水泵，正常运行时一台泵在运行，备用泵电源抽出，出口阀关闭，反冲洗水泵之间采用定期手动切换。通过扩展以后，两台机组的 CRF 反冲洗水管道连通，并且 CRF 反冲洗可以为作为 SEC 鼓形滤网反冲洗水的备用。

（4）循环水泵

正常运行工况下，每台机组的两台循环水泵(CRF001/002PO)均以低速方式运行。循环水泵为立式离心泵，由 SEP 水并以 SEA 生水作为备用水源供给轴密封，有橡胶充气密封将机械密封隔离可实现维护操作而不需要关闭相应的闸门、阀门和排空水渠，压缩空气由 SAT 系统供给。

CRF 循环水泵启动条件：

1）鼓形滤网以低速投入运行至少 5 min；

2）虹吸破坏阀都在关闭位置；

3）润滑油温不小于 10 ℃；

4）润滑油压＞1.3 bar；

5）无维修密封充气的压力信号；

6）无泵轴承冷却水流量低信号；

7）无电机冷却水流量低信号。

（5）顶盖排水泵

轴密封泄漏由自动控制的电动顶盖排水泵排出，顶盖排水泵是一自带浮子的潜水泵，其供电电源来自 LKH 的带接触器的抽屉开关，泵的启停靠带开关的浮子进行控制。就地还设有一台泵作为顶盖排水泵的备用泵(技改增加的),当顶盖水位高时,用就地的插座电源供电,手动控制启停,如果这两台泵均故障,则外加临时泵进行排水。当排水泵故障时,顶盖水位上涨到一定高度以后,在泵轴的旋转作用下水会沿泵轴向上流动,进到下部油箱内,会使下部油箱油质变差、乳化,影响到循环水泵的运行。

(6) 油压蝶阀

循环水泵出口设有油动机构驱动的蝶阀,循环水泵启动,延时 2 s,油压蝶阀匀速开启;循环水泵停运,油压蝶阀关闭。关闭是分两段进行的:90°～20°,20 s;20°～0°,40 s,油压蝶阀可以通过就地控制柜就地控制。

正常运行时 CRF 系统参数:

循环水泵出口压力	15.19/19.38 m
循环水泵电机冷却水 SRI 流量	402 L/min
循环水泵流量	14/19 m^3/s
循环水泵电机冷却器压降	40 kPa
循环泵轴承/密封冷却/冲洗水流量	9 L/min
循环水泵转速	206/248 r/min
循环水泵电机转速	480/590 r/min

8.12.2 常规岛辅助冷却水系统 SEN

8.12.2.1 功能

本系统的功能为常规岛闭式冷却水系统(SRI)的冷却器提供过滤了的海水作为冷却水之用(和核岛的 SEC 一样功能,只不过它没有核安全的功能)。

8.12.2.2 系统简介

(1) 系统组成

辅助冷却水系统由 3 台各为 50%容量的升压泵、2 台各为 50%自动清洗过滤器、3 台各为 50%容量的 SRI 系统的冷却器等组成(见图 8-12-2)。

辅助冷却水(海水)来自两条循环水 A、B 系列的进水渠,每条进水渠各有 1 条吸入口,海水经过并列的两个自清洗滤网后汇入 3 台海水增压泵进口母管。正常情况下,2 台泵运行,1 台备用。海水经辅助冷却水泵升压后至泵出口母管,然后通向 3 台各为 50%容量的闭式冷却水系统(SRI)的冷却器,从冷却器出来的水排至循环水排水渠。

(2) 系统描述

在正常运行时,系统取水于循环水系统(CRF)的 2 条进水管(DN2800),通过 2 台自动清洗滤水器,自动清洗滤水器前后均有隔离蝶阀,2 条自动清洗滤水器出口管道(ϕ630×6)汇集到 1 条海水升压泵进口母管(ϕ920×8)。自动清洗滤水器的排污排至循环水系统(CRF)的二次滤网排污管,自动清洗滤水器的停役放水放至常规岛废液排放系统(SEK)。

每台海水升压泵进口设有 1 只隔离蝶阀。海水升压泵从进口母管(ϕ920×8)吸水,提高海水压头。每台海水升压泵出口设有 1 只止回阀和 1 只隔离蝶阀,3 台海水升压泵的出水汇集到 1 条出水母管(ϕ820×7),然后分别进入 3 台板式水-水热交换器。在每台水-水热交换器的进出口分别装有一只隔离蝶阀,每台水-水热交换器进出口管道直径为 ϕ529×6。在

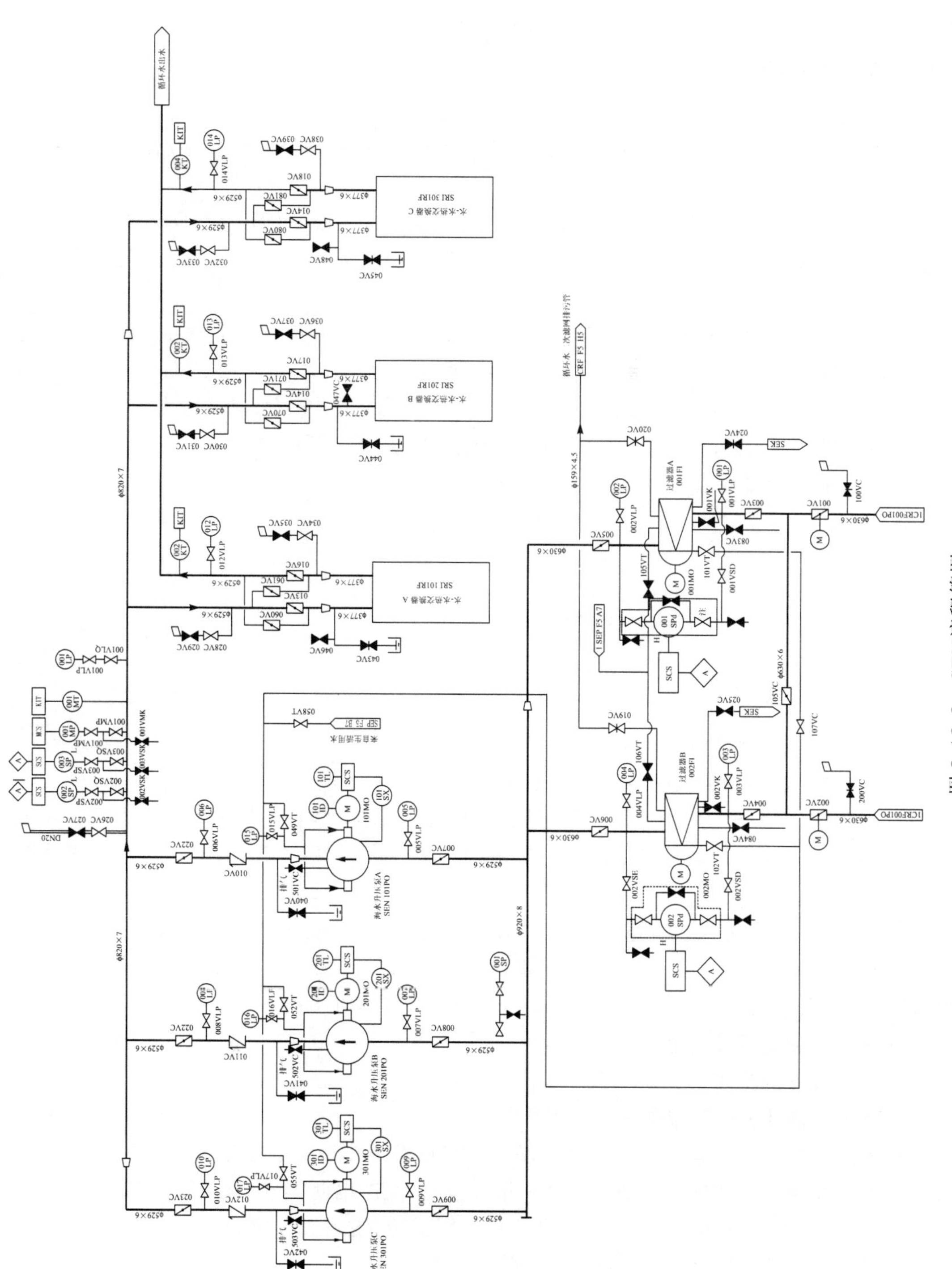

图 8-12-2　SEN流程简图

正常运行时，3台水-水热交换器中任2台运行，其余1台备用。在水-水热交换器中，海水吸收常规岛闭式冷却水系统(SRI)的热量后汇集到1条出水母管(ϕ820×7)，排至循环水出水母管。3台板式热交换器均设有海水反冲洗管路，用于正常运行时进行反冲。

8.12.2.3 设备说明

(1) 辅助冷却水泵

辅助冷却水泵为20SH-28型单级双吸、卧式对开离心泵，其进口设有手动隔离阀，出口设逆止阀。

该泵由泵体、泵盖、叶轮、轴、双吸密封环、轴套、轴承部件及联轴器部件等组成。针对含沙海水介质选用材料叶轮为ZG0Cr26Ni5Mo2Cu3，轴材料为0Cr17Ni4Cu4Nb，泵体为低镍铸铁HT200-2Ni/SB。

泵的机械密封采用博格曼M7N/90-G92-Q2Q2VGG型，在泵正常运转时，机械密封的泄漏量每小时小于10 mL。泵结构本身已可保证机械密封腔内输送介质的循环。如有需要也可采用外界冷却水冷却，冷却水压应比进口压力大0.1 MPa左右，流量约为0.5 L/min。

另外需要注意的是，在泵正常运转时，要求泵的轴承温度不应超过75 ℃。

SEN泵的特性参数：

容量	2 016 t/h
出口压头	12.8 m
汽蚀余量	6 m
电机功率	110 kW(132 kW)
转速	989 r/min

(2) 自清洗过滤器

2台自清洗过滤器为DL型立式自动清洗过滤器，容量为50%，进出口各设一隔离阀。

1)自动清洗滤网的结构特点和工作原理

滤网的通体外壳分为上下、两部分，用法兰连接。网芯转体由不锈钢环圈和中间芯环组成，滤网被分割成8个区域，中间隔有导流板，导流板开有300°角度的大孔，在另外60°范围内开有DN150的排污孔。

水流从滤网下部进入，通过导流板进入滤网内侧，过滤后的清洁水由上部壳体流出，留在网上的杂物，由PLC机控制，将滤网旋转到导流板的排污孔处，同时将排污门自动打开，利用进出水的压差，进行反冲洗，并通过排污管排入循环水排水管中。

2) 过滤器的运行及设定

① 手动反冲洗操作

• “XA转换开关”转换开关扳至“手动”位置；

• 按一次“LA滤网运转”按钮，滤网转动一格后停留在当前位置冲洗，等待运行人员再按一下“LA滤网运转”按钮，滤网又转动一格并进行冲洗，以此类推，整个滤网共有8片，进行一个滤网的完整冲洗需要操作8次(按“LA滤网运转” 按钮——转动1/8圈——等待(冲洗)——再按“LA滤网运转”按钮)；等待时间建议为5 min。

② 自动反冲洗操作

• 设定时间：将“XA转换开关”转换开关扳至“自动”位置，每按一次“LA滤网运转”按钮，每格滤网冲洗1 min，按二次滤网冲洗2 min，以此类推，目前运行方式是每格滤网冲洗 2 min。

• 按下“QD 启动”按钮，滤网开始转动，转动 1/8 圈后停止 2 min 进行冲洗，然后再自动转 1/8 圈，再冲洗 2 min，以此连续进行反冲洗。

③ 注意事项

• 在滤网旋转时不能进行时间设定，只有在滤网清洗时才可以设定。

• 如果需要修改设定时间，则必须先将“XA 转换开关”转换开关先扳至“手动”位置再返回“自动”位置，再根据上述步骤 2 进行时间设定。

8.12.2.4　运行参数

(1) 正常运行

辅助冷却水由两台辅助冷却水泵供给，当任何一台泵故障或泵出口母管压力低时，自动启动备用泵，两台常规岛闭式冷却水系统冷却器和两台自动清洗过滤器投入运行。

(2) 启动

正常启动时要求：

1) CRF 系统至少有一台循泵投运；

2) 关闭放水阀；

3) 开启放气阀，待系统充满水且各放气点的空气排尽后关闭；

4) 检查各阀门，并将其置于工作要求的状态；

5) 两台滤水器已投运且工作正常；

6) 检查连锁保护和仪表控制，一切正常；

7) 确认海水开压泵和滤水器的轴封 SEP 注水已投入；

8) 送上电动机电源；

9) 依次启动二台海水升压泵，确认出口逆止阀已顶开。

(3) 停运

运行人员可通过手动按钮停止辅助冷却水泵，这时本系统的冷却水即行中断。在自清洗过滤器上各跨接一压差指示器，当两个压差指示器都给出压差高信号或泵出口阀在泵启动后 30 s 内未全开时，亦自动给出停泵信号。

8.12.2.5　运行注意事项

由于我们厂泥沙含量高，过滤器容易堵塞，同时受到潮水的影响，泵的入口压力比较低。设计之初电机功率比较小，在夏天运行时，电机都处于超额定功率运行，导致电机的运行温度很高(曾高到 90 ℃以上)。为此我们将电机功率提高，现在泵的运行温度一般在 70 ℃左右。

由于泥沙含量高，随着运行时间的增加，泵的管道会有泥沙的淤积，这也会影响泵的出力，导致出口逆止阀不足以顶起(所以在主控起动泵以后会要求现场人员将逆止阀抬起)。更严重的情况现场人员都无法抬起的情况，此时我们可以考虑对泵壳进行排气，增加泵的出力(此泵为离心泵)。

8.12.2.6　SEN 逻辑控制

备用泵在接受到出口母管压力低(SEN002/003SP)信号后自启动。

常规岛的泵在检修或者是摇绝缘，需要断电时，在恢复送电一定要注意：因为重新送电后会产生一个启动信号,如果送电后主控没有在停运位置按下的话,将使其他的泵无法放备用,一放备用就自启动。所以现场人员在对泵送电之前先通知主控,送电完毕后再通知主控,以便主控在停运位置确认。

8.12.2.7 其他注意事项

(1) 关于板式热交换器

——正常运行时只允许一个热交换在反洗状态,其余两个热换器必须在正冲洗状态。

——切换时一定要按照"先将SRI/SEN101RF热交换器由反洗切换为正洗,再将SRI/SEN 201 RF热交换器由正洗切换为反洗"的切换顺序进行,以保证SRI水温及流量不出现大幅度波动(正洗为两侧逆向流动);

——热交换器在正、反洗切换过程中,应严禁SEN侧水流不经过热交换器而只经过相应管道及阀门而直接排放,以防止SEN泵出口母管压力降低而导致备用中的SEN泵自动启动及SRI水温大幅度波动(经过其他两个冷却器的冷却水将大幅度减少)(切换过程中也要保证SEN出口压力);

——SRI/SEN 101 RF热交换器由反洗切换为正洗过程中,通常先关闭其SRI侧出口阀,再将其SEN侧的反洗阀关闭,正洗阀全开,最后将其SRI侧出口阀全开;

——SRI/SEN 201 RF热交换器由正洗切换为反洗过程中,通常先关闭其SRI侧出口阀(减少SRI温度上升的幅度),再将其SEN侧的正洗阀关闭,反洗入口阀开35%左右,反洗出口阀全开,最后再调节其SRI侧出口阀约25%开度(备注:冬季时该阀门保持关闭状态)。

(2) 关于SEN/SRI阀门的操作技巧

SEN/SRI系统的带手动传动装置的碟阀的传动装置为两极变速,驱动比达1∶48,且手轮较大,使得在开关阀门时很省力,等感觉手轮较重或转不动时,往往已造成手动传动装置壳体破裂或齿轮卡住,而此时碟阀的蝶板已处于开过或关过的状态。为防止蝶阀在开关过程中导致损坏,操作这些阀门应该注意以下几点:

1) 在对阀门操作前,应检查阀门的阀位指示器是否有松动,以防阀位指示器失效,对操作人员造成误导。

2) 对阀门进行开/关操作时,一定要随时观察阀位指示器动作情况,尤其在阀门即将全关或全开位置。当指示器指针达到"OPEN"或"CLOSE"位置时即可,不能使劲用力操作。

3) 操作阀位时如果发现在阀位指示器到达"CLOSE"位置后,仍不能保证密封性,可再次开启该阀门25%开度左右,然后将其关闭(以防止阀门密封面上积有泥沙而导致阀门关不到位),如阀门仍然关闭不严,应通知维修部门进行调整,不可再强行关闭。

8.12.3 常规岛闭式冷却水系统SRI(见图8-12-3)

8.12.3.1 功能

常规岛闭式冷却水系统的功能是为汽轮机除氧再循环泵,润滑油处理系统冷却器,氢干燥器冷却器,润滑油冷却器,EH油冷却器,发电机密封油冷却器,发电机氢气冷却器,发电机定子水冷却器,励磁机冷却器,给水泵工作油和润滑油冷却器。凝结水泵电机冷却器,汽水取样冷却器，真空泵冷却器，蒸汽转换给水泵等辅助设备的冷却器提供冷却水，带走辅助设备排出的热量，并通过本系统的板式热交换器将这些热量排至开式循环冷却水系统的海水中。

常规岛闭式冷却水系统还向BOP的循环水泵电动机冷却器及循环水泵润滑油冷却器提供冷却水。

常规岛闭式冷却水系统中冷却水介质为添加亚硝酸盐的(pH=9)除盐水。

8.12.3.2　系统简介

(1) 系统组成

该系统由高位水箱(001BA)、三台容量各为50%的卧式离心泵(101PO、201PO、301PO)、三台容量各为50%的板式冷却器(101RF、201RF、301RF)以及除盐冷却水集管、供给各辅助冷却器和各个冷却水管的接头，包括励磁机空气冷却器和发电机氢气冷却器(GRH)、定子水冷却器(GST)、汽轮机润滑油冷却器(GGR)、密封油冷却器(GHE)、抗燃油冷却器(GFR)、水室真空泵冷却器(CRF)、真空泵密封水冷却器(CVI)、给水泵组冷却器(APA)、向循环水泵冷却水接头(CRF)、BOP供水接头和向ASG供水接头组成(见图8-12-3)。

(2) 系统描述

该系统具有汽轮发电机组最大连续出力时带走热量的能力。本系统是完全闭路的(除补给水、放气和疏水外)。在正常情况下，两台泵运行，一台备用，经泵升压后汇集到出口母管中，然后进入三台容量各为50%的闭式冷却系统的冷却器，两台运行，另一台备用。每台冷却器进、出口管线上都装有手动隔离阀，便于隔离冷却器，其冷却水来自辅助冷却水系统(SEN)，而被冷却的除盐水经冷却器后汇集到出口母管，然后供给各用户。某些用户冷却器的出口设有温控气动调节阀，根据被冷却介质所要求的出口温度来调节流过该冷却器的冷却水量。另外BOP的循环水泵和空气压缩机等处的冷却水，经各自的冷却器后也分别返回到冷却水泵进口。系统的总流量由热交换器出口集管上的冷水调节阀SRI020VD来控制，其控制信号来自跨接在除盐冷却器出入口集管之间的020MPd。冷却器并联一个气动操作的热水调节阀SRI019VD，其控制信号来自除盐冷却器出口集管束上的019KT，若冷却器出口冷却水温度过小时，会使热水调节阀自动开大，即增大冷却器旁路流量，同时冷水调节阀SRI020VD关小，保持冷却水出入口集管的压差不变，从而使系统中总冷却水流量基本保持不变，并在该工况下稳定运行。

高位除盐水箱由核岛除盐水分配系统提供补给水，由补水调节阀根据水箱水位自动控制其补给水量。

8.12.3.3　设备说明

(1) 闭式冷却水泵(101PO、201PO、301PO)

闭式冷却水泵均为半容量泵，共三台，型号为HSM401-400。水泵为蜗壳式轴向剖分双吸泵，具有单端面机械密封装置，泵壳由球墨铸铁制成，水轮由不锈钢制成。

SRI泵参数：

容量	1 850 t/h
出口压头	36.7 m
电机功率	250 kW

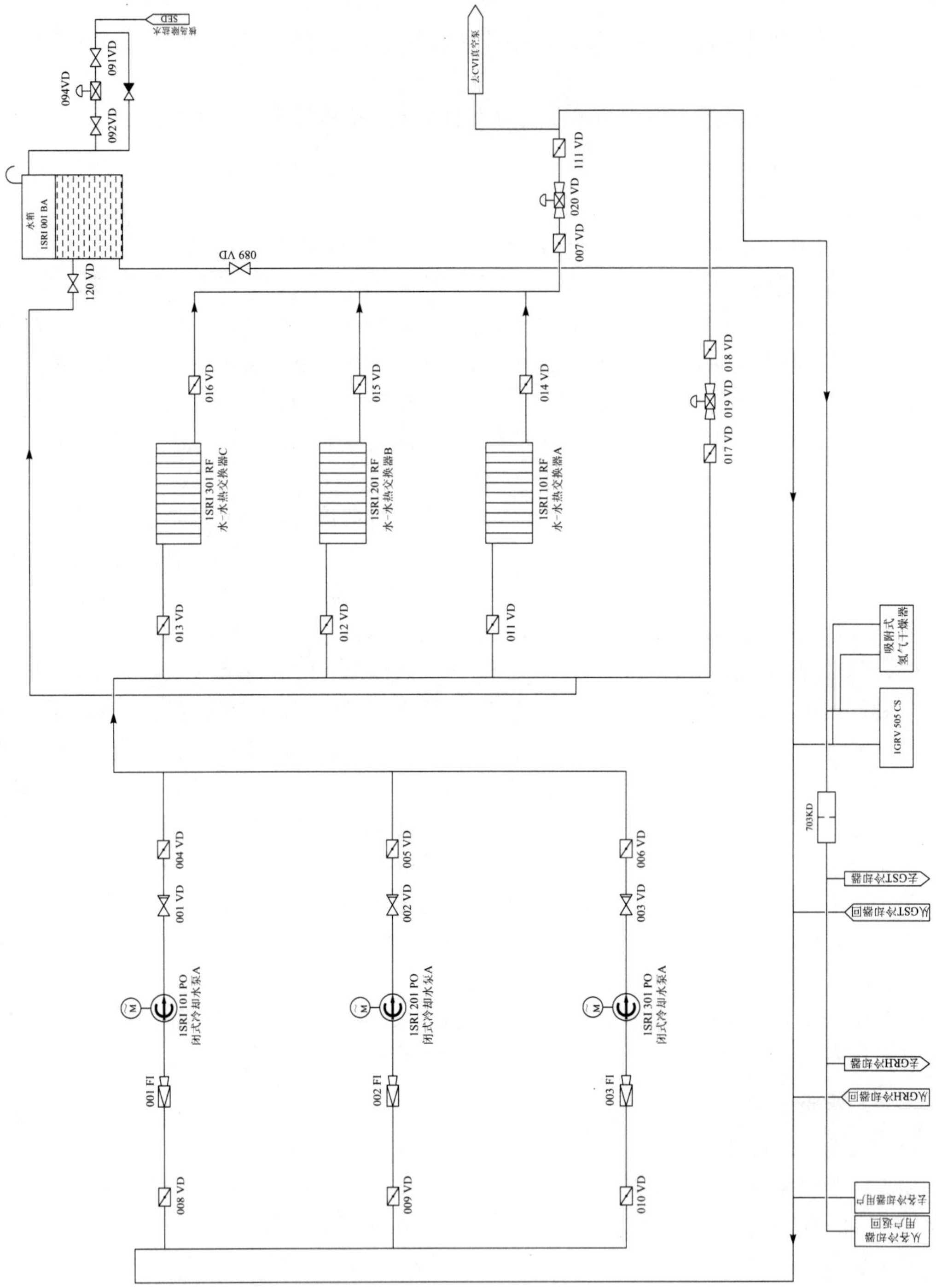

图 8-12-3 SRI系统流程简图

转速　　　　　　　1 478 r/min

(2) 除盐水冷却器(101RF、201RF、301RF)

除盐水冷却器亦为半容量,共三台。依靠手动切换阀门来变更冷却器的工作状态。冷却器为板式,使用钛板制造。

热交换器参数:

工作压力	1 MPa(表压)(SRI)	0.6 MPa(表压)(SEN)
工作温度	0～80 ℃(SRI)	0～80 ℃(SEN)
容积	2 066 L	

8.12.3.4 运行参数

(1) 正常运行

本系统的正常运行是:系统冷却水用二台冷却水泵提供,另一台备用,全部除盐水由两台冷却器进行冷却,另一台冷却器亦备用。

(2) 特殊稳态运行

当汽轮机组跳闸时,SRI 系统仍维持运行。

SRI 系统除盐冷却水低水温时,温控阀就减小,以减少通过该冷却器的除盐冷却水量,使被冷介质温度维持在正常范围。

(3) 特殊瞬态运行

1) 水路泄漏:少量泄漏时,将由 SED 系统补到高位水箱。如补给水量超出一定值时将报警。

2) 电源变化:在电流、电压的正常变化范围内,不会影响本系统的运行。

3) 三台冷却水泵同时运行:这种运行方式只有在备用泵切换的过程中才会发生,此时多余水量经旁路阀自动送回冷却水泵吸入侧。

4) 三台除盐水冷却器并联运行:这种运行方式也只有在备用冷却器切换工作冷却器的瞬态过程中才会出现。由于系统热容量大,温度不致有过大变化。

5) 当两套 SRI 系统均不能供水时,运行空压机将用 SEP 系统冷却,热水排入电站 SEO 系统。操作员应先把停役的 SRI 系统隔离,然后再开启 SEP 系统供水。

6) 在空压机冷却回路中设有流量控制器。SRI 流量中断时,在电站主控室将发出报警信号。

7) 单泵运行:在起动或停泵过程才会出现单泵的瞬态运行情况。

(4) 启动与正常停运

正常启动时要求:

1) SED 系统和 SEN 系统工作正常;

2) SCS 系统和 MCS 系统投运且工作正常;

3) 放净管道中剩水,关闭放水阀;

4) 开启放气阀,待系统充满水后关闭;

5) 检查各阀门,并将其置于工作要求的状态;

6) 检查连锁保护和仪表控制,一切正常;

7) 检查各负荷的基地式调节装置与调节阀状态正确;

8) 通过 SED 系统向本系统充水;

9) 系统充满水后,观察膨胀水箱水位,确认系统无泄漏;

10) 系统充水正常后,送上电动机电源,可以依次启动二台闭式冷却水泵。

安装或大修后启动,系统必须有不低于2 h的循环时间,并在确认滤网无杂物和水质合格后方可开启各个设备冷却器的隔离阀。

SRI系统在常规岛的起停时最先启动,因为:

1) CRF泵电机需要冷却水(为建立真空做准备,同时CRF启动后才能启动SEN)。

2) 它是常规岛的冷源(和核岛的RRI类似)正常停运时应保持系统充水,只有在需要检修时才允许放水。

8.12.3.5 SRI的主要用户

常规岛闭路冷却水系统是中间冷却水系统,它是作为常规岛和BOP的一些冷却器的冷源,它主要冷却以下设备:

常规岛部分:

(1) 汽轮机润滑油冷却器、抗燃油冷却器;

(2) 发电机氢气冷却器、定子水冷却器、励磁机空气冷却器、密封油空气侧及氢气侧冷却器;

(3) 电动给水泵辅助冷却及润滑油、工作油冷却器;

(4) 凝结水泵电机润滑油冷却器;

(5) 辅助给水除氧器的冷却器;

(6) 取样室冷却器;

(7) 水室真空泵冷却器;

(8) 凝汽器真空泵冷却器。

BOP部分:

(1) 循环水泵的马达冷却空气冷却器;

(2) 压缩空气生产系统的压缩机。

8.12.3.6 SRI泵的逻辑和控制

出水母管上装有一只气动流量调节阀,用于调节出水母管的流量。出水经流量调节阀后分成五条支管把冷除盐水分别送往各辅助设备冷却器。

在水-水热交换器的进出口旁路管上安装了一只气动温度调节阀,通过对旁路流量的控制来调节水-水热交换器出口母管中除盐水的温度。

6.0 kV母线上的负荷在电源切换的过程中,LGA/B/C/D母线上6 kV电机除了SRI泵外,其余泵在相应的母线正常进线断路器断开时自动跳闸。这样做的目的是为了保证辅变的有限容量能向SRI泵,LHA/B等保证安全停堆停机的负荷供电,SRI泵在相应的母线电压低于$0.7U_n$延时10 s自动跳闸。

当对应闭式泵出口阀全关或者入口滤网压差高,则会发出自动停泵命令。

备用泵在入口阀门非全关&出口压力低或者另外一台泵停运。

同样道理,如果一台泵检修结束后重新送电,如果不在停运位置按下(给记忆门一个复位信号),该泵手动或者自动启动后,在停运其他泵时放备用无效,一放备用就自启动。

8.12.3.7 事故情况下的响应

SRI水温异常上升,停机。

如果有缓和余地，可采取换水。

如果是由于 SEN 侧异常，水温上得不快，可以考虑降功率和换水一起做。主要保证发电机各部件温度、油温（轴承和止推轴承温度建议跳机值 82 ℃；径向轴承温度 113 ℃；推力轴承温度 107 ℃；发电机轴承 73 ℃；GGR 冷油器出口温度报警 46 ℃）。

第九章 发电机和输配电系统

9.1 发电机

9.1.1 概述

核电秦山二期工程两台汽轮发电机为哈尔滨电机厂有限责任公司制造的 QFSN-650-2 型汽轮发电机。

发电机额定容量为 722.222 MVA，端电压为 20 kV。本型发电机为三相交流隐极式同步发电机。

发电机由定子、转子、端盖及轴承、油密封装置、冷却器及其外罩、出线盒、引出线及瓷套端子、内部监测系统等部件组成（见图 9-1-1 和图 9-1-2）。

发电机采用整体全封闭、内部氢气循环、定子绕组水内冷、定子铁芯及端部结构件氢气表面冷却、转子绕组气隙取氢气内冷的冷却方式。发电机定子、转子绕组均采用 F 级绝缘。配有同轴无刷励磁机组和自动励磁控制系统及发电机氢、油、水控制系统。

9.1.2 定子

定子由机座、铁芯、隔振结构、绕组和进出水汇流管等部件组成。

定子机座为整体式，由优质钢板焊装制成（见图 9-1-3）。机座外皮在圆周方向采用整张钢板经辊压成圆桶状后套装在机座骨架上。机座端板、轴向隔板及轴向通风管构成了定子的径向多路通风的 11 个风区。定子冷却水汇流管的进出水法兰均设在机座的侧面顶部。

定子铁芯由高导磁、低损耗的无取向冷轧硅钢板冲制并经绝缘处理的扇形片叠装而成。定子铁芯沿轴向分成 96 段，铁芯段间设置 6 mm 宽的径向通风道，分成与机座相对应的 11 个风区，冷热风区相间隔。定子铁芯与定子机座之间采用了弹性支撑的隔振结构（见图 9-1-4）。

定子线棒由空心导线和实心导线按 1∶2 组合构成，在线棒两端设置的水盒接头构成了线棒鼻端的水电连接结构，线棒的空、实心导线均经中频感应钎焊在水盒中。定子绕组槽内固定采用在槽底和上、下层线棒间填加外包聚脂薄膜的热固性适形材料，并采用涨管压紧工艺，使线棒在槽内良好就位；端部固定采用刚-柔绑扎固定结构（见图 9-1-5）：沿径向和切向固定牢固、沿轴向可伸缩。定子绕组引线由铜管弯制而成，排成 4 排。与定子线棒的连接方式采用多股导线把合在线棒端头的水盒盖上，并经中频感应加热钎焊成一体。定子绕组进出水汇流管分别装在机座内的励端和汽端。由励端顶部侧面的进水汇流管经绝缘引水管构成的定子绕组、定子绕组引线、引出线、瓷套端子、中性点母线供水的水路。定子绕组引线、引出线、瓷套端子、中性点母线的出水汇集在出线盒内的小汇流管内，小汇流管经外底部的连通管与汽端顶部侧面的出水汇流管连接。

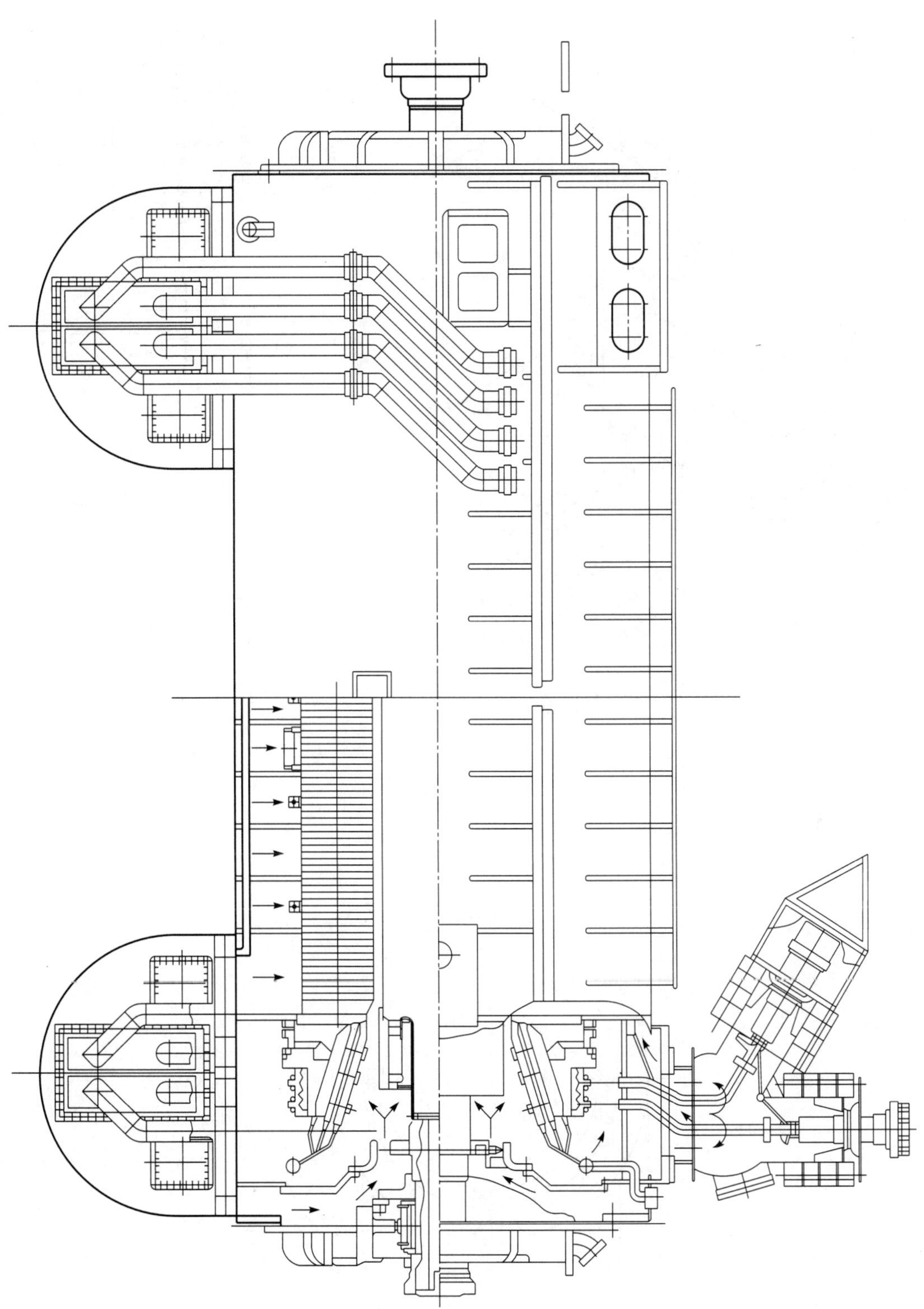

图 9-1-1　QFSN-650-2 型汽轮发电机总装配

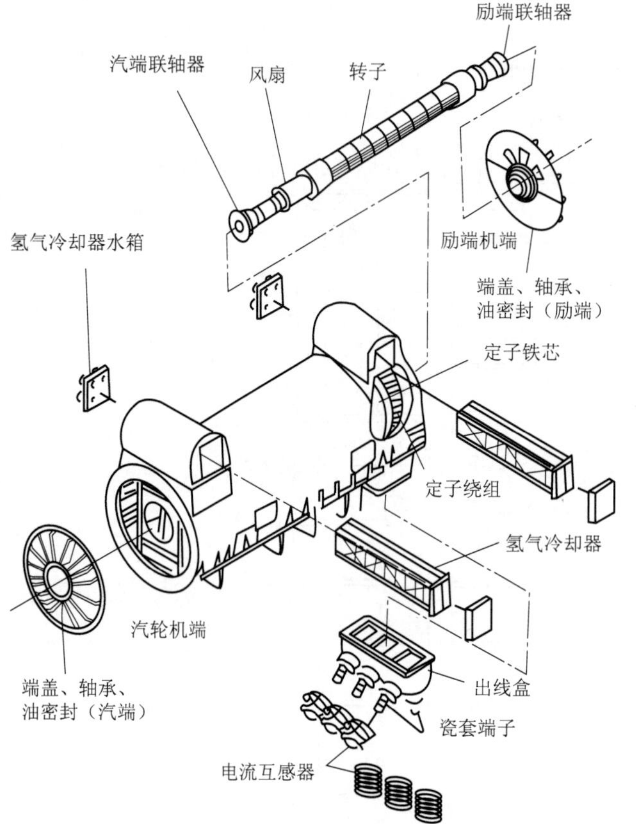

图 9-1-2　发电机主要部件示意图

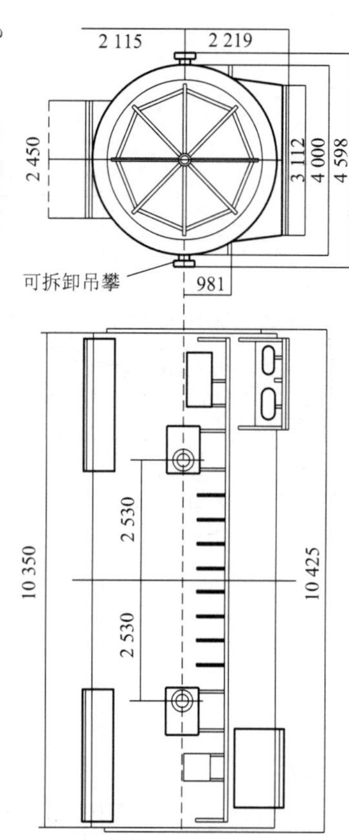

图 9-1-3　发电机定子运输尺寸图

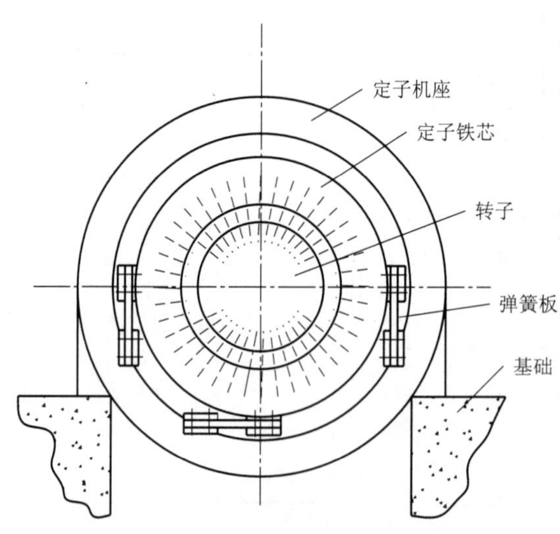

图 9-1-4　定子隔振结构

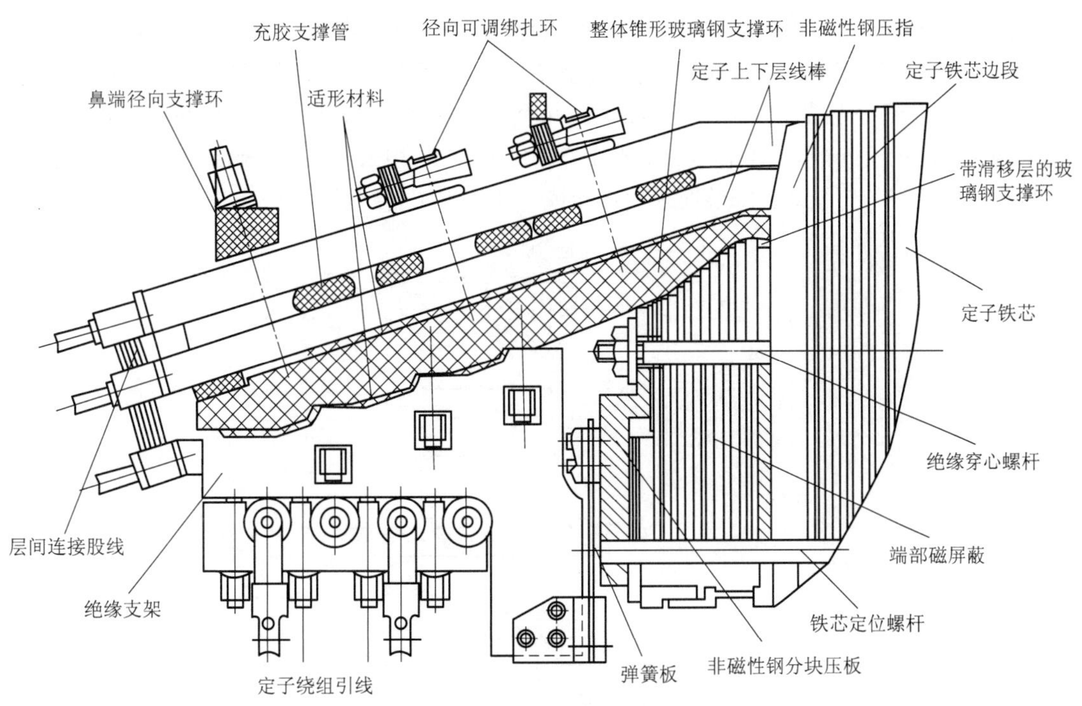

图 9-1-5　定子绕组端部刚-柔绑扎固定结构

9.1.3　转子

转子由转轴、绕组及其端部绝缘固定件、阻尼系统、护环、中心环、风扇、联轴器等构成（见图 9-1-6）。

转轴用高强度高导磁的铬镍钼钒整体合金锻钢制成，本体设有 32 个嵌线槽。转子线圈采用高强度冷拉含银无氧铜排制造、转子每极下共有 8 个线圈。转子线圈槽内主绝缘采用高强度 F 级绝缘模压槽衬，槽内固定由槽楔、楔下垫条和槽底垫条构成；端部由高强度 F 级环氧玻璃布板制成的横、顺轴垫块相互隔开，通过实配垫块厚度使其相互紧固，在最外线圈端部外侧设有绝缘环和中心环使线圈两端轴向定位，线圈端部径向由套装的护环和护环下绝缘套筒定位；线圈匝间绝缘采用 F 级三聚氰胺玻璃布板垫条。J 型引线的一端于 1 号线圈端部底匝铜排连接，另一端通过转轴轴柄上的引线槽引至导电螺钉，通过其与转轴中心孔内一直延伸至转子励端联轴器端面的轴向导电杆连接在一起，从而与励磁机导电杆相接，构成发电机的转子励磁电路。转子采用气隙取气径向斜流式通风系统（见图 9-1-7），汽轮机和励磁机由用铬镍钼钒整体合金锻钢制成的转子联轴器连接。

9.1.4　其他部分

本型发电机采用端盖式轴承，即端盖上设有轴承座，有端盖支撑轴承载荷（见图 9-1-8）。油密封装置装在发电机两端端盖内，为双流双环式。定子机座汽励两端顶部分别横向布置了一组冷却器。发电机的无磁性钢板焊接而成的圆筒形出线盒设置在定子机座励端底部，采用法兰与机座把合，发电机引出线由铜管制成，磁套端子把合在出线盒上，3 个设在出线盒底部垂直位置，为主出线端子，另 3 个设在出线盒的斜向位置，为中性点出线端子，每个端子上套有套管式电流互感器。发电机设有完善的监测温度、振动、对地绝缘电阻及漏水、漏油检测系统，并在机座两侧设有相应的测量端子，同时配置有在线检测设备，例如定子铁芯温度监测、轴承温度监测、转子振动监测、对地绝缘监测等。几个主要密封面：端盖上下半之间和端盖与定子机座端面之间的密封面，出线盒与定子机座之间的密封面，均采用液体密封胶密封。冷却器外罩与定子机座间的合缝处在安装时采用焊接成一体的方法密封(见图 9-1-9)。

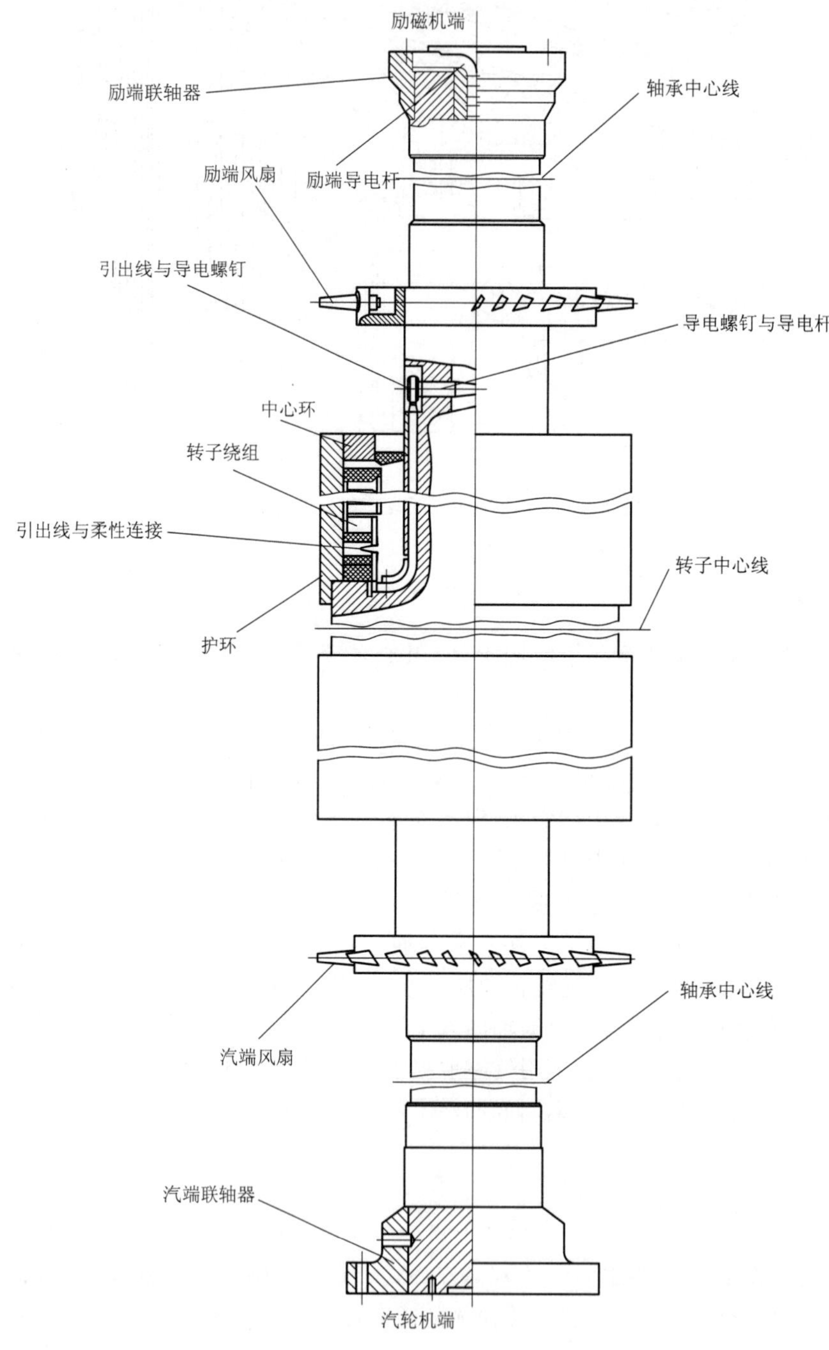

图 9-1-6 转子装配

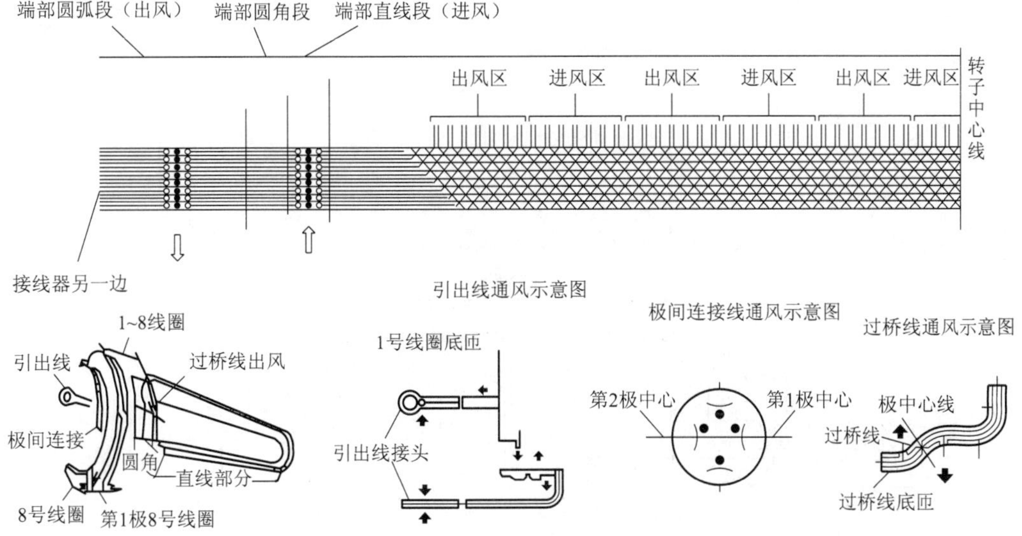

图 9-1-7　转子绕组通风回路示意图

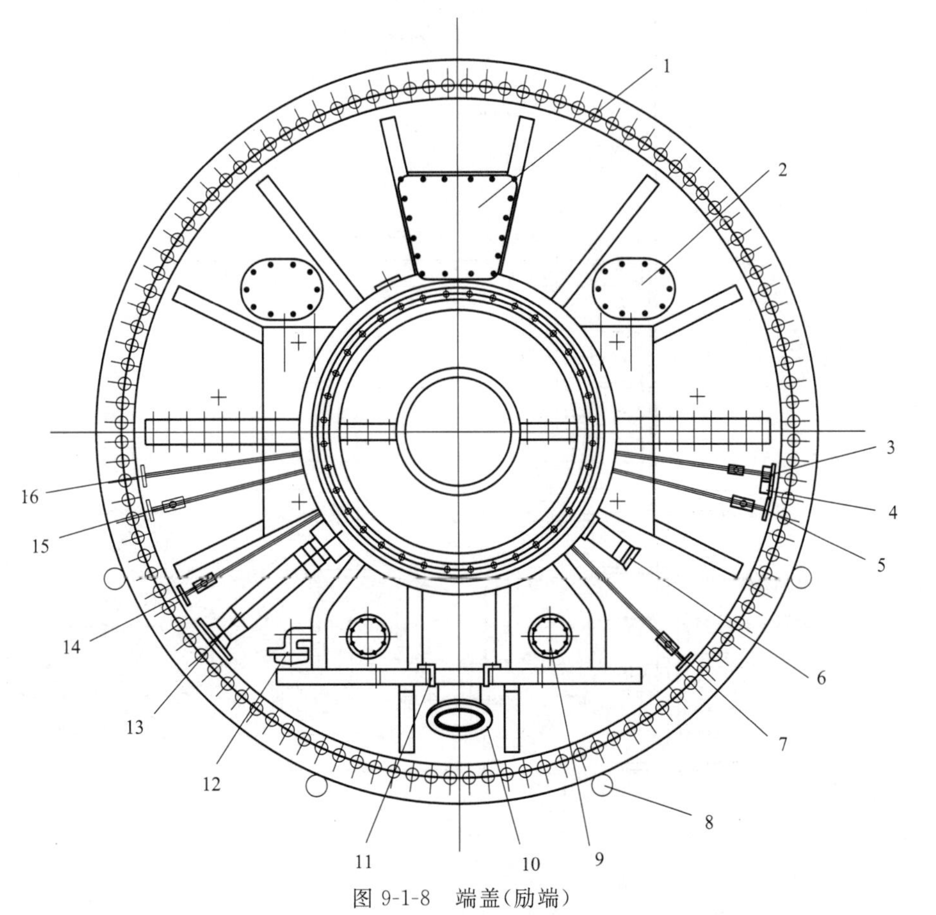

图 9-1-8　端盖(励端)

1—观察孔；2—观察孔；3—油密封空侧压力信号；4—油密封空侧压差信号；5—油密封空侧进油；6—轴承回油通气联结；7—高压油顶起进油；8—端盖定位块；9—视油窗；10—轴承回油；11—横向定位键调节块；12—浮球液位计；13—轴承进油；14—油密封氢侧进油；15—油密封氢侧压差信号；16—油密封空侧推力进油

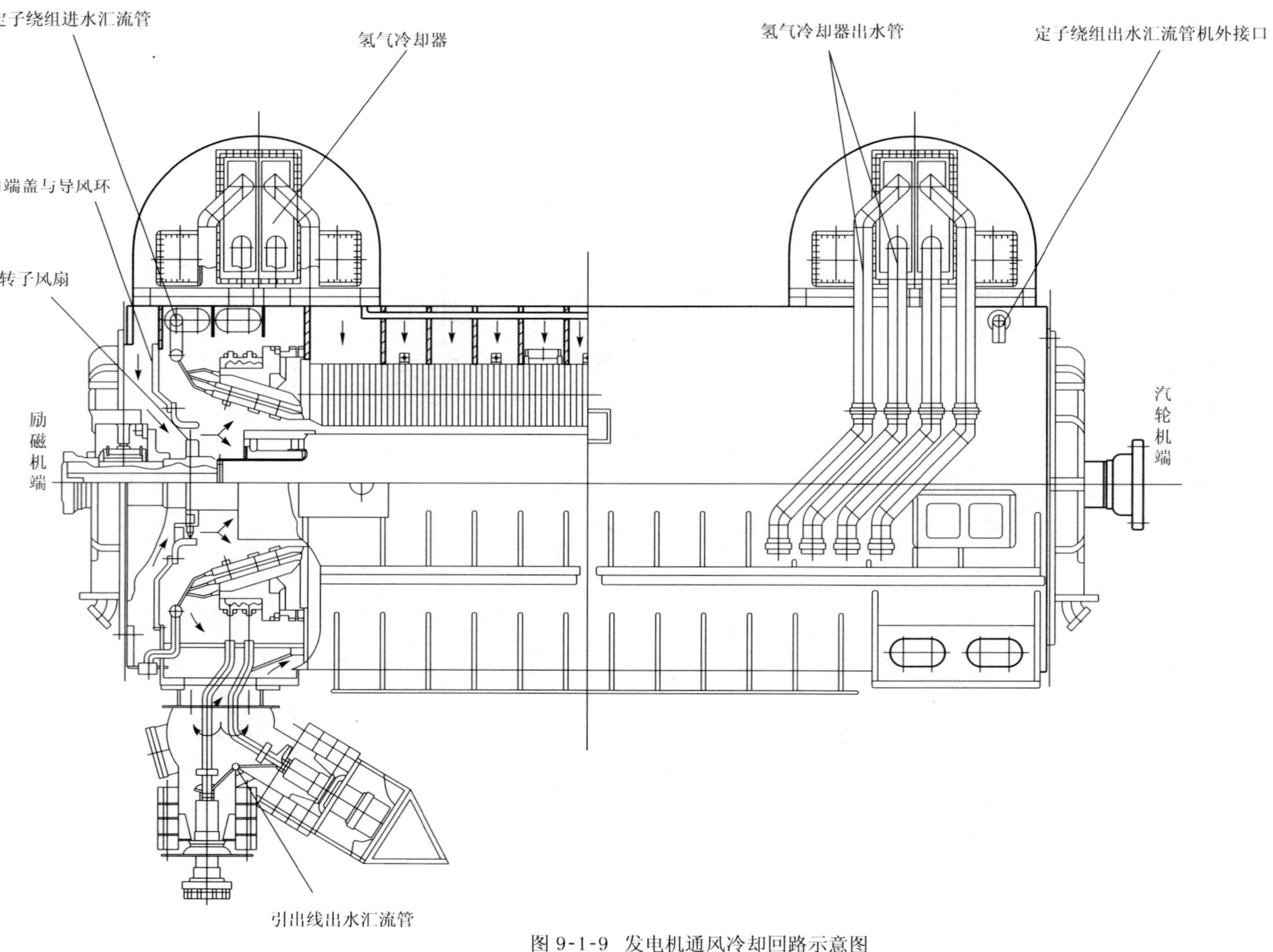

图 9-1-9 发电机通风冷却回路示意图

9.2　发电机定子冷却水系统(GST)

9.2.1　系统功能

发电机定子线圈采用水内冷。发电机定子冷却水系统的功能就是要提供合格水质的发电机冷却水，克服水在空心导线内循环流动的阻力，将线圈的热量扩散到发电机之外，保持发电机在满负荷运行时的正常温升值。当出现供水量不足或断水故障时，要有可靠的检测环节和完善的保护措施，延时 30 s 实现跳机功能，起到对发电机的保护作用。

9.2.2　系统描述

发电机定子线圈冷却水系统是由定子水箱、定子冷却水泵、冷却器、过滤器、离子交换器以及管道和阀门组成的。其流程如图 9-2-1 所示。

定子水箱中的定子水由水泵压入冷却器，其热量由常规岛闭式冷却水系统带走，冷却后的定子水接至水过滤器，其中一部分去离子交换器(除盐器)，对水质进行处理后直接回到定子水箱。经过过滤器过滤后的定子水大部分进入位于发电机本体励端的总进水汇流管，再由多根聚四氟乙烯软管流经定子绕组，带有绕组热量的水回到汽端总出水汇流管(环形)；小部分定子水直接去发电机出线端的出线瓷套端子和中性点母线，然后进入出线盒中的小汇流管，再从外部管道流入汽端总出水汇流管中，最后一起引出到外部总出水管，回到定子水箱，完成一个循环。

该系统的所属设备大都集中安装在一个共用的钢底座上，组成一个冷却水系统组件，位于靠近发电机下面的 MX－7.2 m 平台上。该组件上的设备包括：电动水泵、冷却器、除盐器、过滤器、定子水箱、仪表柜和一些阀门管道等。

9.2.3　设备说明

(1) 定子水箱

定子水箱也可称为氢气释放罐，由于发电机内氢气压力一般要比绕组内的水压高，所以，当发电机定子水回路有渗漏故障时，氢气就有可能进到定子水中，当定子水在水箱中卸压后，这些氢气被析离出来。正常运行时，由于氢气对聚四氟乙烯软管的渗透作用，预期的渗透量约为 0.14 m^3/d。

该定子水箱为一卧式筒型不锈钢罐，用于降低水的速度及卸压，为定子水泵提供水源并将氢气泡从定子水中析离出来。

(2) 定子冷却水泵

该系统设有三台各为 100%容量的卧式离心泵。系统正常运行时，由一台泵使系统中的定子冷却水循环，另两台泵处于备用状态。三台泵电动机的供电来自不同的电源，从而增加了运行的可靠性。

(3) 冷却器

系统中装有三台钛管制成的水冷却器，每台容量为 50%。两台运行，一台备用。定子冷却水额定流量为 110 t/h，定子最大水流量 120 m^3/h，定子水出口温度为 40 ℃，定子水进口温度为 60 ℃。二次侧冷却水来自 SRI 系统，SRI 冷却水进口温度为 38 ℃，SRI 冷却水流量为 171.2 m^3/h。

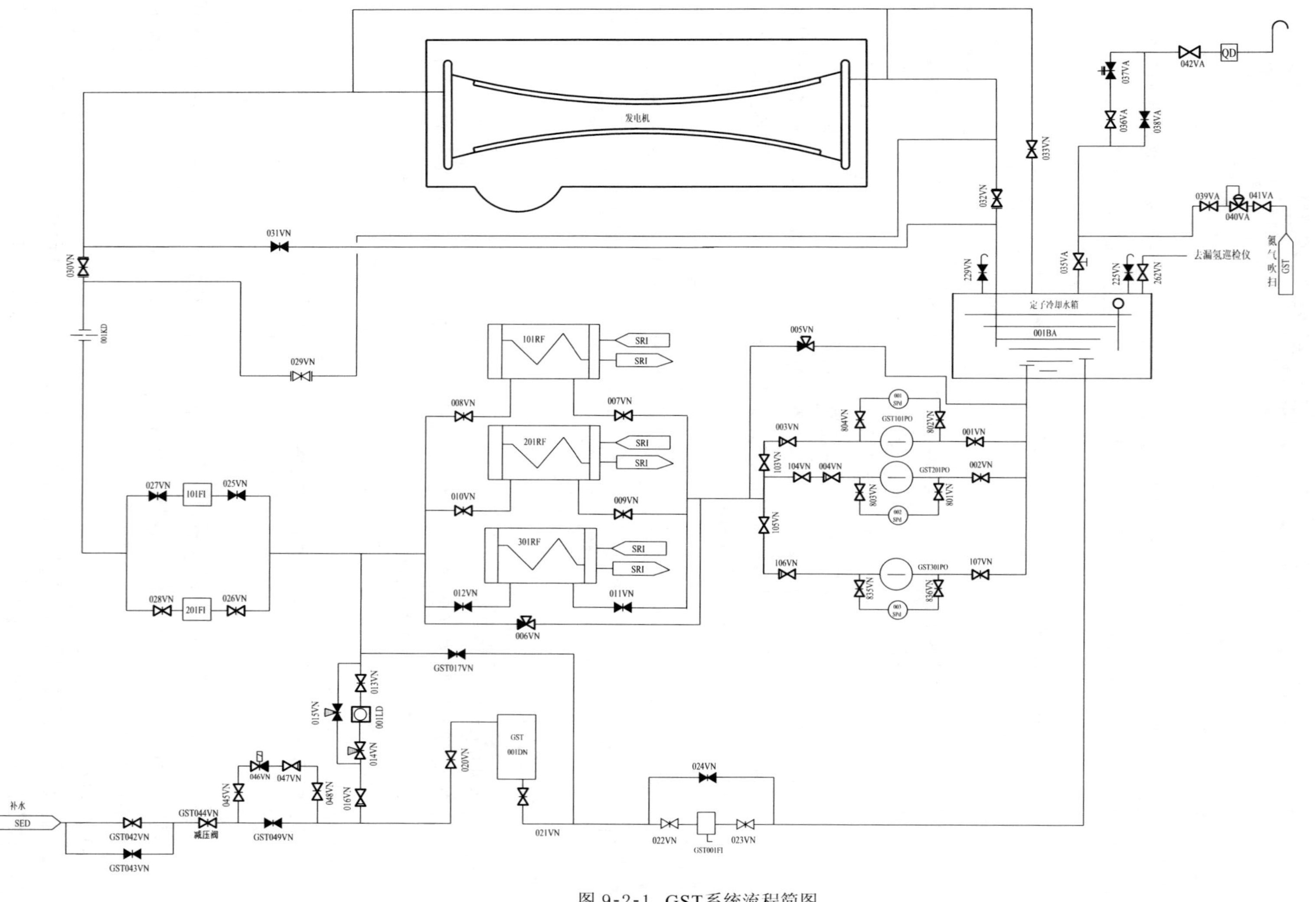

图 9-2-1 GST系统流程简图

(4) 过滤器

水过滤器是确保发电机安全可靠运行的重要设备之一。其主要技术参数有：

工作压力：0.75 MPa

工作温度：50 ℃

进水流量：1 550 L/min

滤网精度：80～100 μm

在过滤器的进出口两端跨接一压差开关，在设备运行过程中，如两端压差超过0.05 MPa，则压差开关接通，随即发出信号报警，说明滤芯已被冷却水中的污物和杂质堵塞，须更换滤芯。

(5) 离子交换器

离子交换器为圆筒型，内有混合树脂。系统运行中，使部分定子水经过该装置直接返回定子冷却水箱中进行循环，以改善水质，降低定子冷却水的电导率。

9.2.4　系统运行

启动：启动时，首先充水至水箱正常水位，然后启动泵，最后对整个系统管线进行充分地充水排气。系统启动之前，发电机内的气体压力必须先达到某一值之上，否则必须通过节流方式控制进入发电机的定子冷却水的压力。

运行：运行过程中，净化回路连续运行，保持约3%～5%额定流量。

停运：在发电机氢气供应系统停运前，停运该系统。停运时，先将备用泵置于“停止”，再停运运行泵。当系统在冬季停运时，必须保证厂房温度在一定值以上，否则必须投运该系统，以防止结冻导致管道破损。

9.2.5　控制

正常情况下，三台定子冷却水泵中有一台运行，两台备用。

当运行的泵前后压差低或故障停运时，自动启动第一备用泵；备用泵也可在主控室手动启动。

当定子冷却水箱液位低时，自动开启046VN进行补水，经一定延时后自动关闭046VN，停止补水。

定子水发电机进口温度的调节是根据热交换器后定子冷却水温度来调节SRI冷却水流量实现的。

当出现定子水流量低时，将经30 s短延时发出跳机信号，汽轮机将紧急跳闸。

9.3　发电机氢气供应系统(GRV)

9.3.1　系统功能

发电机氢气供应系统的主要功能是在发电机检修结束后通过中间介质CO_2来排除发电机内的空气而充入氢气，相反在发电机停机检修之前，则通过CO_2排除发电机内的氢气而充入空气。选择CO_2的目的是避免在充氢或排氢过程中，导致空气与氢气之间的混合而产生爆炸的危险。气体的置换是利用 CO_2、H_2、空气的密度差来实现的。

正常运行时，发电机氢气供应系统还保证了发电机内的氢气压力、监测氢气的纯度、干燥氢气并监测氢气湿度，以保证发电机工作在允许的限值内。另外，有监测仪监测可能的液体漏入。

9.3.2 系统运行

气体置换应在发电机静止、盘车或转速不超过 1 000 r/min 的情况下进行，而且必须保持 GHE 密封油压力。

9.3.2.1 用 CO_2 置换空气

开启相应的 CO_2 阀门，将 CO_2 充入发电机的下部，阀门应全开，不要有节流。充入的 CO_2 量为发电机容积的 1.5 倍，当发电机充入 CO_2 后，其 CO_2 纯度应达到 95%以上，方可用 H_2 置换 CO_2。

9.3.2.2 用 H_2 置换 CO_2

开启相应的 H_2 阀门，将 H_2 充入发电机的上部。在 0.003 5 MPa 表压下，需要 2.5 倍发电机容积的 H_2 来置换 CO_2，每提高 0.1 MPa 氢压，就需要增加一个发电机容积的氢气，最后氢压保持在发电机要求的范围，约 0.35 MPa，H_2 纯度应达到 95%以上。用 H_2 置换 CO_2 时，因为 H_2 比 CO_2 轻，故 H_2 从发电机的上部充入，而 CO_2 从发电机的下部排出。

9.3.2.3 用 CO_2 置换氢气

首先，开启相应阀门排除氢气，卸下可移动进气连接装置，步骤与用 CO_2 置换空气相同，只是用气量约为用 CO_2 置换空气的两倍。

9.3.2.4 干燥器的再生

GRV 系统使用的是吸附式干燥器，共有两个干燥塔。每个干燥塔的运行方式有：干燥、加热、冷却。当一塔达到饱和状态时，另一塔开始工作，而对饱和的氢气干燥器进行再生。再生时置相应的阀门于再生位置，开动鼓风机，启动加热器，加热 4 h 后再冷却 4 h。然后，停止加热器和鼓风机，置相应的阀门于干燥位置，这些动作全部自动完成。两塔的状态每 8 h 更换一次。

9.3.2.5 泄漏液体的监测

在发电机底部的平台上，GRV 系统设有接收泄漏液体的监测装置。当容器内的液体达到一定高度时会触发报警，而且各容器均有可目视的液位孔来观察是否有液体泄漏。

9.3.2.6 防止氢爆

发电机内充有 H_2，正常运行时，为了防止误操作导致空气进入发电机内导致氢爆，GRV 系统在空气进入发电机之前设置了一根共用的可拆卸短管(001VJ 和 002VJ 位置是同一根短管，见图 9-3-1)，当发电机用 CO_2 置换氢气后，把 001VJ 处的短管拆下装到 002VJ 处，001VJ 两端用盲板盲死；一旦发电机内准备充氢，则将该短管从 002VJ 位置拆下装到 001VJ 处，002VJ 两端用盲板盲死，从而保证 H_2 与空气的可靠隔绝。

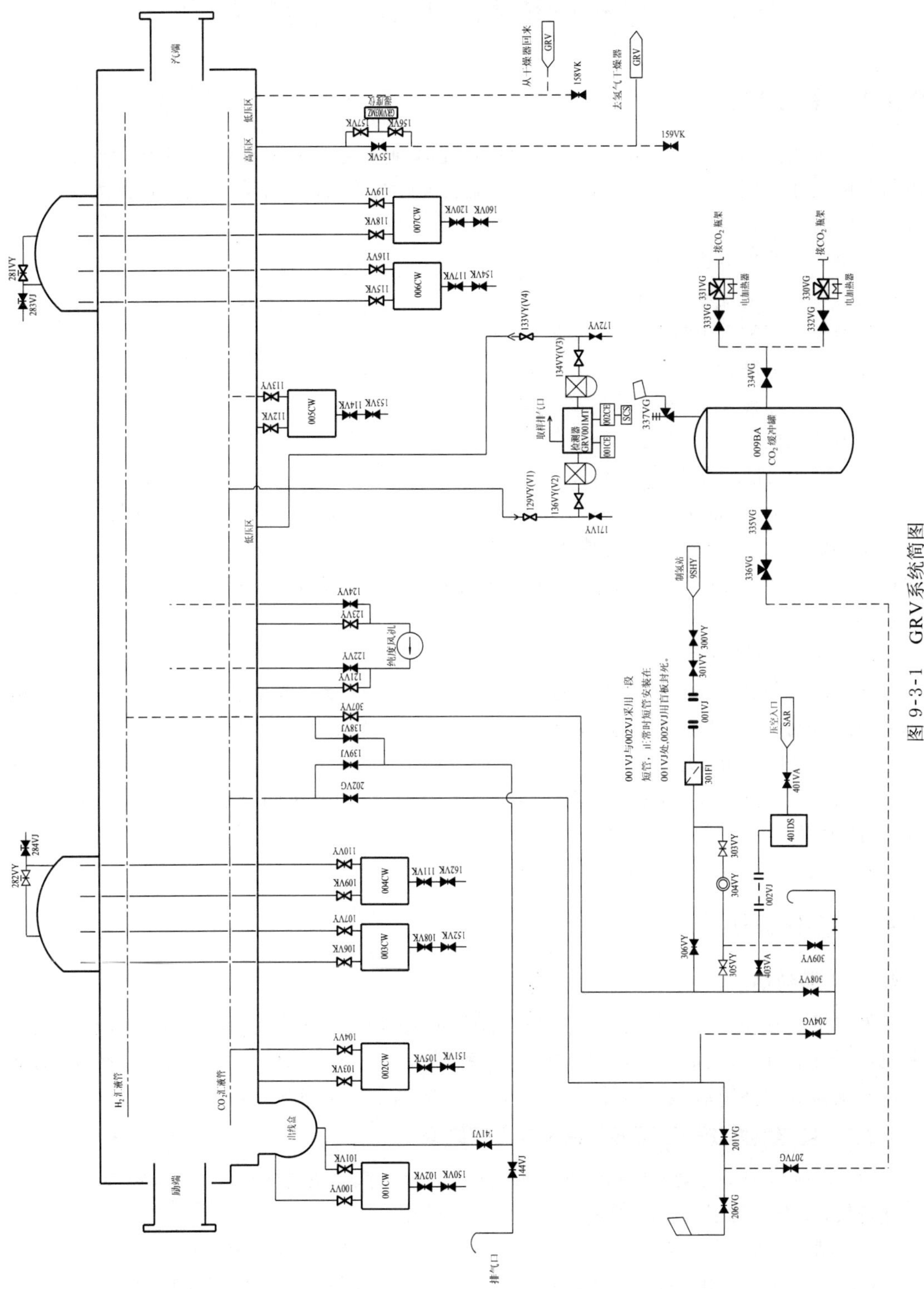

图 9-3-1　GRV系统简图

9.4 发电机励磁和电压调节系统(GEX)

9.4.1 系统功能

发电机励磁和电压调节系统 GEX 的作用是保证发电机的励磁建立转子旋转磁场,发电机并网前用以调节同步所需的空载电压,发电机并网后用以调节与电网交换的无功功率。也就是实现:

励磁——给发电机励磁;

调压——调节发电机端电压;

监测——监测发电机和励磁机的磁场;

限制——限制转子、定子电流以保证稳定与不过热;

保证——保证安全、保证供电的质量。

具体功能如下:

(1) 数字式自动电压调节器(AVR)

它对主发电机的励磁电流提供数字控制,并由此控制主发电机组的端电压在电压设定器(内部记忆)设置的设定值上,此电压控制为 AVR 的固有功能。另一磁场控制功能是将励磁电流维持在一个由手动电压设定器(内部记忆)设置的设定值上(也称为手动运行)。

(2) 发电机磁场接地探测(61E1)

由辅助滑环和安装在励磁机上的线圈驱动的刷子(可自动改变方向),提供一个有外电源的外部电路,来实现发电机的磁场接地探测。

(3) 励磁机磁场接地探测(64E)

利用桥式电路的原理,采用动圈式线圈继电器,对主励磁机的励磁线圈进行监测,有接地时,给出报警,并显示接地点的极性。

本系统不属于与核安全相关系统。

9.4.2 系统描述

9.4.2.1 系统组成

发电机励磁和电压调节系统主要由主励磁机(即无刷励磁机,包括二极管整流桥)、副励磁机(即永磁发电机)、数字式自动电压调节器(包括可控硅整流桥)、辅助电压互感器、辅助电流互感器等部件组成,系统如图 9-4-1 所示,励磁机布置如图 9-4-2 所示。

9.4.2.2 发电机励磁和电压调节系统的工作原理

(1) 汽轮机转子带动发电机大轴、副励磁机的永磁铁及主励磁机转子以 3 000 r/min 的转速旋转,发电机转子与励磁机之间不用滑环与碳刷;

(2) 副励磁机(永磁发电机)有 8 对磁极,故在副励磁机的定子中产生三相 400 Hz、274 V、320 A 的交流电,向数字式自动电压调节器供电,并经可控硅整流桥整流后供给主励磁机励磁;

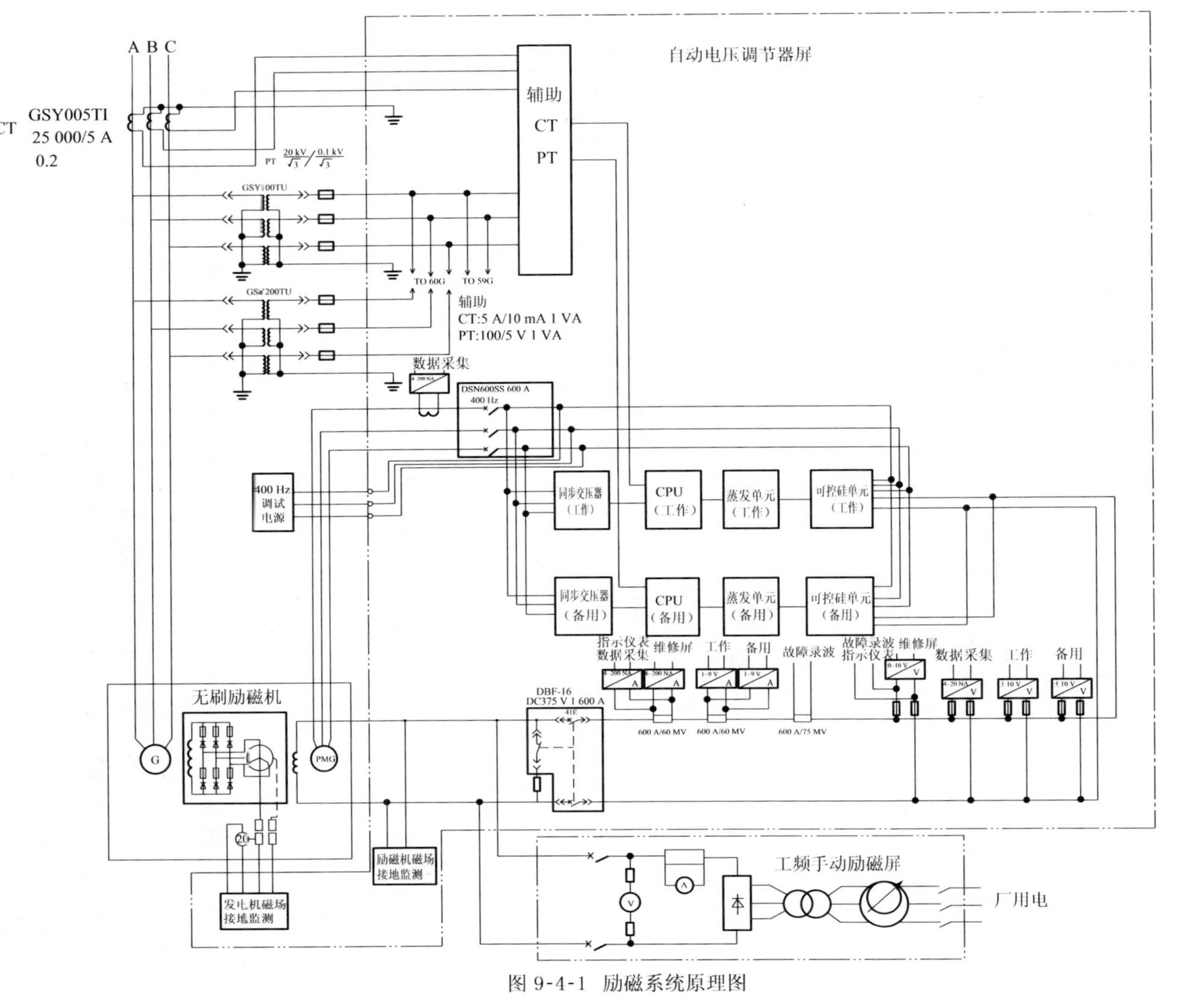

图 9-4-1　励磁系统原理图

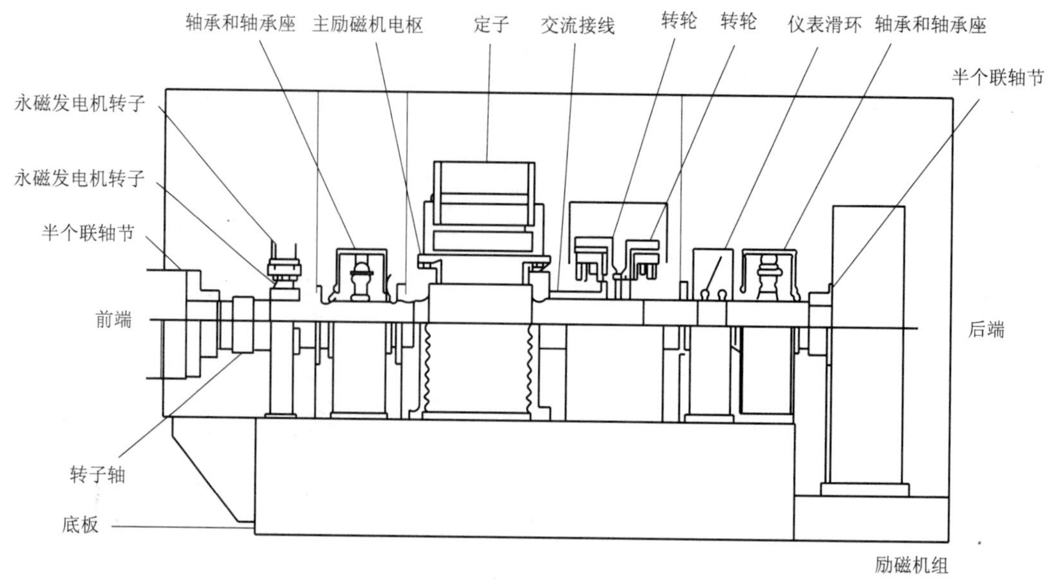

图 9-4-2 励磁机布置图

(3) 接在发电机端的辅助电压互感器 PT 和电流互感器 CT 将发电机的电压、电流信号引至数字式自动电压调节器，由数字式自动电压调节器控制三相桥式全波可控硅整流电路向主励磁机固定励磁线圈供电，建立主励磁机的固定磁场；

(4) 主励磁机的固定磁场有 4 对磁极，故其旋转电枢产生三相 200 Hz、417 V、3 820 A 的交流电；

(5) 旋转的二极管整流桥对主励磁机产生的交流电进行三相全波整流，为发电机转子提供直流励磁电流，建立转子旋转磁场；

(6) 主发电机产生三相 50 Hz、20 kV、36 111 A 交流电；

(7) 主发电机产生的电压和电流反馈给数字式自动电压调节器；

(8) 数字式自动电压调节器以自动或手动控制使发电机端电压保持 20 kV。

例如，当发电机无功输出增加，引起发电机电压下降时，数字式自动电压调节器(AVR)使可控硅控制角减少，可控硅输出增加，发电机励磁电流增大，发电机电压回升，最后稳定在给定水平。

当电力系统发生突然短路或突然增负荷时，发电机端电压突然下降和定子电流突然增加，数字式自动电压调节器(AVR)使可控硅控制角迅速减少，可控硅处于全开放状态，对发电机进行强行励磁。发电机甩负荷时，端电压突然升高，控制回路可使可控硅控制角迅速增大，可控硅处于逆变状态，对发电机进行强行减磁，有效地抑制发电机的电压升高。

当发电机出现内部短路时，由继电保护装置动作，通过控制回路使可控硅处于逆变状态，主励磁机励磁电流迅速下降，随后灭磁装置动作，将可控硅输出回路切断并将主励磁机的励磁绕组短接在灭磁电阻上，励磁电流最后逐渐降至零。

9.4.2.3 发电机端电压和无功功率调节的物理机理

(1) 旋转的转子磁场使固定的定子绕组产生交流感生电动势，其大小取决于转子转速、定子绕组的匝数和转子磁场的磁通。磁通的大小取决于转子电流。

(2) 当发电机接上负载时，在感生电动势作用下，就有交流电流流过负载和定子绕组。

(3) 如果是纯电阻性的负载时，在负载内和定子绕组内流过的是有功电流，有功电流的方向与感生电势的方向相合。这个电流流过定子绕组时，定子绕组也会产生一个磁场，其磁通穿过转子磁极轴线，使转子磁场有点偏斜和减弱，使发电机端电压略有下降。但总的看来，影响不大。

(4) 如果是纯电感性的负载时，在负载内和定子绕组内流过的是纯感性的无功电流，它落后于感生电势 90°，所产生的磁场磁通与转子磁场的磁通方向相反，起去磁作用，使发电机端电压下降。为了维持端电压不变，必须增加发电机励磁电流，也就是增加发电机的无功功率。

(5) 如果是纯电容性的负载时，在负载内和定子绕组内流过的是纯容性的无功电流，它超前于感生电势 90°，所产生的磁场磁通与转子磁场的磁通方向相同，起助磁作用，使发电机端电压升高。为了维持端电压不变，必须减少发电机励磁电流，也就是减少发电机的无功功率。

(6) 实际上，发电机的负载不可能是纯电阻性的、纯电感性的或纯电容性的，而是综合性的。流过负载和定子绕组的电流与感生电势的相位关系也不是 90°，但上述对端电压的影响趋势的分析还是适用的，发电机端电压和无功功率调节的机理还是相同的。

9.4.3 设备说明

(1) 励磁机组

无刷励磁机组包括为汽轮发电机组励磁系统所需的转动机械，并直接连接在汽轮发电机上。机组有一台具有永磁的转子和固定定子的 400 Hz 三相交流永磁发电机。从永磁发电机定子输出的 400 Hz 三相交流电在数字式自动电压调节器的控制下进行整流，它的直流输出供给主励磁机磁场线圈。另有一台具有 200 Hz 三相交流旋转电枢和静态直流磁场的主励磁机，它向旋转整流器(二极管整流桥)供电。从主励磁机电枢线圈输出的 200 Hz 三相交流电供给旋转整流器进行整流。从旋转整流器输出的直流电，通过励磁机引线和汽轮发电机轴中心的膛孔以及转子联轴节处的外部接线，被送到汽轮发电机转子线圈，由此提供励磁电流，并使汽轮发电机输出要求的电压和功率。

励磁开关(41E)是一个空气灭弧断路器，其控制电源是 110VDC，它有一个合闸线圈，两个跳闸线圈，励磁开关与灭磁开关连锁动作。

(2) 数字式自动电压调节器(AVR)

数字式自动电压调节器(AVR)是一个基于微机的自动控制系统，有四个控制柜。它供给并控制主励磁机的励磁电流，从而控制主发电机端电压。其基本工作原理是数字式自动电压调节器通过控制主励磁机旋转电枢的输出，来控制发电机出口端电压，它取电压参考值(操纵员通过电压设定器给定)和发电机电压(电压互感器测量并传送到 AVR)二者之间的误差来调整所需的可控硅整流桥导通角，以改变可控硅整流桥供给主励磁机固定绕组的电流，来控制主励磁机旋转电枢输出电流的大小，从而控制了发电机励磁绕组电流的大小，达到调节发电机端电压的目的。

数字式自动电压调节器的覆盖范围，包括从电压互感器二次侧电压的探测到给可控硅整流器(供电单元)输出控制用的导通脉冲的产生。它有两个系列，每个系列都能完全控制端电压。每个系列包括同步变压器、CPU、触发单元和可控硅单元等；两个系列的共用部分有辅助电流互感器、辅助电压互感器及 400 Hz 调试电源等。另外，还有发电机磁场接地监测、主励磁机磁场接地监测。

(3) 发电机磁场接地探测

有两个辅助滑环，一个接在励磁机轴上，另一个接在励磁机交流侧中心点上。有两个回路：由110 V直流供电的探测流过滑环电流的探测回路和由三个计时器(64T、64T1、64T2)组成的自动驱动刷子并改变其极性的自动探测回路。64T每24 h一个循环，每6 h开启一次，每次开启时间15 min。64T首先被激励，滑环开始工作，两滑环之间感应出电压，测量开始，同时探测回路接通，继电器64E1根据探测到的电流自动动作；15 s后64T2持续激励15 s，改变滑环的极性；再15 s后64T1被激励，自动测量结束。

(4) 励磁机磁场接地探测

探测回路与主励磁机的励磁线圈并联连接，主要部件是D－5型直流动圈式线圈继电器(D－5)，另外还有非线性电阻(VR)、线性电阻(R1、R2)、辅助继电器(TA，发出报警信号)和两个指示接触开关(ICS－1、ICS－2)。接地故障时，励磁线圈与探测回路形成一个不平衡桥式回路，D－5根据流过的电流，判断接地点的极性，使相应的ICS－1或ICS－2动作，并给出极性显示。同时TA动作，发出报警，TA的辅助触点断开流过D－5的电流。VR的作用是消除了桥式电路的死区。

9.4.4 系统运行

9.4.4.1 数字式自动电压调节器

发电机励磁和电压调节系统GEX正常运行时，励磁开关闭合，灭磁开关断开，励磁回路接通，灭磁回路断开，数字式自动电压调节器的一个系列处于工作状态，另一个系列处于备用状态，自动调节发电机端电压，并对发电机和主励磁机的磁场进行接地监测。工作系列出现故障时，自动切换至备用系列。双CPU均出现故障时可启动后备手动运行：通过使设定值增加/减少的外部命令来改变设定值。数字式自动电压调节器故障不会自动投入工频手动励磁。

数字式自动电压调节器的辅助电压互感器和辅助电流互感器将发电机的电压互感器和电流互感器信号转变为能被AVR接受的信号水平(±10 V)，提供给AVR的每个系列；同步变压器产生同步信号，使导通脉冲与主回路电源同步；数字控制由AVR的核心(CPU/触发单元)来实现；有风扇冷却的可控硅整流器向无刷励磁机励磁线圈提供直流电，通过触发单元发出的导通脉冲信号对永磁机的输出电流实行控制和整流。

AVR有两种运行模式，用AVR开关(类似于模拟式AVR中的“AVR自动/手动”开关)选择。在“恒压”模式，AVR控制发电机的输出电压在电压设定器设定的水平，一般在此模式下运行，电压设定范围为空载时10%～110%，带载时95%～105%。在“恒定励磁”模式，AVR根据电压设定器的要求产生恒定的励磁磁场，试验时在此模式下运行，或当电压互感器熔丝熔断或模拟卡2系统故障时自动从恒压模式切换至此模式。操纵员通过电压设定器开关增加/降低“恒压”模式或“恒定励磁”模式时的设定值。电力系统稳定器开关使电力系统稳定器(PSS)投入，根据探测到的功率波动改变励磁电流，迅速将功率波动稳定下来，提高系统的动态稳定；低压时(≤0.3 U额)，发电机电压的增加/降低超过±10%暂时闭锁PSS。最小励磁限制器(MEL)调整励磁电流，防止发电机进相运行超过稳定性限制。过励磁限制器(OEL)限制励磁电流不超过105%额定电压时的励磁电流值，使发电机运行在励磁线圈能承受的范围内，防止迟相运行超过限值。

两种可供选择的额外功能：

(1) V/F 限制器(VFL)限制电压与频率的比值不大于某定值,防止发电机、主变等的过激磁;

(2) 线路压降的补偿可补偿主变高压侧由于感性电流的滞后性而引起的电压降。

9.4.4.2 发电机磁场接地探测

正常运行时,由三个计时器控制运行时间,每 24 h 一个循环,每 6 h 启动一次,每次启动 15 min,正、负极各测量 15 s。

有两个选择开关:

43－64－1:正常运行时打到"AUTO"位置,探测回路由自动测量回路控制有规律地运行。打到"measurement(＋)"或"measurement(－)"位置时,手动启动探测回路。

43－64－2:正常运行时在"NORMAL"位置,要校正继电器整定值时,打到"TEST"位置,调节校正电阻即可,当接地电阻小于定值(一般为 20 kΩ),继电器便动作。

9.4.4.3 励磁机磁场接地探测

正常运行时,TA 的辅助触点合上,由于正负极浮空,D－5 内没有电流流过,回路自动探测主励磁机的磁场。

在额定条件下(250 V DC、0.25 mA),D－5 具有很高的灵敏度,远离正负极 30%以内接地电阻 100～500 kΩ 的接地故障均能迅速探测到。

一点接地故障发生后,在复位 TA 的自保持装置前应断开 D－5 所在的接地回路。

9.5 输配电系统(GEV)

9.5.1 系统功能

输配电系统的主要功能是将发电机产生的电能通过主变压器输送给电网,并通过高压厂用变压器输送给厂用电系统。

9.5.2 系统描述

输配电系统主要由主变压器、高压厂用变压器及它们所属的辅助系统组成。如图 9-5-1 所示。

(1) 主变压器(GEV001TP)

两机组的主变压器均将端电压为 20 kV 的发电机与 500 kV 主开关站相连,并通过主开关站与 500 kV 电网相连。

主变压器的额定容量为 750 MVA,额定相电流为 20 kA。每台主变压器由三台 250 MVA 的单相变压器组成,低压侧绕组为三角形连接,高压侧绕组为星型连接。三台单相变压器各配备有油枕。单相变压器之间用防火壁隔开。主变联结方式为 I,I0(三相绕组为 YN,d11)。

主变压器二次侧电压可调,采用高压侧无载调压方式,调节电压是通过分接开关实现的。分接开关是 DWX 单相无励磁楔型动触头型的。高压侧电压调节范围为±5% U_n。

主变压器的每一相由安装在油箱上的四台 315 kW 风扇冷却器冷却。每台冷却器都装有一台油泵和三台冷却风扇。其中三台冷却器工作,一台备用。主变压器冷却器的工作方

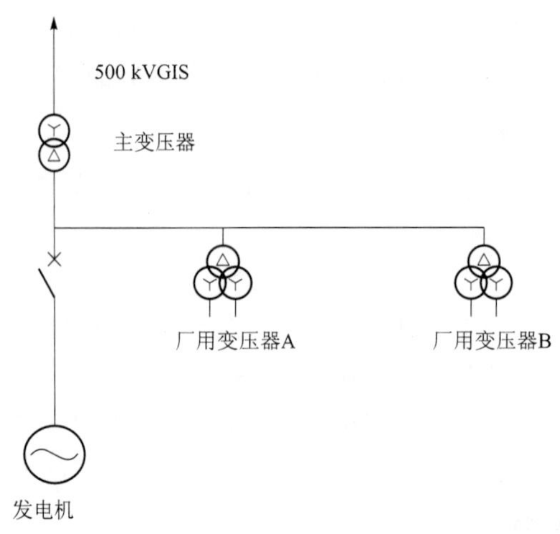

图 9-5-1　发电机、主变与厂用变单线示意图

式有四种:分别是工作、备用、辅助、停止。处于备用工作方式的冷却器在运行冷却器故障跳闸时自动投入;处于辅助工作方式的冷却器在主变电流大于 80% I_n 或油温达到风扇的启动定值时自动投入。如果四台冷却器故障全停则会延时 60 min 跳开发电机出口断路器和 500 kV 超高压断路器。主变压器冷却器的电源有两段,可以通过选择开关进行选择,在其中的一段电源失电时会自动切换到另一段电源。

(2) 高压厂用变压器

每台机组均包括两台降压变压器:降压变压器 A(GEV100TS)和降压变压器 B(GEV200TS)。它们 T 接在 20 kV 封闭母线上,为厂用设备供 6.0 kV 电源。

降压变压器初级线圈绕组为三角形连接,次级线圈绕组为星型连接,联结组为 D,y_n1,y_n1。降压变压器 A 又称常规岛高压厂变,容量为 42/(21+21) MVA,有两个次级绕组,每个功率为 21 MVA,变比为 20/(6.3+6.3)。分别接向两段中压正常厂用母线 LGA/LGB,向每一台机组的常规岛厂用设备、海水循环冷却水泵(CRF)及其辅助设备供电。

降压变压器 B 又称核岛高压厂变,容量为 50/(25+25) MVA,有两个次级绕组,每个功率为 25 MVA,变比为 20/(6.3+6.3)。分别接向两段中压正常厂用母线 LGC/LGD,向每一台机组的核岛及其他厂用设备供电。

两台厂用变压器的调压方式均为有载调压,可通过改变高压侧分接抽头来实现调压。

常规岛厂变有四台冷却器,核岛厂变有五台冷却器,其冷却方式是 ONAN/ONAF(油浸自冷/强迫风冷),每台冷却器有散热器和风扇。厂变冷却器的工作方式分为自动/手动,自动状态下冷却器的启/停受油温控制,启动时所有的风扇同时启动,它的动力电源也有两路并且可自动或手动切换。

9.5.3　系统运行

9.5.3.1　正常运行

发电机功率除了由高压厂用变压器供给的厂用负荷和线路损耗外,其余全部是由主变压器向电网输送。主变压器的负荷为 3×250 MVA,平均绕组温升为 65 ℃(满负荷)。

高压厂用变压器 A 和 B 向各厂用设备供电。

9.5.3.2　负荷切换

负荷切换有两种情况：切换到厂用负荷运行和将永久性、应急和公用辅助设施切换到220 kV 辅助电源供电。

对于第一种情况，发电机继续运行，仅向接在高压厂用变压器上的厂用辅助设施供电。此时，主变压器负荷降至零，降压变压器负荷在瞬态以后由于辅助设施的需求减少而下降。

对第二种情况，失去发电机和电网电源，使主变压器和高压厂用变压器的负荷全部下降为零，重要辅助设施切换到辅助变压器(9LGR001/002TA)。

9.6　发电机同步和并网系统(GSY)

9.6.1　系统功能

发电机同步和并网系统由发电机输出线端子封套、分相隔离母线、发电机出口断路器和同期装置组成。其功能是监测发电机和超高压电网的电压幅值和频率，当两者相同时，使发电机实现同步并网(见图 9-6-1)。

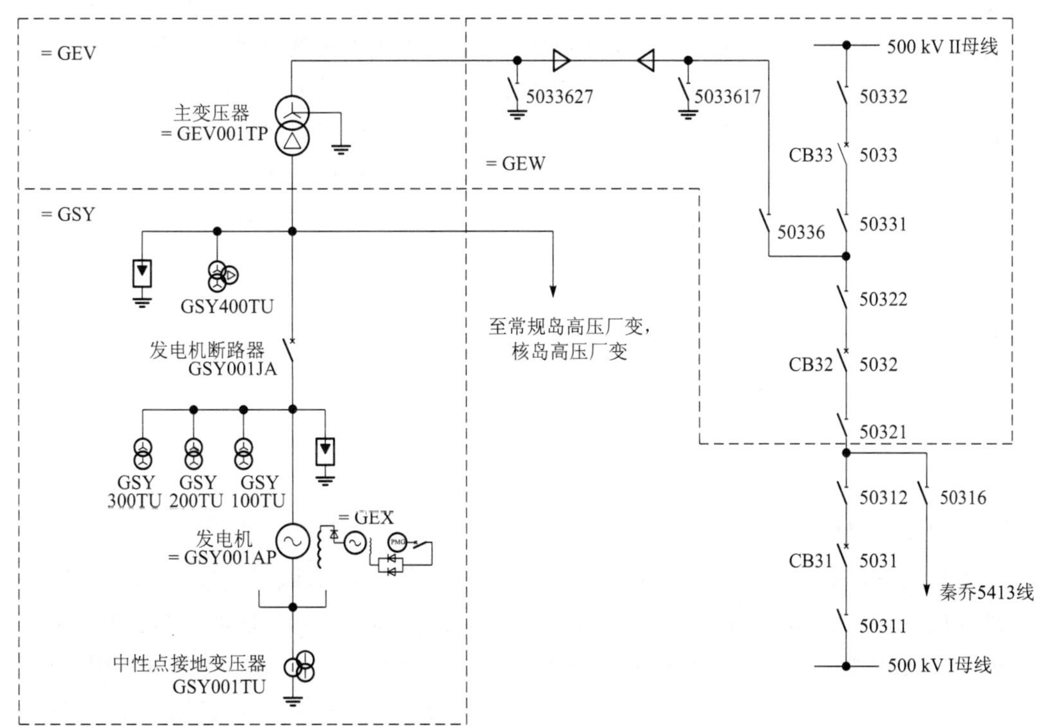

图 9-6-1　发电机、主变与开关站单线图

9.6.2　系统描述

9.6.2.1　发电机输出线端子封套

发电机输出线端子封套用来保证相与相之间的隔离，同时保证人员不与带电导体相接

触,提供使外部电磁场降低的屏蔽作用。

9.6.2.2 发电机和主变压器低压侧之间的主母线

主变压器低压侧之间的三角形接线、降压变压器和电压互感器之间及避雷器之间的T接母线,都采用分相隔离型封闭母线。分相隔离型封闭母线的功能是把发电机产生的电力输给主变压器和降压变压器。封闭母线的优点是体积小、可靠性高,可防止湿空气和外物进入封闭母线壳内等。封闭母线采用微正压自然冷却系统,母线外壳与导体的环形空间有空气流动,它有防潮防尘性能,3个分相隔离母线的外壳在电气上是分段连接的,这样在外壳上的感应电流形成回路,其结果在正常运行情况下几乎全部消除了母线产生的磁力线对临近钢结构发热的影响。

厂用变压器处,封闭母线三相外壳短接地,在主变压器低压侧三角形连接处和发电机断路器两侧接电压互感器处封闭母线三相外壳短接。目的是被母线电流感应的外壳电流与母线电流形成相反的通路,使封闭母线壳外的磁通相互抵消而不产生磁场并消除邻近钢结构的感应电流。

9.6.2.3 发电机断路器

为满足核电厂通过500 kV主电网经升压变压器供电给厂用电源进行启动要求,对无刷励磁型600 MW级的发电机,其时间常数较大,在发电机引出线回路或升压变压器及高压厂变故障时,故障电流衰减时间较长,负荷开关无法及时断开故障电流,故发电机出口装设断路器。发电机出口断路器被装在发电机与主升压变压器之间的母线上,其主要作用为:将发电机与电网并列、解列,在故障情况下,开断短路电流以保护发电机、变压器。

发电机出口断路器主要特性:

额定最大电压:24 kV

正常频率: 50 Hz

正常工作电流:24 kA

额定短路电流:150 kA

关合电流: 405 kA

正常工作压力:3.42 MPa

9.6.2.4 同期装置

发电机与电力系统之间联合起来并列运行,能提高供电可靠性、供电质量和使负荷分配更合理,有利于电力系统经济运行。发电机与电力系统之间的并列是借助同期装置实现的,发电机与电网并列必须满足三个条件:电压相等、相位相同、频率相同。发电机利用出口断路器与系统并列,采用自动准同期和手动准同期两种方式。准同期方式就是发电机在并列前已励磁,然后在电压、频率、相位相同(相序安装前调好)的条件下,将断路器合闸。自动并网系统能监测发电机和超高压电网电压幅值和频率,当两者相容时,自动准同期装置或手动同期装置发出合闸信号,使发电机实现同步并网。自动同期装置能同时控制发电机的电压幅值和频率并使其和超高压电网相容。可以通过以下方式实现机组的同步并网:发电机断路器处于断开状态,由自动同期装置合上断路器实现同步并网。在控制台上装有发电机断路器手动同期装置,可实现手动同步并网。同期装置可对发电机与电网的电压、幅值、频率和相位进行比较，并可根据两者频率的差值随时调整发电机断路器动作的时间超前量，以保证在发电机与电网电压相位差值接近 0 时，发电机断路器动作。如果发生下述情况之一则同步器被切除：

(1) 断路器闭合(并网成功)；

(2) 在规定的时间里并网未成功；

(3) 在同期装置发出“同步完成”信号一定时间内，断路器未能闭合；

(4) 汽轮机紧急停机。

9.6.3　发电机中性点接地系统

发电机中性点采用变压器接地方式，在变压器经二次侧接一个大电流低阻值电阻器，将接地故障电流在正常相电压下限制在一定值内。为使发电机断路器未合上时对 20 kV 母线进行接地保护，在主变压器的低压侧中性点也装有接地装置。当发电机出口断路器合上时发电机定子接地保护(95%、100%定子接地保护)起作用，当发电机出口断路器断开时主变的低压侧中性点接地保护装置起作用。

9.6.4　系统运行

(1) 正常运行时，发电机断路器是闭合的，发电机满功率通过分相隔离母线和发电机断路器输给主变压器和降压变压器。

(2) 特殊稳态运行

在网控的 500 kV 超高压断路器断开时，发电机通过发电机出口断路器仍能保证厂用负荷运行，即维持通常所说的“孤岛”运行方式。

9.7　主开关站——超高压配电装置(GEW)

9.7.1　概述

GEW 系统连接核电站至华东电网。它是设在主开关站建筑物内的一个 500 kV 变电站。附设的保护装置保证设备的隔离与系统的安全运行(见图 9-7-1)。

9.7.2　功能

主开关站——超高压配电装置主要功用是把两台机组发出的电力输送给电网，在机组停机或启动时，将外电网电力供向电站厂用设备。

9.7.3　结构及说明

9.7.3.1　变电站组成

从两机组来的气体绝缘导体进线容量为 687.5 MVA(550 kV×1 250 A)。配有电流互感器、电压互感器和避雷器。一条容量为 1 100 MVA(550 kV×2 000 A)的架空出线连接乔司变电站。配有电流互感器和避雷器。

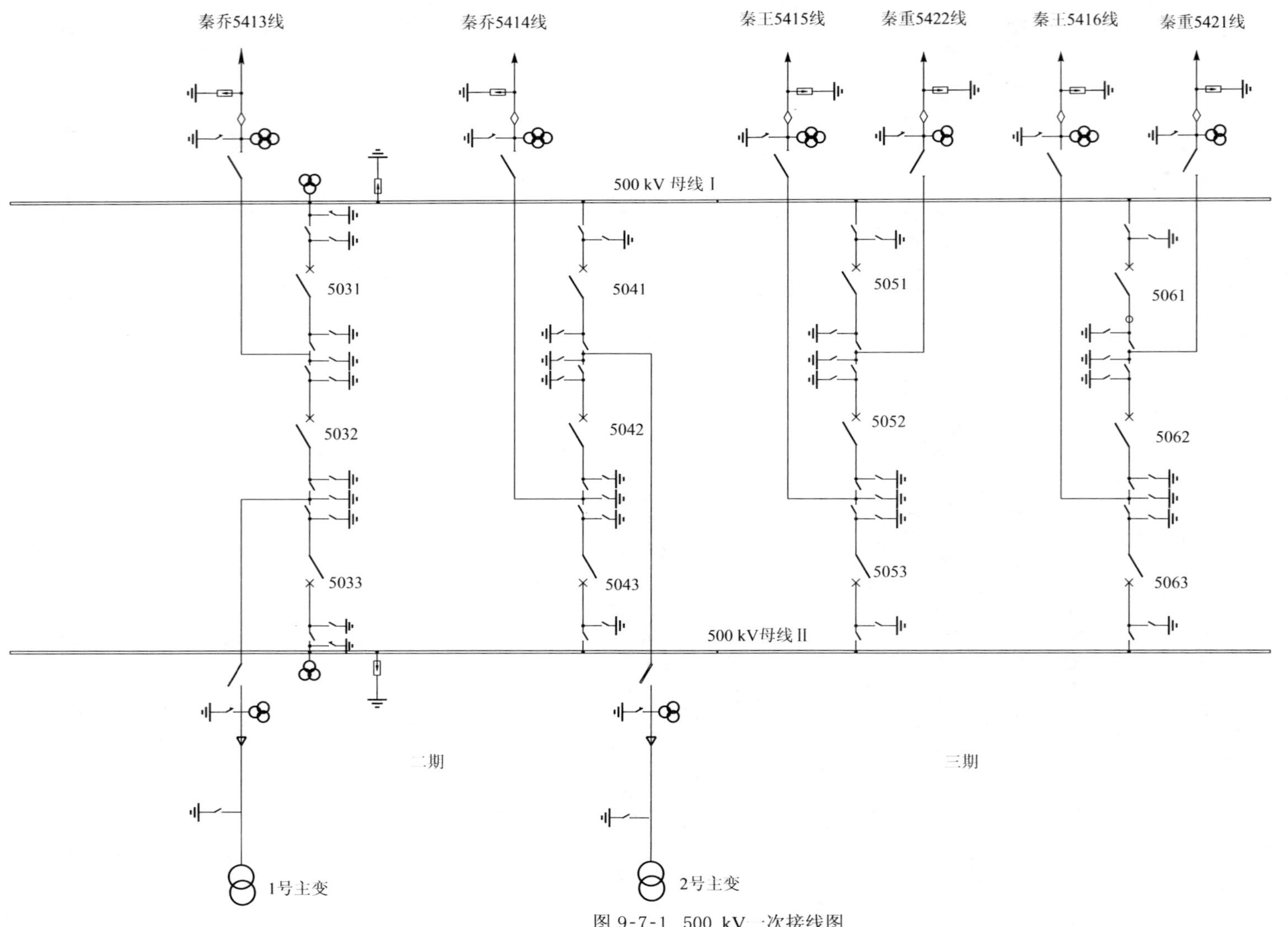

图 9-7-1 500 kV 一次接线图

9.7.3.2 “一个半断路器”接线系统

超高压配电装置所谓的“一个半断路器”接线系统，由断路器、接地开关、隔离刀闸、母线、电流互感器、避雷器等组成。两条金属封闭型 SF_6 气体绝缘的母线之间接三组断路器、隔离开关和接地开关组。每组包括一只断路器、两只隔离刀闸和两只接地开关。三组形成的两个接点与进/出线构成两个 T 接，平均每条进/出线对应一个半断路器，故称为一个半断路器接线。一个半断路器接线具有运行方便灵活、操作简便、便于维修、可靠性高等优点，所以这种接线方法广泛用于大容量、超高压配电装置。与分段隔离母线一样，断路器、隔离开关、接地开关及其连接也是金属封闭分段隔离的，也充以绝缘和灭弧两用的 SF_6 气体。

（1）母线

母线芯线和板条由铝制成，可以吸收由温度引起的伸缩。母线分成若干密封段，目的是减少电弧引起的后果，限制每段气体体积，便于维修。单段母线不能使用时，不影响变电站的运行。

（2）断路器

断路器是 50－SFMT－50B 型的，由日本三菱制造。断路器是吹气式的，其特点是当触头动作瞬间，SF_6受压缩喷出将电弧吹灭，其动力部分由驱动杆和蓄能器组成。断路器有两个跳闸线圈，每个跳闸线圈由一个独立的保护装置使其动作。保护装置可使断路器在单相接地故障时单相跳闸，相间故障时三相跳闸。断路器有三相重合闸装置，但目前采用的是单跳单重，三相全跳不启动重合。

（3）隔离刀闸和接地刀闸

母线隔离刀闸、线路隔离刀闸由气动操作，快速接地刀闸由气动操作，但也可手动操作，一般接地刀闸由手动操作。就地装有开/合指示器。相关的刀闸设有机械连锁和电气联锁。联锁装置用于：避免在母线分段通电状况下，操作任何隔离刀闸，避免在接地刀闸闭合状况下，合上隔离刀闸，避免在相关的隔离刀闸闭合状况下，合上接地刀闸。使用挂锁可以把接地刀闸锁在打开或闭合位置，母线或线路隔离刀闸可以锁在打开位置或闭合位置。

（4）绝缘气体

SF_6 气体是良好的绝缘和灭弧介质。母线隔室以及其他隔室中均充以 SF_6，每个分段隔室都有阀门用以充排 SF_6。充气压力值（20 ℃环境温度下）：断路器隔室为 0.5 MPa（表压），其他隔室为 0.4 MPa（表压）。低压报警压力值（20 ℃环境温度下）：断路器隔室为 0.45 MPa（表压），其他隔室为 0.35 MPa（表压）。出现这个警报表明该隔室需要再充气。当断路器隔室压力降低至 0.40 MPa（表压）以下时，闭锁断路器动作。

（5）压缩空气供应系统

压缩空气供应系统有两列，每列由一台空气压缩机、一个空气贮存罐、一个减压装置和相应的管道、阀门及仪表等组成。空压机的运行是由压力开关自动控制的。断路器、隔离刀闸和快速接地刀闸的操作压力（20 ℃）正常为 1.5 MPa（表压），低于 1.25 MPa（表压）时发出报警，低于 1.2 MPa（表压）时闭锁动作。

9.7.4 系统运行

9.7.4.1 正常运行

正常运行时,机组发出的功率为 65 万 kW,运行 T 接的两台断路器都是闭合的,相应的隔离开关也是闭合的。

9.7.4.2 特殊稳态运行

特殊稳态运行包括母线在线维修的运行、断路器在线维修的运行、控制电源带故障的运行。这些特殊稳态运行不影响出力,但使操作变得复杂。

9.7.5 控制及保护

开关站控制盘设置在 TC 楼开关站控制室(SCR),通过模拟盘可对整个开关站进行控制,并能给出信号。

9.8 发电机和输电保护系统(GPA)

9.8.1 系统功能

设置发电机和输电保护系统(GPA)的目的是一旦在该系统保护范围内发生电气或机械故障时,对本系统的主设备提供保护,以最短的时间消除故障,或把故障的部分从整个系统中隔离开来,使损害减至最小,以确保电厂和电力系统的安全运行。

系统实施保护的方法是:关闭汽轮机进汽阀,使 500 kV 超高压断路器跳闸,使发电机出口断路器跳闸,灭磁和触发 LGA/ LGB/LGC/ LGD 的慢速切换等。

系统对下列内部设备实施保护:发电机定子和转子、母线、主变压器(GEV001TP)及高压厂用变压器(GEV100TS 和 GEV200TS),并对下列外部故障实施保护:异步运行、负荷不平衡、逆功率等。

9.8.2 设计准则

发电机组的保护遵守单一故障准则:保护器件或系统任何一单一故障不影响跳闸,这是通过冗余技术保证的。下列执行机构的控制是冗余的:汽轮机进汽阀,灭磁设备,发电机出口断路器,超高压断路器。具体实施办法是设置两套独立的保护通道(通道 1 和通道 2),采用高度可靠的继电器,继电器触点配置到由独立电源供电的完全独立的两套跳闸系统,与跳闸系统有关的设备尽可能实现实体隔离且电缆也采用不同走向。

9.8.3 系统描述

9.8.3.1 保护通道及保护项目

QNPS 采用许昌继电器厂的 WFB—100 微机型发变组成套保护装置。

发电机保护分 A 柜和 B 柜(通道 1 和通道 2)。

表 9-8-1 列出发电机每个保护通道所包括的保护项目。

表 9-8-1　发电机保护通道

项　目	通　道　1	通　道　2
1	失磁保护一	失磁保护二
2	发电机低频保护一	发电机低频保护二
3	发电机逆功率保护一	发电机逆功率保护二
4	发电机定子匝间保护一	发电机定子匝间保护二
5	发电机过励保护	发电机过电压保护
6	失步保护一	失步保护二
7	发电机过频保护一	发电机过频保护二
8	发电机对称过负荷保护一	发电机对称过负荷保护二
9	发电机不对称过负荷保护一	发电机不对称过负荷保护二
10	误上电保护一	误上电保护二
11	正向低功率保护一	正向低功率保护二
12	发电机差动保护一	发电机差动保护二
13	100%定子接地保护	95%定子接地保护
14	发电机定子断水保护	——
15	发电机断路器非全相保护一	发电机断路器非全相保护二
16	汽轮机联跳一	汽轮机联跳二
17	41E 灭磁开关跳闸	——

另外，对发电机系统而言，还设有故障录波及频率监测装置。

主变压器的保护配置也分成 A 柜和 B 柜(通道 1 和通道 2)。

表 9-8-2 列出主变压器每个保护通道所包括的保护项目。

表 9-8-2　主变压器保护通道

项　目	通　道　1	通　道　2
1	主变压器差动保护一	主变压器差动保护二
2	变压器过励磁保护一	变压器过励磁保护二
3	低阻抗保护一	低阻抗保护二
4	主变压器高压侧分相差动保护	主变压器高压侧零序过电流保护
5	主变压器低压侧接地保护	—
6	主变压器瓦斯保护	主变压器重瓦斯保护
7	主变压器压力释放保护一①	主变压器压力释放保护二①
8	主变压器线圈温度高保护	——
9	主变压器冷却器全停保护	——
10	——	主变压器油温高保护(仅发报警)
11	——	主变压器油位低保护(仅发报警)
12	——	500 kVⅡ(I)母线断路器失灵保护
13	——	500 kV 中间断路器失灵保护
14	500 kV 断路器闪络保护	——
15	——	主变压器油气套管压力保护(仅发报警)

注：① 该保护曾经出现过误动事件，可靠性较差，目前已退出运行。

另外,对主变压器而言,还设有故障录波及电流匹配器等装置。

高压厂用变压器的保护配置如下:

差动保护(高压侧和两个低压分支间的差动);

对高压厂用变压器本身而言,还设有瓦斯保护、有载调压开关瓦斯保护、油温高、油位指示、压力释放。

对6 kV配电盘LGC/LGD还设有进线侧低电压保护和进线侧低频率保护。

9.8.3.2 跳闸方式及配置的相应保护

GPA系统保护动作后,分六种跳闸方式,这六种跳闸方式的对象及所涉及的保护也各不相同,现分述如下:

(1) 跳闸方式一:该跳闸方式的对象是全停,并启动失灵保护。对1号机具体来说,实现跳闸方式一的保护有:主变压器差动保护,主变压器低阻抗保护(延时 T_2),主变压器高压侧分相差动保护,主变压器高压侧零序过电流保护(延时 T_2),GEV100TS/200TS速断保护,GEV100TS/200TS过流保护一和过流保护二,GEV100TS/200TS差动保护。这些保护使500 kV断路器CB32/CB33跳闸,6 kV LGA/ LGB/ LGC/ LGD100JA启动到辅变的慢切换,汽轮机进汽阀门关闭,发电机灭磁开关动作,发电机出口断路器跳闸,闭锁500 kV断路器CB32/CB33重合闸,并启动500 kV断路器失灵保护,同时,触发故障录波器(FR)及事件顺序记录装置(SOE)开始工作。

(2) 跳闸方式二:该跳闸方式的对象也是全停,但与跳闸方式一相比较它不启动500 kV断路器失灵保护。实现跳闸方式二的保护有:GEV100TS/200TS重瓦斯保护、GEV100TS/200TS有载调压开关瓦斯保护、主变压器冷却器全停、主变压器重瓦斯保护、主变压器线圈温度高等。

(3) 跳闸方式三:该跳闸方式的对象是跳发电机。对1号机具体来说,该跳闸保护会触发下列动作:汽轮机进汽阀门关闭,发电机灭磁开关动作,发电机出口断路器等全部跳闸,触发故障录波器(FR)及事件顺序记录装置(SOE)开始工作。如果发电机出口断路器因机械或电气故障没有跳开,则经时间 T 延时后跳开500 kV断路器CB32/CB33,6 kV LGA/LGB/LGC/ LGD100JA启动到辅变的慢切换,并启动500 kV断路器失灵保护,同时闭锁500 kV断路器CB32/CB33重合闸。

实现跳闸方式三的保护有:发电机差动保护,发电机定子100%接地保护,发电机过励磁保护,发电机不对称过负荷保护,发电机对称过负荷保护,发电机断路器非全相保护,发电机定子断水保护,发电机定子匝间保护,发电机41E灭磁开关跳闸,误上电保护,6 kV LGC/ LGD进线侧电压低(延时 T_2),6 kV LGC/LGD进线侧频率低(延迟 T_2),发电机逆功率保护,正向低功率保护,汽轮机联跳,发电机定子95%接地保护,发电机过电压保护等。

(4) 跳闸方式四:该跳闸方式的对象是跳500 kV断路器。对1号机具体来讲,跳500 kV断路器CB32/CB33,闭锁500 kV断路器CB32/CB33重合闸,并启动500 kV断路器失灵保护。同时触发故障录波器(FR)及事件顺序记录装置(SOE)开始工作。还应促使汽轮机减出力及棒控系统(RGL)动作开始插棒。

实现跳闸方式四的保护有:发电机失步保护,冷却剂泵(RCP001/002PO)转速低,6 kV LGC/LGD进线侧电压低(延时 T_1),6 kV LGC/ LGD进线侧频率低(延时 T_1),发电机过频,主变压器低阻抗保护(延时 T_1),主变压器低压侧接地保护,主变压器过励磁保护,主变压器高压侧零序过电流保护(延时 T_1)等。

(5) 跳闸方式五:该跳闸方式的对象是汽机跳闸。即:使汽轮机进汽阀门关闭,再经正向低功率继电器闭锁实现汽轮机联跳——使发电机跳闸。如果发电机出口断路器因机械或电气故障而没有跳开,则经一定延时跳开 500 kV 超高压断路器。并触发故障录波器(FR)及事件顺序记录装置(SOE)开始工作。

实现跳闸方式五的保护有:发电机失磁保护,发电机低频率累加保护(发电机低电压作为闭锁条件)(低电压作为闭锁)。

(6) 跳闸方式六:当 500 kV 断路器断口发生闪络时,该跳闸方式的对象是跳汽机进汽阀门,发电机灭磁开关,发电机出口断路器等。

实现跳闸方式六的保护仅有:当 500 kV 断路器 CB32、CB33 断开时(对 1 号机而言)发生这两个断路器断口的闪络。

9.8.4 保护项目说明

(1) 失磁保护

发电机励磁系统故障会使发电机失去同步并成为异步电动机运行,从系统获得励磁。此时滑差频率电流在转子回路和转子体表面流动,致使定子和转子回路过热。此外,在失去同步工况下,发电机和高压厂用变压器的电压将明显降低。

失磁保护由机端阻抗测量继电器提供,该继电器监测正常负荷工况下与在全部或部分失去励磁情况下的阻抗变化,并延时动作,以避免在正常允许瞬态和系统振荡工况期间跳闸。

(2) 发电机低频累加保护

这个保护的保护目标主要是汽轮机,它们在频率偏差超出允许范围时动作。低频累加保护分为四级($F_1<48.5$ Hz,计时 1 800 s;$F_2<48$ Hz,计时 360 s;$F_3<47.5$ Hz,计时 60 s;$F_4<47$ Hz,计时 10 s),每级定值不同,当在每级运行后时间累积到定值时,保护动作,跳开发电机,汽轮机跳闸,经正向低功率联锁跳开发电机。

(3) 发电机逆功率保护

逆功率保护的作用是防止由于机组故障使发电机由系统吸取功率而变为电动机运行造成的机械损伤。采用一只灵敏度为 0.5%额定功率的功率方向继电器来探测由于“电动机运行”而引起的功率反向。

(4) 正向低功率联锁保护

正向低功率联锁保护的作用是防止汽轮机超速。采用功率灵敏继电器,0.5%额定功率时动作,该保护允许探测到的故障暂时存在,直到汽轮发电机组的贮能已经大部分耗散后再实施跳闸,以免汽轮机超速。逆功率保护和汽轮机联跳都是通过正向低功率联锁继电器来实现的。

(5) 接地保护

接地保护共设多项,包括发电机定子接地故障保护,主变压器低压侧接地故障保护等。作用是防止被保护设备由于接地故障而受到损坏。例如,发电机定子接地保护的作用是保护发电机不因定子绕组单相接地故障而损坏。定子接地故障保护共设两项:95%定子接地保护和 100%定子接地保护。前者是采用监测故障点对地的电容性故障电流的方法来实施的,只能保护定子绕组的 95%,不能发现靠近中性点的接地故障,后者除了包括前者的保护单元外,还包括电信号注入单元,用注入电流法和换相工作原理将故障电流与注入电流分离的方法来发现包括中性点的接地故障。

(6) 差动保护(纵联差动保护)

包括:发电机、变压器、高压厂用变压器 A/B 的纵联差动保护。在上述设备发生相间和单相接地故障时对设备提供保护。纵联差动保护是比较被保护元件各端对应相电流的幅值和相位的原理构成的,差动继电器具有比率制动特性和二次谐波制动特性。比率制动用以防止外部故障时引起继电器误动;二次谐波制动用于防止变压器空载合闸时的励磁涌流引起的误动。

(7) 过流保护

共设三项过流保护:主变压器高压侧零序过流保护,高压厂用变压器 A/B 高压侧过流保护,高压厂用变压器 A/B 低压分支过流保护。

差动保护范围外发生故障,而故障设备的保护拒动时,就会产生过流,所以,发电机和变压器均装有反应外部故障的过流保护。高压厂用变压器 A/B 高压侧的过流保护既作为高压厂用变压器 A/B 的主保护,同时也作为发电机和主变压器的后备保护,它的动作使发电机出口断路器和超高压断路器跳闸。高压厂用变压器 A/B 低压分支的过流保护用于跳开 6 kV 母线进线开关。

(8) 变压器瓦斯保护

当变压器内部故障时,短路电流所产生的电弧将使变压器油分解产生大量气体,该保护利用气体压力使装在油枕和油箱之间的瓦斯继电器挡板变形而动作,是变压器内部故障的主保护。瓦斯保护分为重瓦斯和轻瓦斯,轻瓦斯保护动作于发信号,重瓦斯保护动作于跳闸。

(9) 过励磁保护

在电压升高或频率降低的情况下,电压和频率的比值$\frac{U/U_n}{f/f_n}$增大,磁通密度 B 也增大,励磁电流也随之增大。当铁芯在饱和状态时,励磁电流急剧增大,增大交流损耗使铁芯温度上升,出现过热的危险。若持续时间过长,将使绝缘老化,寿命降低,甚至损坏。因此过励磁保护用来保护发电机或变压器因磁通密度过大而出现的过热危险。

(10) 6 kV 配电盘 LGC/ LGD 进线侧低电压保护与低频率保护

分为二段:如果发电机或系统故障造成 LGC/ LGD 电压下降,当下降到 80%额定电压时,低电压继电器动作,经 T_1 延时后,首先跳开高压开关。如果是系统故障,由于故障点已隔离(通过跳高压开关),发电机电压恢复正常,低电压继电器返回,发电机带厂用负荷运行,如果高压开关跳开后,故障仍未消除,低电压继电器仍在动作状态,经过 T_2 延时后,跳汽轮机,励磁开关和发电机出口断路器,使 LGC/ LGD 母线完全失去电源,通过常规岛共用控制机柜(KCO 006AR / KCO 007AR)将厂用电切换到由辅助变压器(9LGR)供电,保证应急厂用负荷正常供电。

6 kV 配电盘 LGC/ LGD 进线侧低频率保护也分为两段,保护动作的过程和顺序同低电压保护,只是低频率的定值及延时时间 T_1 与 T_2 与低电压保护有所不同。

(11) 主变压器低阻抗保护

当主变压器绕组发生短路时，测量元件所测得的阻抗小于主变压器的原有总阻抗，这时启动阻抗继电器，经时间 T_1 后跳开 500 kV 断路器，如果此时故障依然存在，经 T_2 延时启动全停。

(12) 发电机定子断水保护

汽轮发电机的定子绕组采用水内冷，通过定子冷却水系统(GST)提供合格水质的冷却水，克服水在空心导线内循环流动的阻力，将线圈的热量扩散到发电机之外，保持发电机在满负荷运行时的正常温升值，当出现供水量不足或断水故障时，通过可靠的检测环节和完善的保护措施，经过 T 延时后，跳开发电机出口断路器，并使汽轮机和灭磁开关跳闸。

(13) 发电机对称过负荷

当发电机三相对称运行时，由于负荷超过发电机额定容量而引起发电机三相对称过负荷，对不同容量的发电机而言，有不同的过负荷限值。当发生对称过负荷时，一方面采用定时限特性发报警信号，另一方面采用反时限特性作用于跳发电机。即过负荷电流越大，跳开发电机所用的时间越短，过负荷电流越小，跳开发电机所用的时间越长。由外部不对称短路或不对称负荷(如单相负荷，非全相运行等)而引起的发电机不对称过负荷时，其报警和跳发电机的情况同对称过负荷。

9.8.5　系统运行

9.8.5.1　正常运行

发电机和变压器端子处的正常运行参数为：

(1) 电压：95% ~ 105%；

(2) 频率：97% ~ 101%；

(3) 发电机满负荷电流不超过 24 kA。

发电机满功率时，主变压器的负荷是 750 MVA，常规岛高压厂用变压器的两个低压绕组负荷均为 21 MVA；核岛高压厂用变压器的两个低压绕组负荷均为 25 MVA。

9.8.5.2　特殊瞬态运行

当电压频率超出上述正常范围，则有两方面的限制：运行时间上的限制(限制每次瞬态时间和整个寿期发生瞬态的累积时间)和电压与频率比值的限制($\frac{U/U_n}{f/f_n} \leqslant 1.13$)。

9.9　厂内外电源系统

9.9.1　系统功能

(1) 在机组正常运行时，由发电机组通过主变压器向超高压电网输送电力，并通过降压变压器向厂内用电设备供电。

(2) 在机组启动和停运时，由超高压电网向厂内用电设备供电。

(3) 在发电机出口母线失压，超高压电网向厂内供电失败，或厂用降压变压器故障时，由 220 kV 后备电源经辅变向厂内用电设备供电。

在外电源全部断电,由应急柴油发电机组向厂内应急设备供电。

9.9.2 厂外电源

秦山二期连接两路厂外电网,即对每一机组均有两路厂外电源。

(1) 500 kV 电力输电线,来自华东电网的乔司 500 kV 变电站,两路进线与秦山二期的两台机组的出线在 500 kV GIS 开关站相连,主接线为 3/2 断路器接线方式。秦山二期的 500 kV 开关站共有 4 串,12 个断路器,其中两串供二期使用,两串供三期使用,另外有两串为扩建机组预留。

500 kV 电网保证 1 号机组、2 号机组的发电机输出电能,并保证 1 号机组和 2 号机组正常启动和停止时厂用电设备的供电。

(2) 220 kV 后备电源,由华东电网的双山变电站引入。在 500 kV 电力输电线故障时,为停堆向厂内常备和应急厂用电设备供电,它能在短时内投入。

9.9.3 厂内配电系统

9.9.3.1 厂用电设备和分类:

机组的厂用设备一般分为以下几类:

(1) 单元厂用设备:为电站单元机组正常运行所需要的设备,这些厂用电设备分别由 LGA、LGB、LGC、LGD 配电装置供电。

(2) 常备厂用设备:当单元机组停堆时仍需运行的设备,这些厂用电设备分别由 LGA、LGB、LGC、LGD 配电装置供电。

(3) 两个单元共用的设备:在一个单元停堆时仍需运行的设备,这些厂用电设备由 9LGIA 和 9LGIB 配电装置供电。

(4) 应急厂用设备:这些厂用设备是核安全和电厂主要设备的保护所必需的,正常情况下,应急厂用设备由 LGC、LGD 分别通过 LHA、LHB 供电。

9.9.3.2 电气系统的标志

每个配电盘均用四个符号加以标志,其中第一个为数字码,后三个为英文字母。如 1LGA。

第一个数字码表示:1 为 1 号机组,2 为 2 号机组,0 为全厂共用,9 为两机组共用。

第二个符号 L 表示:厂内电气系统。

第三个符号 G 表示:电压及电流类别。

第四个符号 A 表示:配电盘序号。

电压及电流类别有以下几种:

A=220 V 直流电源

B=110 V 直流控制电源

C=48 V 直流监测和控制电源

D=24 V 仪表电源

G=6.0 kV 交流正常电源

H=6.0 kV 交流应急电源

K＝380 V交流正常电源

L＝380 V交流应急电源

M＝220 V交流正常电源

N＝220 V交流不间断电源

因此，上述的1LGA即为1号机组厂用电气系统6.0 kV正常动力电源配电盘A。

另外，二期厂内还有一些比较特别的配电系统，并没有遵循标准的标志方法，它们是：ACW/ACY一化水380 V电源1、2段，ADS901AR-380 V分配电盘，还有DN＃为厂房正常照明系统，DS＃为厂房应急照明系统。

9.9.3.3 厂内电源

在机组正常运行条件下，厂用电设备配电系统由机组的20 kV母线经过高压厂用变压器供电。

20 kV母线在机组运行时由主发电机供电，当发电机停机时则由500 kV超高压电网经过开关站及主变压器向厂内系统供电。

如果20 kV母线失电或高压厂变故障，则由220 kV电网经过辅助变压器向常备、应急和共用设备供电。

如果主电网和辅助电网均失电时，则由柴油发电机向应急设备供电。

(1) 6.0 kV交流电源

中压电网向额定功率大于200 kW的电动机及变压器供电，网路包括下述配电盘：

1) LGA、LGB配电盘

LGA接到常规岛高压厂变(GEV100TS)的一个次级绕组上，LGB接到常规岛高压厂变的另一个次级绕组上，LGA和LGB还分别接到220 kV辅助电源系统的两条中压母线上9LGR001TB和9LGR002TB，LGA/B向常规岛设备供电。负荷中，额定功率大于1 000 kW的电动机通过真空断路器供电，额定功率不大于1 000 kW的电动机及额定功率小于1 000 kVA的变压器通过带熔断器的接触器供电。按机组的不同运行方式，LGA/B可由常规岛高压厂用变压器或厂外220 kV备用变压器供电。LGA/B向常规岛设备提供动力电源。

在正常运行时，LGA/B电源是由20 kV母线经常规岛高压厂变供给的。当单元机组正常运行时，20 kV母线由发电机供电；当单元机组停堆时，20 kV母线是500 kV电网通过主变压器供电，当20 kV母线失电或故障时，LGA/B母线的电源将自动慢切换到电厂外备用电源变压器供电。在此切换过程中，当厂用工作电源进线开关分断时，联锁跳开除常规岛闭式冷却水泵(SRI)外的所有电机。在厂用工作电源进线开关100JA分断与厂外备用电源进线开关200JA合闸之间大约有1.5 s的间隔，以使母线上所接的电动机的剩磁衰减，从而防止非同期冲击对电动机的损害。

2) LGC、LGD配电盘

LGC接到核岛高压厂变(GEV200TS)的一个次级绕组，LGD接到核岛高压厂变的另一个次级绕组。LGC和LGD还分别接到220 kV辅助电源系统的两条中压母线上9LGR001TB和9LGR002TB上。LGC、LGD向主泵等所有的核岛厂用设备及9LGIA/B供电。按机组的不同运行方式，可由核岛高压厂变或厂外220 kV备用变压器为LGC、LGD供电。运行方式同LGA/B。

3) 9LGIA、9LGIB 两机组共用设备配电盘

9LGIA 由 1LGD 或 2LGC 供电，9LGIB 由 1LGC 或 2LGD 供电，但不允许由 1 号机组和 2 号机组的两路电源同时对一条 9LGI 母线供电，设计上通过设置联锁钥匙来实现。正常运行时，由 1 号机组向其供电，当 1 号机组电源丧失后需要人为进行电源切换。9LGIA/B 向运行所必需的所有共用设备(如除盐水生产系统、压缩空气生产系统)供电。

4) LHA、LHB 应急用电设备配电盘

这两个配电盘分为 2 列，LHA 为 A 列，LHB 为 B 列。正常运行时，系列 A 配电盘由 LGC 供电，而系列 B 由 LGD 供电，当正常电源失电时，每个系列配电盘由各自的柴油发电机供电。

柴油发电机是厂内独立的自动启动应急交流电源，它对安全有关的负荷提供可靠和足够的电力，当正常电源和后备电源失效时，这个系统能保证电站安全停运。

每个系列由一台柴油发电机供电。每台柴油发电机的燃油贮存量按 7 天额定功率运行设计，压缩空气启动系统的空气备用量按 5 次启动设计。柴油发电机组能在接到启动信号后 10 s 内上升到额定转速和额定电压。空气存罐的压力范围足够保证 5 次相继启动而不需补充。除自动启动外，还可以由控制室手动启动柴油发电机。

在电站正常运行期间，每组应急配电装置是由其相应的正常厂用配电盘供电。当外部电源失效时，每组应急厂用配电装置由其相应的柴油发电机组供电。在应急母线上探测到低电压(持续时间 0.9 s)是启动柴油发电机的条件之一。一旦柴油发电机处于准备好状态(即电压和频率在限值范围内)，而且低电压持续时间长于 7 s，则正常电源断路器 001JA 跳闸，卸载选定的专设安全厂用设备，经过 001JA 与 002JA 之间的联锁延时 1.5 s 后，应急电源断路器闭合，被切除的厂用电设备又按设计的带载程序重新启动。在柴油发电机组已处于准备好的状态情况下，例如该机组正在试验，则切换时间小于 10 s，即小于一般切换时间。在柴油发电机没有启动或不可能处于准备好状态的情况下，例如该机组正由于检修而停机，则应急厂用配电装置的正常电源断路器 001JA 将仍保持闭合，且应急厂用配电装置不带电。从正常电源向应急电源的切换可以从控制室或从应急停堆盘手动进行。

1 号、2 号机组以及扩建的 3 号、4 号机组除了每台机组设置了两台柴油发电机之外，还设置了一台共用的现场附加应急柴油发电机组，现场附加应急柴油发电机组正常运行时处于备用状态，一旦某台机组发生全厂失电事故，现场附加柴油发电机组通过 0LHT 系统向事故机组的 LHA 或 LHB 母线供电(一般向 LHA 供电)。现场附加应急柴油发电机组是按“全替代”的原则设计的，即它的设计安全准则是与其余 8 台应急柴油发电机是一样的，因此在一台机组的应急柴油发电机因故障退了运行时间预计要超过技术规范规定的期限时，可以通过 0LHT 系统由现场附加应急柴油发电机进行替代。同样由于现场附加应急柴油发电机是“全替代”型的，因此可以在正常运行时将其中一台应急柴油发电机退出运行预防性检修，而用现场附加应急柴油机进行替代，这样可以减少大修期间的工作量，缩短大修时间，减少 I0 时间。

(2) 380 V 交流电源

由 6 kV 正常厂用配电系统向 380 V 正常厂用配电装置母线供电。每组 LK * 配电装置由一台额定容量为 800 kVA(或 630 kVA)的三相 6.3/0.4 kV 干式变压器供电，干式变压器安装在柜子里，与相应的配电装置并列布置。

380 V 配电装置分为常规岛、核岛及两机组公用部分，常规岛部分有：LKP/F/Q 由 LGA 供电，LKR/T/U 由 LGB 供电，其中 ACW、ACY(化水段)为 LKQ、LKT 的分配电盘。0LKR100TR(网控楼 1 号低压厂用变压器)由 1LGA 供电，0LKR200TR(网控楼 2 号低压厂用变压器)由 2LGA 供电。以上 380 V 配电装置向常规岛负荷供电。

核岛 380 V 正常交流配电系统由 LKA/B/C/D/E/J 等组成，由 LGC/D 供电，其中 LKL 从 LKD 引出，ADS901AR 从 LKE 引出，为其分配电盘，以上 380 V 配电装置向核岛负荷供电。

9LKI/P 等由 9LGIA/B 供电，它的作用是向两机组共用设备供电。

LLP 是常规岛应急分配电盘，给一些重要用户供电，如顶轴油泵盘车装置、空氢侧密封交流油泵等。用于汽轮机的安全停运，备用照明，某些负载失效时的备用电源。LLP 有两路进线供电，在由 LKR 供电时，LKR 失压后自动切换到核岛应急 380 V 母线 LLE 供电。目前为提高系统供电可靠性，正常运行时 LLP 母线由 LKR 供电。

核岛 380 V 交流应急配电系统分为 A、B 两列，A 列包括：LLA/C/E/I/N 等，由 LHA 供电，B 列包括 LLB/D/J/O 等，由 LHB 供电，以上配给应急厂用设备及安全相关设备供电设备，其中，LLG 是 LLI 的分配电盘，LLW 是 LLJ 的分配电盘。给应急柴油机厂房内设备供电。

正常运行时 LK * 由相应的中压配电盘供电，分配电盘由相应的 LK * 供电，LK * 设有电压监测设备，失压时间大于 10 s 报警。

LL * 低压配电装置正常运行时由相应的 LH * 中压配电装置供电，每组 LL * 低压分配电装置由相应的 LL * 主低压配电装置供电。一旦失去外部电源，由相应的应急柴油发电机在约 10 s 内重新给 6 kV 应急配电装置供电，这时，给 LL * 供电的中压接触器仍处于闭合状态，低压配电装置母线上的电压与 6 kV 配电装置母线上的电压同时恢复。

(3) 220 V 交流电源

1) 220 V 交流不间断电源：

① 重要的 220 V 交流不间断电源和配电系统(LNA/B/C/D)

重要的 220 V 交流不间断电源在 380 V 低压配电网路处于任何情况下，都能向核工艺过程检测仪表及四个保护通道的逻辑单元提供稳定的和永久的电源。

共设置四组重要的 220 V 交流母线(LNA、LNB、LNC、LND)，每组母线可由逆变器或旁路单相变压器两个独立的电源供电。每个电源都能供应系统所要求总功率的 100%，这 8 个电源中 4 个是由蓄电池供电的逆变器，另外 4 个是由 380 V 应急网路供电的变压器。每个变压器作为与其相联的逆变器的后备电源。为了增加可靠性，变压器和逆变器的供电由不同的 380 V 应急母线供电。

在正常运行情况下，220 V 交流母线由逆变器供电。稳态运行时逆变器输出电压为 220 V(1±2%)，如果输出或输入电压的条件不满足或者逆变器损坏，则通过静态开关自动切换由与其相联的变压器供电。切换时负荷供电不中断。LNA 逆变器的功率为 5 kVA，其余逆变器均为 7.5 kVA。

② 永久的 220 V 交流不间断电源和配电系统(LNE)

向计算机系统、直流配电接地故障探测器、棒控系统、堆芯仪表系统、记录仪、辐射防护设备、化学分析系统等设备供电。

本系统产生和分配 220 V 单相交流不间断电源。LNE 系统由两台逆变器,一台静态切换开关,一组装有进、出线断路器及继电器的低压配电柜,一台安装在上述低压配电柜内的具有 48 V 直流输出的整流器组成。

永久 220 V 单相交流电源由两台并排装设的单相逆变器提供。两台逆变器由 LAA220V 直流电源系统供电。正常运行期间,全部负荷由一台逆变器供电,如果一台逆变器发生故障,则通过静态开关的自动切换由另一台逆变器供电,逆变器的类型同 LNA/B/C/D,逆变器负荷为 75 kVA。

2) 220 V 交流正常电源(LMA)

本系统产生 220 V 备用交流电源,并向核岛厂用设备配电, 这些厂用设备允许电网电压和频率的变化及由应急柴油发电机对负荷恢复供电所需的断开时间。

在正常运行状态下,LMA 配电柜由 LGC 开关柜经过 LHA、LLE 配电柜由一台干式变压器供电。在特殊稳态运行状态下,LMA 配电柜由 A 系列应急柴油发电机(LHP),经过 LHA、LLE 配电柜及变压器供电;特殊瞬态运行情况下,LMA 配电柜经 LGC 到 LHP 切换时,不切除任何负荷。

(4) 直流系统

直流系统向所有的控制和信号系统及通过直流/交流逆变器向不间断的 220 V 交流系统供电。

1) 蓄电池组

直流系统所用的蓄电池均为铅蓄电池,以浮充电方式运行,正常运行时由充电器带负荷并保证蓄电池处于充满状态,当充电器电源断电后,由蓄电池向负荷供电(见表 9-9-1)。

表 9-9-1 蓄电池组参数

系统	额定电压	浮充电压	蓄电池型号	蓄电池容量
LAA	220 V	232～240.8	GFD－2000	2 000 Ah
LAB	220 V	232～240.8		
LBA	110 V	116.1～120.4	GFD－800	800 Ah
LBB	110 V	116.1～120.4	GFD－420	420 Ah
LBC	110 V	116.1～120.4	GFD－300	300 Ah
LBD	110 V	116.1～120.4	GFD－300	300 Ah
LBE	110 V	116.1～120.4	GFD－300	300 Ah
LBF	110 V	116.1～120.4	GFD－300	300 Ah
LBJ	110 V	116.1～120.4	GFD－200	200 Ah
9LBG	110 V	116.1～120.4	GFD－600	600 Ah
LBP	110 V			600 Ah
LBR	110 V			
LBQ	110 V			
LCA	48 V	49.45～51.29	GFD－2000	2 000 Ah
LCB	48 V	49.45～51.29	GFD－800	800 Ah
LCC	48 V	49.45～51.29	GFD－200	200 Ah
9LCD	48 V	49.45～51.29	GFD－800	800 Ah
LDK	24 V			

2）充电器

充电器是一种将交流电变成直流电的整流装置，电厂中所有直流系统都需要使用充电器。本厂所用大容量充电器为强迫空气冷却，其内部的整流器为静态桥式整流，包含二级管和可控硅，功率半导体采用快速动作高分断能力的熔断器保护，充电器装有限流保护，防止过热及部件损坏。

每个充电器由三相 380 V 交流供电，都能承担正常的稳定负荷再加上浮充电电流以保持蓄电池电压。

一个蓄电池组与一个或两个充电器组构成各种电压等级的直流电源。

充电器禁止两台并列运行，否则，整流网路工作不稳定，可能损坏固态元件。同时禁止充电器不与蓄电池并列使用，以免纹波对负载产生不利影响(充电器的滤波不可能很彻底)。

3）220 V 直流电源配电系统

LAA 功能：向核岛 LNE 系统的两台逆变器供 220 V 直流电源。

LAB 功能：向常规岛 UPS(LNQ)、GGR 直流事故油泵、GHE 空侧密封直流油泵、GHE 氢侧密封直流油泵、APA 主给水泵直流油泵供电。

LKE、LLC 各通过一台充电器向 LAA 供电，LKF、LLP 各通过一台充电器向 LAB 供电。

以上系统包括两台充电器，一组蓄电池，一列直流配电柜。

设置两台充电器，正常只运行一台。当运行的一台充电器发生故障时，就地手动切换到另一台，两台充电器不并联运行。正常运行时，充电器向直流负荷供电，同时向蓄电池组浮充电，它应能够提供最大持续负荷电流，同时维持蓄电池端电压不变。充电器在与蓄电池并联状态下工作，一旦充电器或其交流电源故障，蓄电池组能够向本系统负荷供电至少 1 h。

4）110 V 直流电源和配电系统(LB＊)

110 V 直流电源和配电系统由 LBA/B/C/D/E/F/J/Q/R/M/N，9LBG 等配电装置组成：

LBA/B：向 6 kV 和 380 kV 交流配电柜、RAM、RPR、RCP 系统驱动装置供电。LBA 系统对应于 A 系列，LBB 系统对应于 B 系列。LKE，LLC 各通过一台充电器给 LBA 供电；LKD，LLB 各通过一台充电器给 LBB 供电。

在正常运行状态下，由应急厂用电系统的 380 V 交流电源上的充电器充电，另一台充电器和其 380 V 交流电源相连接并处于备用状态。当运行的充电器发生故障时，手动切换到另一台充电器运行。

LBC/D/E/F 向 LNI 系统的逆变器提供 110 V 直流电源。逆变器将 110 V 直流电逆变 220 V 交流电，配电给过程仪表系统的机柜 SIP 和核测仪表系统 RPN 的机柜，具体讲 LBC 供 LNA 系统配电柜，LBD 供给 LNB，LBE 供 LNC，LBF 供 LND。LBC 和 LBE 系统对应于 A 系列，而 LBD 和 LBF 系统对应于 B 系列。LLA 各通过两台充电器分别给 LBC、LBE 供电，LLB 通过两台充电器分别给 LBD、LBF 供电。

LBJ：向 LGC、LGD 上的进线断路器慢速切换电路及控制、保护、信号和报警提供 110 V 直流电源。LKE、LLA 分别通过两台充电器向 LBJ 供电。

两机组共用 110 V 直流电系统为 9LBG，由 9LKI 和 9LKP 各通过一台充电器给其供电。9LBG 向两单元机组共用的 6 kV 和 380 V 交流配电装置、9LNF 系统及 ADS 机柜供电。

常规岛 110 V 直流电系统，LBQ、LBR：LBQ、LBR 向 LGA/LGB/9LGR 上的控制、保

护、信号、报警提供 110 V 直流电源，并向发变组保护、故障滤波、AVR 等提供 110 V 直流电源。

LBQ 由 LKF、LLP 分别通过一个充电器供电，LBR 由来自 LKT、LLP 的两个充电器供电。

1/2LBQ 向辅助变压器及 LGA/B 跳闸回路供保护控制电源，以保证继电器保护电源双重化，即当其中一列故障或检修时，保护仍能由另一列供电，从而保证正常工作。

正常运行情况下 LBQ 由 LKF 供电，LBR 由 LKT 供电，而 LLP 通过一个充电器为 LBQ，LBR 备用供电。

网控两组 110 V 直流系统 0LBM/0LBN，用于 500 kVGIS 操作信号电源及线路保护，由 OLKR 两段 380 V 系统分别向网控楼一组、二组 110 V 直流系统充电器供电。

5) 48 V 直流电源和配电系统(LC＊)

本系统向下列用户提供 48 V 直流电源：各系统的过程控制、电动阀门及 380 V 交流配电盘柜、报警装置、直流仪表、其他用户。

每个机组的 48 V 直流系统由三个系列组成，即 LCA－A 系列、LCB－B 系列及 A 系列与 B 系列分隔的 LCC。冗余驱动器的继电器由 A 系列和 B 系列供电，非冗余的驱动器的继电器由 A 系列供电。LCC 的作用，当在 A、B 系列之间存在控制信号或数据交换时，本系列为这两个系列的过程控制提供去耦电源，以确保 A、B 系列之间无电联系，从而确保安全。同时 LCC 也给控制室模拟盘的指示灯供电。

两机组的共用 48VDC 直流 9LCD 主要给两机组共用设备的信号和控制回路供电。

由 LKE、LLC 分别通过一台充电器给 LCA 供电。

由 LKDL、LD 分别通过一台充电器给 LCB 供电。

由 LKE、LLC 分别通过一台充电器给 LCC 供电。

由 9LKP、9LKI 分别通过一台充电器给 9LCD 供电。

本系统包括：向充电器供电的 380 V 交流配电柜中的断路器、两台充电器、一组蓄电池、一列装有进出线断路器的直流配电柜。LCA/LCB 任一条母线失电均会导致反应堆停堆。

6) 24 V 直流电源和配电系统(0LDK)

0LDK 由 0LKV 和 0LKU 通过两个充电器以及一个蓄电池组供电，主要用于 0SDA003CR，向除盐水厂房内的仪表及电磁阀供电。

(5) 专用电源

1) 水压试验泵汽轮发电机组系统 LLS

LLS 汽轮机由来自蒸汽发生器的新蒸汽供汽。

在一个机组两列配电盘 LHA、LHB 都不能供电的情况下，LLS 系统能给水压试验泵 9RIS011PO 提供 380 V 应急电源。水压试验泵能确保给主泵 1 号密封的注入水流量，从而保证了反应堆冷却剂系统的完整性。LLS 系统还可以通过两个机组的共用机柜，给水压试验泵房的应急通风机供电，从而为水压试验泵房提供通风(当正常的 DVN 通风系统不能使用时)；并同时给 220 VAC 的 LNE360CR 供电(每机组一路)。这样，一旦在给应急设备馈电的蓄电池已经耗尽的情况下，它不仅给其他应急设备供电，还可以给机组运行所需的仪表供电。

2）控制棒驱动机构电源系统 RAM

RAM 系统用于确保对控制棒驱动机构供电，从而提高供电可靠性。

本系统由两台带有飞轮的电动机发电机组（MG 机组）、及电压调节器、停堆断路器屏、控制屏和一些必要的电缆连接件组成。两台 MG 机组分别通过 LKA、LKB 的两台接触器供电，发电机出口由一台断路器进行保护。

两台 MG 机组通常并列运行，其同步并列是由一台固态并车装置完成，正常运行通过三相同步电机带动飞轮及发电机，发电机出口供电给共用的 260VAC/150VAC 棒束控制线圈电路和 RGL 的控制逻辑电路。

在 RAM 的交流电源系统 LKA、LKB 失电情况下，RAM 发电机在飞轮的惯性作用下能在 1.2 s 时间内，保持对负荷的供电（频率＞44 Hz，电压＞234 V）；当失电时间＞1.2 s，则发电机出口断路器跳闸，反应堆控制棒线圈失电，反应堆紧急停堆。

9.9.4 系统运行

9.9.4.1 正常停堆和启动运行

1 号机组正常停堆和启动时的供电方式如图 9-9-1 所示，只有在两个厂外电源（500 kV 和 220 kV）都正常可用时才允许反应堆启动。

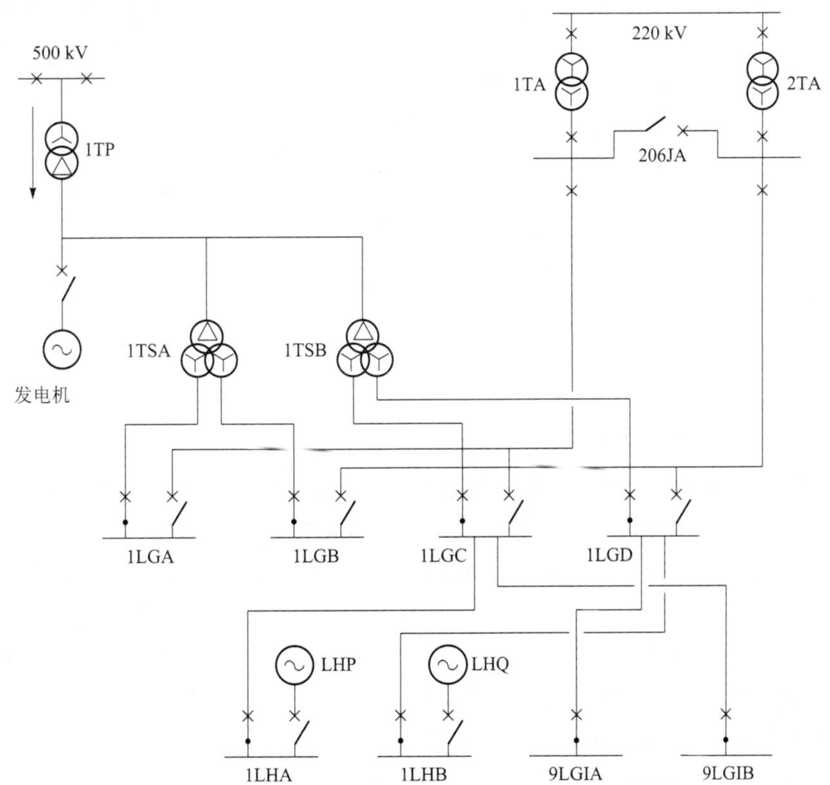

图 9-9-1 1 号机组启动和正常停堆单线图

这时发电机出口断路器处于断开位置，1 号机组由 500 kV 电网通过 500kV GIS 开关站、主变压器和厂用降压变压器向厂内供电。辅助变压器与 220 kV 网路是接通的，但与

6.0 kV中压母线连接的断路器是断开的。应急盘LHA、LHB由LGC、LGD供电。

当中压母线或500 kV电网不能使用时,启动立即中止。

2号机组启动同1号机组。

9.9.4.2 功率运行

发电机出口断路器闭合,将发电机连接到超高压网路,通过断路器、发电机向500 kV网路和厂用降压变压器供电,如图9-9-2所示,除发电机出口断路器闭合外,其他所有断路器状态与图9-9-1状态相同。

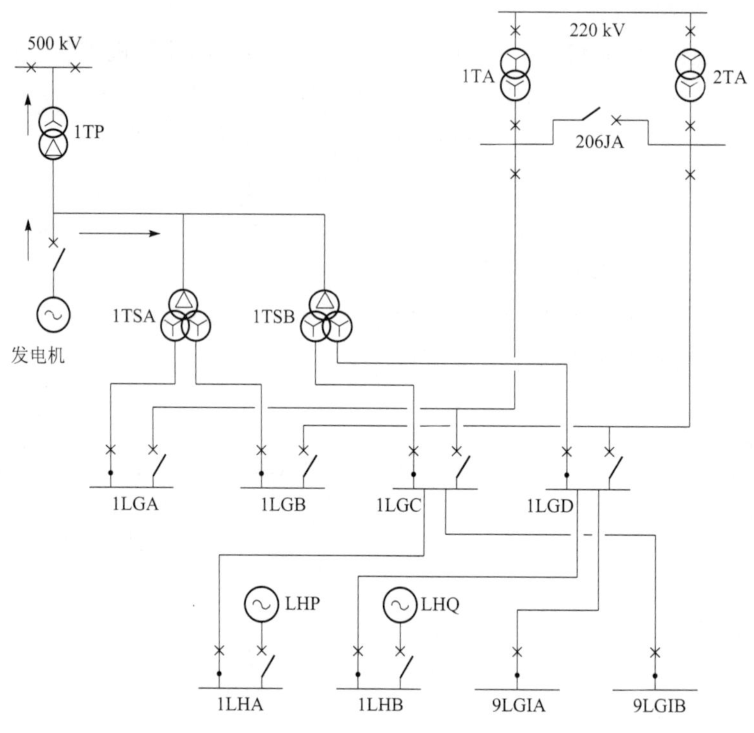

图9-9-2 1号机组正常运行单线图

9.9.4.3 500 kV网路故障时的运行

500 kV网路故障时,使超高压系统断路器断开,这时发电机负荷很快降到厂用负荷,如果这种带厂用负荷运行方式成功,则故障消除后能很快重新与电网相连。

如果超高压断路器跳闸后,反应堆停堆,则由辅助变压器(220 kV电源)供电进行停堆,在必要时用柴油发电机供电。

故障时从500 kV网路转换到达220 kV网路供电是自动的,但是当事故消除后,从220 kV网路转换到500 kV网路是需要手动操作的。

带厂用负荷运行方式的供电如图9-9-3所示。

9.9.4.4 20 kV母线故障时的运行

20 kV母线电压故障(发电机出口封闭母线)可能由下列故障引起:

(1) 在500 kV网路失电和超高压断路器跳闸后,带厂用负荷运行不正常;

(2) 主变压器或20 kV母线故障;

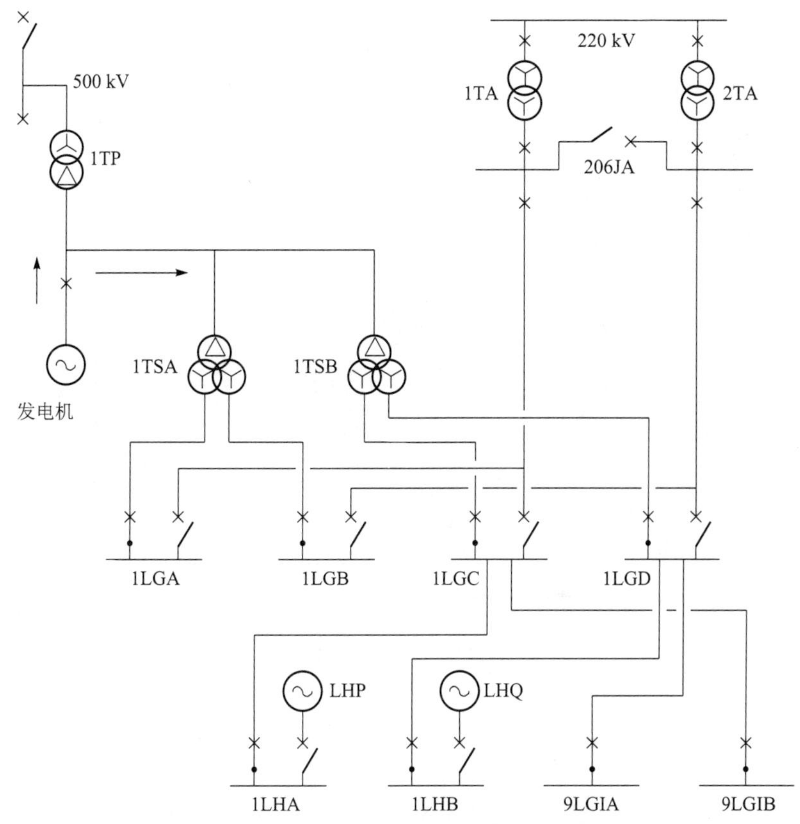

图 9-9-3 1 号机组带厂用负载运行方式的供电

(3) 厂用降压变压器及与中压配电盘的连接发生故障；

(4) 500 kV 断路器故障；

(5) 厂用降压变压器故障。

如图 9-9-4 所示，这时负荷开关和超高压断路器断开，厂变通向 LGA/B/C/D 的断路器断开，然后经过约 1.5 s 的延时，辅助变压器通向 LGA/B/C/D 的断路器闭合。

9.9.4.5 500 kV 和 220 kV 厂外网路以及汽轮发电机组同时发生故障时的运行

这种情况唯一可用的电源是柴油发电机组，柴油发电机组自动启动，然后向 LHA 和 LHB 母线供电。每台柴油发电机组的功率能保证停堆所必需的应急性设备及其专设安全设备的供电，以确保事故情况下核系统的完整性，这时供电方式如图 9-9-5 所示。

这种故障包括三种类型：

(1) 500 kV，220 kV，20 kV 电源同时发生故障；

(2) 500 kV，220 kV，20 kV 电源同时发生故障和主蒸汽管道破裂(MSLB)，这时进行安全注入；

(3) 500 kV，220 kV，20 kV 电源同时发生故障和一回路失水事故(LOCA)，这时安全壳内处于高压状态。

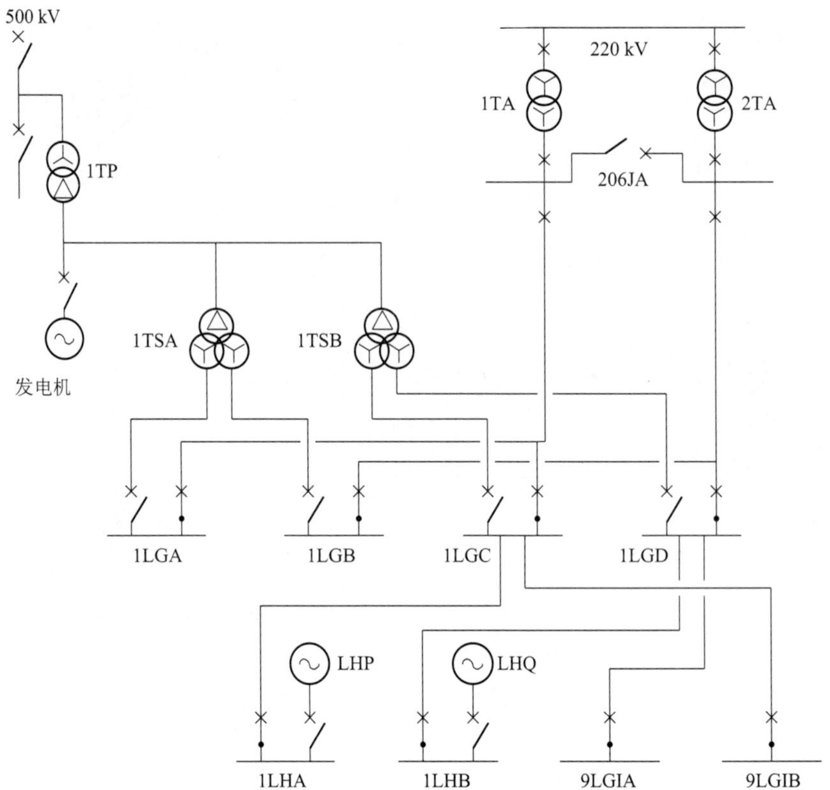

图 9-9-4 1 号机组 20 kV 母线电压不足时厂用电运行方式单线图

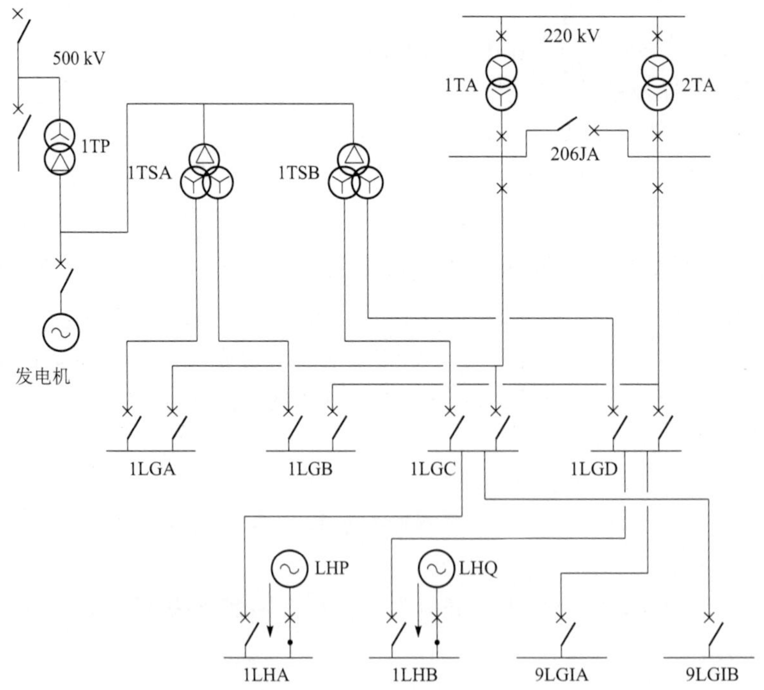

图 9-9-5 1 号机组厂外电网和汽轮发电机组故障时厂用电运行方式单线图

第十章　消防系统

10.1　概　述

核电站的可燃物的种类多、数量大、分布广，存在着较大的火灾风险；首先从统计数据来看核电站火灾发生频度较高、损失大；其次发生火灾时可能会失去对核安全相关的系统控制，直接影响到核安全；因此消防和核安全一样重要，必须像对待核安全一样来对待消防。核电站从三个方面来控制火灾：防火——采取各种预防措施减少火灾的发生，限制火灾的蔓延；探测和报警——火灾发生后能够及早发现、定位和报警；灭火——根据不同程度的火灾，选择适当的灭火设施和灭火手段。为了及时扑灭可能发生的火灾，减少火灾带来的损失，我厂根据各厂房内可燃物的种类的不同，设置了各种不同类型固定灭火设施，现将我厂的主要消防系统作一介绍。

消防系统的名称和代号如下：

JPP：消防水生产系统　JPH：常规岛气压供水系统

JPD：消防水分配系统　JPI：核岛消防水系统

JPT：常规岛喷水灭火系统　JPL：电气厂房消防系统

JPV：柴油发电机厂房消防系统　JPM：常规岛 1301 气体灭火系统

JDT：火警探测系统　JPS：便携式消防系统

10.2　消防水生产系统（JPP）

10.2.1　系统功能

消防水生产系统的功能是为核岛、常规岛厂房和厂内其他区域提供 1.0 MPa（表压，以地面 0.0 m 计起）运行压力的消防水，为消防水分配系统（JPD）提供消防水源；在为核电站消防提供安全保证的同时，又通过消防水分配系统（JPD）为与核电站安全有关的辅助给水系统（ASG）提供应急供水。

10.2.2　系统设置

（1）消防水池：每个机组 1 个，容积 1 500 m^3，可满足 2 h 最大消防水用量。

（2）补水水源分 3 级：生活水（SEP）为正常水源，入口隔离阀常开，电动补水阀常闭，手动补水至水池；生产水（SEA）备用水源，手动阀门控制补水至水池；海水（SEC）为应急水源，手动阀门控制补水至消防泵吸入管。

（3）消防水泵：每个机组 2 台，单台水泵额定流量为 310 m^3/h，额定扬程为 123 m，分别由 LHA7 和 LHB3 重要厂用电源供电，应急电源为应急柴油机 LHP、LHQ。

(4) 消防管线：每个机组设有独立的管线输出，两机组设有联络管线；在失去所有厂用电源的情况下，外接移动式消防泵向 JPD 供水；为与核电站安全有关的辅助给水系统(ASG)提供应急水源。

10.2.3 控制方式

(1) 4 台消防水泵由压力开关分级自启动：管网压力低于 1.18 MPa(表压)，1JPP001PO 启动；管网压力低于 1.13 MPa(表压)，2JPP001PO 启动；管网压力低于 1.08 MPa(表压)，1、2JPP002PO 启动；

(2) 手动按钮(主控 TPL、现场红色按钮)启动 4 台消防水泵，主控按钮停止。

10.3 常规岛气压供水系统(JPH)

10.3.1 系统功能

(1) 维持消防管网日常压力(1.0～1.05 MPa)，避免 JPP 泵频繁启动运行。

(2) 为初期灭火提供 12 m^3 消防水量，确保初期灭火的有效性，为 JPP 泵启动争取时间。

10.3.2 系统设置

(1) 设有一个 20 m^3 的消防补水箱，由 SEP 生活水作为补充水源。

(2) 系统主要设备有 3 个稳压罐、2 台补水泵、2 台补气泵和 1 个自动控制柜。

10.3.3 工作原理

(1) 设备在投入正常运行后，气压罐内下部充水，上部充空气，气压罐内调节水位保持在 h_3～h_4(目视液位计的 2/5～4/5)之间，调节压力保持在 P_3～P_4(1.0～1.05 MPa)之间。由于管网系统渗漏等原因，气压罐内水位、压力会逐渐下降(管网系统压力下降)，当水位下降到 h_3 位置时，补水泵开始向罐内补水到 h_4 时停止；当气压罐压力降到 P_3 时，补气泵开始向罐内补气到 P_4 时停止。在火警时，只要消火栓或喷淋等设施动作时气压罐内的水可及时向消防管网系统供水。

(2) 系统运行参数：消防水箱水位正常：1.9～2.0 m；母管压力表指示正常：1.0～1.05 MPa；气压罐可视水位计水位正常：在玻璃管的 4/5 左右。

10.3.4 运行方式

(1) 由 1 台补水泵、1 台补气泵和 1 个补气罐组成一个系列，共为 2 个系列，即“1”和“2”。系统运行有 3 种选择方式：“1”或“2”或“自动”。位置“1”表示系列 1 运行，系列 2 备用；位置“2”表示系列 2 运行，系列 1 备用；“自动”表示两系列可以交替运行，如果一个系列故障，正常的系列一直运行。

(2) 系统工作方式投位置“1”时，系列 1 根据设定好的程序自动运行，先补水后补气，补水泵工作时，补气泵不工作。该系列压力低于设定值(约 1.0 MPa)时；补气泵运行开始补气，补气泵的工作方式为运行约 5～6 min(设定值)，停 20 min(设定值)，此时补气泵反转补气直到停止，然后再运行约 5～6 min(设定值)，停 20 min(设定值)后，循环工作直至压力上限设定值(1.05 MPa)时，停止补气。补水泵由该系列水位开关控制，由低液位补至高液位停。系统工作方式投位置“1”时，系列“2”不工作，系统工作方式投位置“2”时，系列“1”不工作。

(3) 系统工作方式投“自动”时，系统根据设定好的程序自动运行，先补水后补气。补水泵由各列水位开关控制，由低液位补至高液位停，两台补水泵不同时运行。任意 1 列的压力低于该列设定值(约 1.0 MPa)时；该列补气泵运行；补气泵的工作方式为运行约 5～6 min(设定值)，停 20 min(设定值)，此时泵反转补气直到停止，然后再运行约 5～6 min(设定值)，停 20 min(设定值)后，循环工作直至压力上限设定值(1.05 MPa)时，停止补气。2 台补气泵不同时运行，若系统压力同时低于两台补气泵启动压力设定值时，两台补气泵交替运行。

10.4　消防水分配系统(JPD)

10.4.1　系统的功能

(1) 核岛及 BOP 部分：消防水分配系统(JPD)的功能是将标高 0.0 m 处(从核岛地面计起)管网压力为 1.0 MPa 的消防水分配给核岛、电气厂房、柴油机厂房、BOP 各建筑物及厂区消防栓，此外提供 ASG 系统的应急补水。

(2) 常规岛部分：设置在汽轮机厂房内的消防水分配系统是为了向汽轮机厂房下列各用水灭火系统提供消防要求的用水量。

主要包括以下部分：

1) 室内消火栓；

2) 汽轮发电机轴承预作用水喷雾系统；

3) 汽轮机厂房大厅预作用水喷淋系统；

4) 电缆桥架及汽机润滑油管预作用水喷雾系统；

5) 汽轮发电机润滑油箱、冷油器、油净化装置雨淋水喷雾系统；

6) 润滑油室泡沫水喷淋系统；

7) 电动给水泵预作用水喷雾系统；

8) 氢密封油雨淋水喷雾系统；

9) 主变压器雨淋水喷雾灭火系统；

10) 厂用变压器雨淋水喷雾灭火系统；

11) 设置在网控楼的消防水分配水系统是为了向网控楼室电缆间的预作用水喷雾灭火系统提供满足消防要求的消防用水；

12) 辅助变压器消防水分配系统是为了向辅助变压器和电锅炉变雨淋水喷雾系统提供满足消防要求的消防水量。

10.4.2 系统设置

(1) 核岛及 BOP 部分

1) JPD 系统两根总管(9JPD001、9JPD002,DN300 mm)经 GA 沟管廊将消防水从 JPP 系统送至核岛,总管中的消防水再通过若干支管分配给核岛中的 JPI、JPV、JPL、ASG 等各系统,此外总管上还有支管去常规岛。

2) JPP 系统与 JPD 系统连接处设有两个隔离阀(9JPD003、9JPD004VE)。JPD 系统与通往非抗震级的常规岛管道连接处设有两个电动隔离阀(9JPD001、9JPD002VE)。上述两阀门均符合 1 A 级抗震要求,可由主控室或就地进行控制。

3) JPD 室外管网上室外消火栓从环网上接出,管道为非抗震级,阀门为手动。此外,油脂及润滑油储存库(FC)、变压器平台(JX)和辅助锅炉房(VA)、室外变压器的消防用水也从 JPD 室外管网接入,以供给水喷雾系统灭火的用水。

(2) 常规岛部分:

1) 在每座汽轮机厂房内有一个环状配水主管路,其一端有一根消防进水管自消防泵(核岛)方向来,该进水管上设置一只信号闸阀,在另一端,2 座汽轮机厂房环状消防配水主管之间设置一根连通管,作为每座汽轮机厂房的第二根进水管。在每座汽轮机厂房内,该连通管上各设置了一只信号闸阀。每一根进水管都能提供汽轮机厂房 100%消防用水量及水压。

2) 网控楼用于消火栓和电缆间预作用水喷雾灭火系统的消防水管道不相连通,前者与网控楼生活上水管道合并,管道呈枝状布置,自室外消防生活管网进水,进水管上设置一只闸阀;后者独立一根进水管自室外高压消防管网进水,进水管上设置一只信号闸阀。闸阀和信号闸阀均常开,检修需要时关闭。

3) 辅助变压器雨淋水喷雾系统直接自室外高压消防管网进水,进水管上设置常开信号闸阀(检修时关闭)。此外,本供水管线还作为 2 台变压器(辅助锅炉)消防系统供水管,其连接点位于辅助变压器消防系统连接点之后。

10.4.3 系统的启动与运行

10.4.3.1 启动与运行

在电站运行或停运期间 JPD 系统连续运行,JPP 系统消防泵处于停运状态,9JPD001VE、9JPD002VE、9JPD003VE、9JPD004VE 处在打开状态,1 号、2 号机组全部管网均充以压力为 1.0 MPa 的水压,压力由位于 1 号常规岛内的 JPH 系统稳压水罐维持。稳压水罐共有 3 台,每个稳压水罐可用的消防水容积为 6 m^3,在一分钟内可向消防管网提供 12 m^3 水量,连同稳压水罐补水泵补水流量在内能在 JPP 泵自动启动前对初期火灾进行灭火,火灾期间随着消防水需求量增加,JPD 管网压力的降低,JPP 泵自动启动。另外 JPD 系统供水管线上设有消防水泵结合器(26 套),以便消防车向本系统供水。

10.4.3.2 1 号、2 号机组主变压器消防联动控制方式

1 号、2 号机组的每台变压器的火灾探测由 1 个感温电缆和 1 个手动报警盒组成,5 台变压器共有 5 个探测器和 5 个手动报警盒,一一对应,该区域的火灾报警系统设有单独的控

制主机，其控制方式有两种：

(1) 当主机设置在“手动工作”方式时，探测器探测到有火警信号时，只报警不联动消防喷淋系统，喷淋系统需手动启动。

(2) 当主机设置在“自动工作”方式时，探测器探测到有火警信号，运行人员到现场确认后按下对应的手动报警盒后，变压器消防喷淋系统自动动作。

因为主机设置在“自动工作”方式时，手动报警盒需要人为按下，实际也是一种手动控制方式。为减少误喷的可能性，我们目前采用的是主机设置在“手动工作“的方式，当探测器探测到火警信号时，运行人员到现场确认火灾，切断变压器电源后，由主控室或现场手动启动喷淋系统。

该区域目前增设了视频监测探头，在主控可以直接观察到变压器区域运行情况。

10.5　核岛消防水系统(JPI)

10.5.1　系统的功能

(1) 核岛消防系统是为了扑灭在核岛内可能发生的火灾而设立的。该系统涉及区域包括反应堆厂房、燃料厂房和核辅助厂房。

(2) JPI 不是与安全有关的系统。但它应能保证火灾不会影响电站安全停堆功能的执行，而且也不会明显增加放射性释放到环境中去的危险。

10.5.2　系统设置

(1) 反应堆厂房内有 6 根立管(每机组 3 根)，核辅助厂房、设冷水厂房和燃料厂房各两根立管(每机组 1 根)，它们都为干式的。当火灾发生时，运行人员可以开启相应的常闭阀门后进行灭火。

(2) 每个机组对主泵和上充泵设置了单独的开式水喷雾灭火系统，其发生火灾时是由除盐水箱提供的除盐水进行扑灭的。它们的启动可由控制室远距离启动或就地启动 CO_2 释放阀实现。如果火灾未被水箱内储水扑灭，则 JPD 系统的消防水可作为备用水源进行第二阶段消防。

(3) 对每台汽动和电动辅助给水泵的消防是采用闭式水喷雾系统，母管上阀门常开，直接与 JPD 系统相连。当环境温度达到 68 ℃时，闭式喷头上的玻璃球罩自动破裂，水喷雾系统开始动作进行灭火。

(4) 核辅助厂房环形走廊(+5.00 m)的消防系统是带有泄漏控制装置和双重隔离阀的闭式水喷雾系统。当环境温度达到 68 ℃时，闭式喷头上的玻璃球罩自动破裂，水喷雾系统开始动作进行灭火。

(5) 电缆廊道(－7.00 m 和－3.4 m)的消防采用的是带泄漏控制装置和双重隔离阀的闭式水喷雾系统。当环境温度达到 68 ℃时，闭式喷头上的玻璃球罩自动破裂，水喷雾系统开始动作进行灭火。

10.5.3　系统的启动

(1) 核岛消防系统自动喷淋只包括 ASG 汽动泵/电动泵、电缆间等区域，自动动作主要靠火灾后闭式喷头上玻璃泡破裂,自动喷洒消防水;对于燃料厂房、核岛厂房和RRI泵间消防栓要求干管运行。

(2) 主泵失火时的操作:主泵设有三套独立的探测回路(烟感探测、火焰探测、摄像系统),确认火灾已经发生,主控操纵员手动发出反应堆紧急停堆信号,同时停运反应堆冷却剂泵。可在控制室远距离打开CO_2启动电磁阀或由就地控制,给除盐水箱加压,使除盐水流入水喷雾管网进行喷淋直至除盐水用完。在第一阶段消防失效或除盐水已用完而火仍在燃烧的情况下,为避免运行人员在火灾期间进入反应堆安全壳内,每台反应堆冷却剂泵的水喷雾干管可直接由JPD系统经过反应堆厂房干式立管系统进行供水。在这种情况下需要执行以下操作,将位于反应堆厂房的干式立管上的隔离阀101VE和070VE之间的连接软管安装在管道上,同时打开101VE和070VE;在控制室打开反应堆厂房内与起火泵相对应的水喷雾管上的气动闸阀028VE或029VE,或在N厂房的+8.0 m反应堆厂房气闸门入口处用控制柜按钮来开启028VE或029VE;灭火后,将干式立管中隔离阀101VE和070VE关闭并放空干式立管中的水。

(3) 上充泵失火时的操作:每台上充泵由一个双环路火警探测系统连续监测,每个环路各自触发控制室内的报警信号,房间温度由DVH系统(上充泵房应急通风系统)的温度传感器监测,它能在温度大幅度上升时发出报警信号。确认火灾已经发生时,主控操纵员可在主控室停止故障泵运行,同时启动消防设施,然后启动另一台上充泵。上充泵消防系统的远距离启动应引起防火风阀(DVH和DVN)的关闭。在第一阶段消防失效或除盐水已用完而火仍在燃烧的情况下需要执行以下操作,用软管连通JPD系统与NAB干式立管;手动打开JPD系统与NAB干式立管之间的隔离阀088VE和098VE;手动打开与失火泵相对应阀门(010VE或011VE或012VE);灭火后,手动关闭相应配水管上的隔离阀,并放空这部分干管中的水。

(4) 带快速接头的干式立管消防的启动:R厂房消防的启动,先核对003FL就位,开启101VE、070VE,开启各楼层就近的消防栓;K厂房消防的启动,先核对004FL就位,开启103VE、077VE,开启各楼层就近的消防栓;N厂房消防的启动,先开启阀门098、088VE(NC/NA区),093、091VE(NE/NF区),再开启各楼层就近的消防栓;停运时只要关闭各进水隔离阀即可。

10.5.4 供运行人员使用的信息

运行人员使用的信息可在控制室可显示见表10-5-1。

表10-5-1 运行人员使用信息表

编　号	信　息	功　能	安装地点	报警等级
JPI001AA	011IA	RCP消防总故障信号	KSC T04	2
	013IA			
	003IA			
	005IA			
JPI002AA	004IA	RCV 002/003PO消防总故障信号	KSC T04	2
	006IA			
	008IA			
	010IA			

续表

编　号	信　息	功　能	安装地点	报警等级
JPI003AA	017IA	RCV001PO 消防总故障信号	KSC T04	2
	009IA			
JPI019AA	019IA	ASG 泵消防喷淋动作	KSC T04	2
JPI021AA	021IA	廊道喷洒开启信号 001SD	KSC CB	2
JPI027AA	027IA	廊道喷洒开启信号 003SD	KSC CB	2
JPI028AA	028IA	廊道喷洒开启信号 004SD	KSC CB	2
JPI029AA	029IA	廊道喷洒开启信号 005SD	KSC CB	2
JPI030AA	030IA	廊道喷洒开启信号 006SD	KSC CB	2
JPI023AA	023IA	RCP 泵第二阶段喷洒开启	KSC T04	2
JPI025AA	025IA	主泵泵房水泄漏到 007BA	KSC T04	2

10.6　常规岛喷水灭火系统(JPT)

10.6.1　系统功能

常规岛喷水灭火系统包括室内消火栓和专用喷水(包括轻水泡沫)灭火系统，前者用于防护整个汽轮机房和网控楼，后者用于防护下列区域，控制和扑灭下列区域的火灾。

(1) 汽轮机厂房－7.2 m 层：① 电动主给水泵(每机组 3 台)；② 发电机氢密封油装置；③ 电缆桥架；④ 汽机房大厅(其他灭火系统覆盖范围除外)。

(2) 汽轮机房 0.0 m 层：① 主润滑油箱、冷油器、油净化装置；② 电缆桥架和汽轮机润滑油管道；③ 汽机房大厅(其他灭火系统覆盖范围除外)。

(3) 汽轮机房 8.3 m 层：汽轮机轴承。

(4) 变压器：① 主变压器(每座汽轮机房配 A、B、C 三相)；② 常规岛厂用变压器；③ 核岛厂用变压器；④ 辅助变压器(2 台，位于 220 kV 变电站)和电锅炉变压器(2 台)。

(5) 网控楼：电缆间。

10.6.2　系统设置

(1) 预作用水喷淋灭火系统：每个预作用水喷淋灭火系统均接自其所在消防阀门站供水管线。每个系列首端依次串接一只信号闸阀和一套预作用阀；信号闸阀常开，预作用阀常闭。预作用阀后管网平时为干式，且由微型空压机维持低压空气，以检查管网是否损坏泄漏。本系统采用闭式玻璃球喷头，额定温度为 68 ℃，用于汽轮机房－7.2 m 层和 0.0 m 层大厅。

(2) 预作用水喷雾灭火系统：每个预作用水喷雾灭火系统均接自其所在消防阀门站供水管线。每个系列首端依次串接一只信号闸阀和一套预作用阀(用于汽轮机轴承的预作用系统在低压空气维持装置接入点后还安装了一只信号闸阀，平时关闭此阀，避免误动时水进入防护区域管网)，信号闸阀常开，预作用阀常闭。预作用阀后管网平时为干式，且由微型空压机维持低压空气，以检查管网是否损坏泄漏。鉴于保护对象不同，本系统设有两种不同形式的喷嘴:① 闭式定向玻璃球水喷雾喷嘴。该型喷嘴用于汽轮机轴承和电动主给水泵预作用水喷雾灭火系统。② 开式高速水喷雾喷嘴。系统中的开式水喷雾喷嘴分成若干组,每组有几只开式水喷雾喷嘴和一只多功能阀(玻璃球)组成,使系统形成闭式系统。该型喷嘴用于汽轮机房−7.2 m层、0.0 m层和凝结水精处理车间内的电缆桥架及网控楼电缆间内的电缆桥架。

(3) 开式水喷雾灭火系统:每个开式水喷雾灭火系统均接自其所在消防阀门站供水管线。每个系统的首端依次串接一只信号闸阀和一套雨淋阀,雨淋阀后均安装了一只信号闸阀,试验时关闭此阀,避免水喷到防护区。信号闸阀常开,雨淋阀常闭。本系统采用开式高速水喷雾喷嘴,主要用于防护汽轮机主润滑油箱和油冷却器、发电机氢密封油装置、主变压器(三相)、厂用变压器A、厂用变压器B及辅助变压器(2台)和电锅炉变(2台)。

(4) 轻水泡沫灭火系统:本系统起端接自其所在消防阀门站供水总管,并依次串接一只信号闸阀和一套雨淋阀,雨淋阀后管道先串接泡沫比例混合器,然后再串接一只信号闸阀。信号闸阀常开,雨淋阀常闭。本系统采用开式泡沫喷淋头,主要用于汽轮机润滑油室,扑灭润滑油室内流散油引起的火灾。

(5) 室内消火栓系统:每座汽轮机房的室内消火栓系统都有一个DN150的环状管道,设有2根DN150进水管,接自汽机房内DN400环状消防配水管道,进水管上均设有常开闸阀,消火栓系统环状管道上设有若干常开闸阀,以便检修时隔离。每座汽轮机房共设63个消火栓,可以防护整个汽轮机厂房。网控楼室内消火栓管道与饮用水管道合并,管道枝状布置,每层布置消火栓,且屋顶设试验消火栓1只。

10.6.3 系统的启动与运行

目前常规岛消防水系统已经全面投运,只有汽轮机轴承的消防水被隔离,防止误动对汽轮发电机组造成损伤(必要时手动投入)。系统内所有雨淋阀已按正常运行方式在线投运,除自动控制外其他所有控制方式都可用。本系统包括12个消防阀门站,其中每个常规岛厂房9个,网控楼1个以及辅变消防间2个(包括一个电锅炉变压器消防阀门站)。其中除了主变压器、厂用变压器消防可在主控室以及辅助变压器可在网控楼遥控外,其余采用就地手动启动,就地电气按钮启动,集控间启动(在汽轮机厂房8.3 m有一个整个汽轮机厂房消防控制间,通过选择相应的按钮可以开启所需的雨淋阀)三种方式启动喷淋系统。

10.7 电气厂房消防系统(JPL)

10.7.1 系统功能

(1) 消防管网:用于−3.8 m和3.4 m房间电缆桥架喷淋系统湿式管网、电气厂房楼梯间的湿立管和每个楼层消火栓装置的供水。

(2) 每个房间另外配有干粉、二氧化碳灭火器。这些灭火器的数量和规模根据被保护的设备决定。此外若干房间配有固定式喷水设备。

(3) 用卤代烷气体的消防装置:控制室下设有电缆层(L609、L610和L649、L660),该层不能被水喷淋,因而安装了卤代烷气体的特种形式的消防设备。

(4) JPL 系统不是与安全有关的系统。不过它允许运行人员采取必要的补救措施将电气厂房火灾的扩散和后果减到最小。

10.7.2　系统设置

(1) 在电气厂房的所有楼层，配有二氧化碳和化学干粉灭火器。此外，在电气房间入口附近放置移动式化学干粉灭火器。在电气房间和蓄电池室保留用水作为灭火的最后手段。

(2) (L609/L610 或 L649/L660)采用卤代烷 1301 气体灭火装置。

(3) 由于控制室的重要性，故它与其他电气房间隔离。这样可以防止火从外面沿着电缆传入或间接由烟气侵入给控制室带来影响。由于操纵员一直在控制室内，控制室内的火灾风险是有限的，在控制室内备有便携式灭火器。

(4) 计算机房间用便携式二氧化碳灭火器来保护。

(5) 压空机房每个房间配有消防水龙带和便携式泡沫灭火器(用于油类火灾)，两者均放在房间入口处附近。冷冻水压缩机(DEL 系统)使用同样类型的灭火器。

(6) 电缆廊道和继电器室配有固定式喷水设备。

10.7.3　启动与运行

JPL 系统现阶段投运状态：本系统暂时全部手动。火灾发生时，通过手动开启阀门使湿式管网充水而运行。

正常运行时 JPL 系统的运行控制如下。

(1) －3.8 m 和 3.4 m 湿管网使用下列方法启动：

1) 用关联的线性热探测系统的方法自动启动；

2) 从相应的控制屏(1、2JPL200/201/202CR)上手动启动；

3) 用保护区域门外的按钮手动启动；

4) 由给开启的喷嘴供水的自动阀门连在一起的熔断丝熔断而直接启动。

(2) 11.5 m 继电器室消防启动：干管管网的启动是完全手动的，由打开隔离阀完成。喷水只在闭式喷头玻璃泡爆开的区域内进行。管网喷头为带玻璃球的闭式喷头，设定温度为 68 ℃。

(3) (L609、L610 和 L649、L660)卤代烷气体的消防装置：关闭防火门，停通风系统后，门口手动按钮启动。

10.7.4　就地控制箱 200CR、201CR、202CR 报警控制原理

(1) 现场的火灾信号直接由安装于现场的缆式定温探测器(以下简称探测器)检测；

(2) JB-QB-48B 型报警控制器(以下简称报警器)通过两总线巡回检测探测器的状态，从而判断是否发生火警；

(3) 当报警器判定火警后，报警器根据其内部输出编程相应启动同样连接于两总线上的控制模块动作，控制模块的常开触点相应闭合；

(4) 柜内配有可编程控制器(简称 PLC)，其具有若干输入输出开关通道。输入通道接收开关、按钮和控制模块的触点信号等；输出通道驱动指示灯、熔断阀、声光报警等；PLC 的输入输出逻辑按核二院提供的图纸对控制逻辑的技术要求通过软件编程实现；

(5) 报警器另外输出 1 组故障/火警反馈常开触点(FA)和 1 组复位操作常开触点

(RST)信号；

(6) 当系统发生火警或故障，或者通过自动/手动控制方式联动现场设备(如熔断阀、声光报警器等)后，均可操作盘面面膜上的“复位”键，使系统复位，返回初始状态；

(7) 柜内用电均由消防24 V直流电源(含备电)集中供给，外部供电：220 V。

10.7.5 供运行人员使用的信息(中间控制室)

运行人员使用的信息(中间控制室)表见表10-7-1。

表10-7-1 运行人员使用信息表

标示	信息	功能	设置位置
1JPL001AA	003IA	喷洒L105-109-106-110房间	KSC CBC2
	002IA		
1JPL003AA	005IA	喷洒L304-301，W301-330房间	KSC CBC2
	004IA		
1JPL005AA	008IA	喷洒L306-308-310，W310-317-325房间	KSC CBC2
	007IA		
	006IA		
1JPL009AA	009IA	故障或火灾200-201-202CR	KSC CBC2
2JPL001AA	003IA	喷洒L145-149-146-150房间	KSC CBC1
	002IA		
2JPL003AA	005IA	喷洒L344-341，W341-370房间	KSC CBC1
	004IA		
2JPL005AA	008IA	喷洒L346-348，W350-357-365房间	KSC CBC1
	007IA		
	006IA		
2JPL009AA	009IA	故障或火灾200-201-202CR	KSC CBC1

10.8 柴油发电机厂房消防系统(JPV)

10.8.1 系统的功能

(1) JPV系统的功能是通过布置在柴油发电机室、主燃油贮存罐室、漏油贮存罐室、润滑油贮存罐室和日用油贮存罐室内的火警探测装置报警而分别进行固定的水成膜泡沫喷淋消防，以达到灭火及控制火势蔓延的目的。

(2) JPV系统采用“轻水”泡沫灭火剂(水成膜泡沫)来扑救油品火灾，其灭火机理为：当“轻水”泡沫灭火喷射到燃油表面时，泡沫一面在油面上展开，一面析出液体，在油面上形成一层水膜，水膜与泡沫层共同抑制燃油表面的蒸发，使燃油与空气隔绝，并使泡沫迅速流向未灭火的区域进行灭火。

10.8.2 系统的设置

(1) 柴油发电机间内的火警探测器设在每一个有火灾危险的位置。采用两种类型的探测器:红外线火焰探测器和离子感烟探测器,分别安装在两个探测环路上。消防是由安装有石英玻璃球罩喷淋管道来保证的,雨淋阀的开启是由探测系统打开电磁阀或手动打开手动阀门,进而破坏雨淋阀压力平衡而启动的。

(2) 主贮油罐间内采用两种类型的探测器:红外线火焰探测器和离子感烟探测器,分别安装在两个探测环路上。火灾是由安装有开式喷头的喷淋管道来进行扑灭的,雨淋阀的开启是由探测系统打开电磁阀或手动打开手动阀门,进而破坏雨淋阀压力平衡而启动的。

(3) 电气室内设置有两种类型的探测器:红外线火焰探测器和离子感烟探测器,分别安装在两个探测环路上。消防是由便携式手提灭火器来保证的。

(4) 现场附加柴油机的电缆间装有温缆和离子感烟探测器。

(5) 本系统分为LHP系列、LHQ系列和0LHF系列。LHP系列和LHQ系列每系列有两个雨淋阀:柴油发电机间、漏油间、润滑油间、压缩机间、日用油箱为一个雨淋阀:021VE(LHP)/121VE(LHQ);储油箱为一个雨淋阀:001VE(LHP)/101VE(LHQ)。现场附加柴油机0LHF系列共3个雨淋阀:电缆通道间喷雾系统:009VT;贮油罐间轻水泡沫开式水喷雾系统:019VT;柴油发电机间轻水泡沫闭式水喷雾系统029VT。

10.8.3 系统的启动与运行

(1) 开式水成膜泡沫喷淋系统和闭式水成膜泡沫灭火系统操作方式:火警探测系统自动操作;柴油发电机房间手动操作(电气按钮或机械手动)。

(2) 闭式喷淋系统的报警信号分三级:在一条环路上的探测器动作,控制室内的第一级报警信号;当两条环路上的探测器同时动作,启动控制室内的第二级报警信号,打开雨淋阀并对相应的喷洒系统进行充水,以及启动就地声、光报警;闭式喷头破裂,启动控制室内的第三级报警信号,并以水和AFFF(30%的水成膜泡沫灭火剂)混合液进行喷淋。

(3) 开式水喷淋系统的报警信号只有以上动作相同的第一、二级信号。

(4) 如果火灾发生,而柴油发电机组正在应急运行,则只要柴油发电机组能运行,就继续保持运行状态;如果火灾发生,而柴油发电机组正在试验运行,则应执行下列操作:停运排气风机;停运燃料油输送泵;迅速将日用燃料油排到贮存油管中去;停运柴油发电机组。

(5) 柴油发电机间、漏油间、润滑油间、压缩机间、日用油箱消防启动和停运(本系统是闭式喷淋系统,喷头为硅酸玻璃球,雨淋阀动作不一定喷洒,只有在温度达到93 ℃时,玻璃球破裂,水喷出)。

启动方式:

自动方式:电气间控制盘选择开关打到“自动”,当两条环路上的探测器同时动作时,启动控制室第二级报警信号,同时打开雨淋阀并对相应的喷洒系统进行充水,以及启动就地声光报警;

手动按钮:电气间控制盘选择开关打到“手动”,火灾发生时,按下控制盘上的按钮,开启雨淋阀;或按下就地按钮JPV001、003、004TO中的任何一个(LHQ是JPV007、009、

010TO;现场附加柴油机是 0JPV003、004、005、006、007TO)就可以开启雨淋阀;

机械手动:利用应急手动控制阀 JPV205VE(LHQ 是 JPV211VE)可以开启雨淋阀,启动喷淋系统,现场附加柴油机在 F204 室内利用 028VT 可以开启雨淋阀,在 F001 室外利用 0JPV003VT 可以开启雨淋阀。

(6) 主储油箱消防的启动

自动方式:电气间控制盘选择开关打到“自动”,当两条环路上的探测器同时动作时,启动控制室第二级报警信号,同时打开雨淋阀并对相应的喷洒系统进行充水,以及启动就地声、光报警;

手动按钮:电气间控制盘选择开关打到“手动”,火灾发生时,按下控制盘上的按钮,开启雨淋阀;或按下就地按钮 JPV002TO(LHQ 是 JPV008TO)就可以开启雨淋阀;现场附加柴油机主油箱区按下就地按钮 0JPV002TO,就可以开启雨淋阀;

机械手动:利用应急手动控制阀 JPV206VE(LHQ 是 JPV212VE)可以开启雨淋阀,启动喷淋系统,现场附加柴油机在 F204 室内利用 0JPV018VT 可以开启雨淋阀,在 F001 室外利用 0JPV002VT 可以开启雨淋阀。

(7) 电缆间消防的启动

LHP 和 LHQ 在电缆间无雨淋阀,而现场附加柴油机在电缆间设有雨淋阀,其启动方式:

自动方式:电气间控制盘选择开关打到“自动”,当两条环路上的探测器同时动作时,启动控制室第二级报警信号,同时打开雨淋阀并对相应的喷洒系统进行充水,以及启动就地声、光报警;

手动按钮:电气间控制盘选择开关打到“手动”,火灾发生时,按下控制盘上的按钮,开启雨淋阀;或按下就地按钮 0JPV001TO,就可以开启雨淋阀;

机械手动:现场附加柴油机在 F204 室内利用 0JPV008VT 可以开启雨淋阀,在 F001 室外利用 0JPV001VT 可以开启雨淋阀。

10.8.4 供运行人员使用的信息

运行人员使用的信息表见表 10-8-1。

表 10-8-1 运行人员使用信息表

编 号	信 息	功 能	安装地点	报警等级
JPV001AA	003IA	探测和喷淋故障	KSC T20	2
JPV003AA	005IA	柴油发电机房火灾探测一级报警	KSC T20	2
JPV005AA	007IA	柴油发电机房火灾探测二级报警	KSC T20	2
JPV007AA	009IA-011IA	喷洒开启	KSC T20	2
JPV002AA	004IA	探测和喷淋故障	KSC T20	2
JPV004AA	006IA	柴油发电机房火灾探测一级报警	KSC T20	2
JPV006AA	008IA	柴油发电机房火灾探测二级报警	KSC T20	2
JPV008AA	010IA-012IA	喷洒开启	KSC T20	2

10.9　常规岛1301气体灭火系统(JPM)

10.9.1　系统功能

以气体作为灭火介质的灭火系统称之为气体灭火系统，一般常用的灭火剂有二氧化碳、卤代烷(1211、1301)、IG-541混合气体灭火系统、七氟丙烷、三氯甲烷等，秦山二核气体灭火系统采用卤代烷1301为灭火剂。卤代烷1301(三氟一溴甲烷)灭火剂的灭火机理主要是通过溴和氟的卤素氢化物的化学催化作用和化学净化作用大量扑捉、消耗火焰中的自由基，抑制燃烧的链式反应，迅速将火焰扑灭。其具有所需灭火剂浓度低、灭火效能高、对设备无污损、电绝缘性好、毒性小、灭火速度快等优点，特别适用于扑救带电设备与电气线路的火灾。

秦山二核1301系统主要用于配电间、电气间的防护，其保护形式为全淹没式：即在规定的时间内向防护区喷射一定浓度的灭火剂，并使其均匀地充满整个防护区域。全淹没式系统适用于扑救封闭空间的火灾，因此要求防护区域要有必要的封闭性、耐火性和耐压能力。全淹没式系统的灭火作用是基于在很短的时间内使防护区域充满规定浓度的气体灭火剂并通过一定时间的浸渍而实现的。

秦山二核固定式1301气体灭火系统防火区域灭火剂的设计浓度≥5%，灭火剂的喷放时间≤15 s，浸渍时间≥600 s。

秦山二核固定式1301气体灭火系统共设置有12套：电气厂房(LX)2套，属于JPL系统；汽轮机厂房6套(1号、2号机组各3套)，网控楼3套，辅变配电间1套，属于JPM系统。每一组(套)分配系统均由1301灭火剂钢瓶组、启动瓶(充氮气)组、就地控制柜、选择阀、喷嘴及管道等组成。1301钢瓶充装压力为4.2 MPa，容积为40 L、70 L、90 L三种规格，启动瓶(充氮气)充装压力为6.0 MPa，容积为4.2 L。

10.9.2　系统的设置

(1) 汽轮机厂房MX厂房0.0 m(一组)：保护区域为380 V配电间、6 kV配电间。共设有1301灭火剂钢瓶(90 L)两组，每组6个；启动瓶两组，每组2个；一用一备。其用量分配见表10-9-1。

表10-9-1　灭火剂钢瓶用量分配

序号	保护区域	启动装置	开启释放阀	开启1301瓶阀	使用量
1	380 V配电间	主1	主1	主1—主6	6
2	LGA/LGB 6 kV配电间	主2	主2	主1—主6	6
3	380 V配电间	备1	备1	备1—备6	6
4	LGA/LGB 6 kV配电间	备2	备2	备1—备6	6

(2) 汽轮机厂房MX厂房0.0 m(另一组)：保护区域蓄电池室(2间)、直流配电间、ATE配电间、ATE控制室。共设有1301灭火剂钢瓶(40 L)两组，每组4个；启动瓶两组，每组5个，一用一备。其用量分配见表10-9-2。

表 10-9-2 灭火剂钢瓶用量分配

序号	保护区域	启动装置	开启释放阀	开启 1301 瓶阀	使用量
1	蓄电池室(1)	主 1	主 1	主 2—主 4	3
2	蓄电池室(2)	主 2	主 2	主 1—主 4	4
3	直流配电间	主 3	主 3	主 2—主 4	3
4	ATE 配电间	主 4	主 4	主 3—主 4	2
5	ATE 控制室	主 5	主 5	主 2—主 4	3
6	蓄电池室(1)	备 1	备 1	备 2—备 4	3
7	蓄电池室(2)	备 2	备 2	备 1—备 4	4
8	直流配电间	备 3	备 3	备 2—备 4	3
9	ATE 配电间	备 4	备 4	备 3—备 4	2
10	ATE 控制室	备 5	备 5	备 2—备 4	3

(3) 汽机厂房 MX 厂房 8.3 m 组:保护区域电气继电器室、打印机室、继电保护维护室、暖通控制室。共设有 1301 灭火剂钢瓶(40 L)两组,每组 7 个;启动瓶两组,每组 4 个,一用一备。其用量分配见表 10-9-3。

表 10-9-3 灭火剂钢瓶用量分配

序号	保护区域	启动装置	开启释放阀	开启 1301 瓶阀	使用量
1	暖通控制室	主 1	主 1	主 1	1
2	单元管理机打印室	主 2	主 2	主 1—主 2	2
3	继电维护室	主 3	主 3	主 1—主 2	2
4	电气保护室	主 4	主 4	主 1—主 7	7
5	暖通控制室	备 1	备 1	备 1	1
6	单元管理机打印室	备 2	备 2	备 1—备 2	2
7	继电维护室	备 3	备 3	备 1—备 2	2
8	电气保护室	备 4	备 4	备 1—备 7	7

注:暖通控制室现改为值班室,为防止误喷对值班人员的伤害,该房间的 1301 启动瓶(主 1 和备 1)被隔离,喷嘴被堵掉。

(4) 网控楼 0.0 m 组:保护区域蓄电池室、直流配电间、配电间、高压实验室。共设有 1301 灭火剂钢瓶(40 L)两组,每组 4 个;启动瓶两组,每组 4 个,一用一备。其用量分配见表 10-9-4。

表 10-9-4 灭火剂钢瓶用量分配

序号	保护区域	启动装置	开启释放阀	开启 1301 瓶阀	使用量
1	配电间	主 1	主 1	主 1—主 4	4
2	高压试验室	主 2	主 2	主 2—主 4	3
3	蓄电池室	主 3	主 3	主 2—主 4	3
4	直流配电间	主 4	主 4	主 4	1
5	配电间	备 1	备 1	备 1—备 4	4
6	高压试验室	备 2	备 2	备 2 —备 4	3
7	蓄电池室	备 3	备 3	备 2—备 4	3
8	直流配电间	备 4	备 4	备 4	1

（5）网控楼 3.8 m 组：保护区域通讯检修及仪器室、通信机房及值班室、通信电源室。共设有 1301 灭火剂钢瓶（40 L）两组，每组 3 个；启动瓶两组，每组 3 个，一用一备。其用量分配见表 10-9-5。

表 10-9-5　灭火剂钢瓶用量分配

序号	保护区域	启动装置	开启释放阀	开启 1301 瓶阀	使用量
1	通信机房/值班室	主 1	主 1	主 1— 主 3	3
2	通讯电源室	主 2	主 2	主 1	1
3	通讯检修/仪表/仪器室	主 3	主 3	主 1	1
4	通信机房/值班室	备 1	备 1	备 1— 备 3	3
5	通讯电源室	备 2	备 2	备 1	1
6	通讯检修/仪表/仪器室	备 3	备 3	备 1	1

（6）网控楼 7.6 m 组：保护区域控制室工作层、控制室吊顶上方、远动机房、4.6 m 电缆层、仪表试验室、继电保护室。共设有 1301 灭火剂钢瓶（70 L）两组，每组 9 个；启动瓶两组，每组 6 个，一用一备。其用量分配见表 10-9-6。

表 10-9-6　灭火剂钢瓶用量分配

序号	保护区域	启动装置	开启释放阀	开启 1301 瓶阀	使用量
1	远动机房	主 1	主 1	主 8—主 9	2
2	控制室工作层	主 2	主 2	主 1—主 9	9
3	控制室吊顶内	主 3	主 3	主 1—主 9	9
4	4.6 m 电缆层	主 4	主 4	主 2—主 9	8
5	继电保护室	主 5	主 5	主 8—主 9	2
6	仪表试验室	主 6	主 6	主 9	1
7	远动机房	备 1	备 1	备 8—备 9	2
8	控制室工作层	备 2	备 2	备 1—备 9	9
9	控制室吊顶内	备 3	备 3	备 1—备 9	9
10	4.6 m 电缆层	备 4	备 4	备 2 —备 9	8
11	继电保护室	备 5	备 5	备 2—备 9	2
12	仪表试验室	备 6	备 6	备 9	1

（7）辅助变压器配电间组：保护区域为配电间下方电缆沟，设有 1301 灭火剂钢瓶（40 L）一个；启动瓶 1 个，无备用。

10.9.3　系统的运行和控制方式

（1）自动控制：将控制柜上的控制方式选择开关拨到“自动”位置时，灭火系统处于自动控制状态。在防护区域发生火情时，JDT 系统中探测器满足启动要求（如有 2 个探测器同时动作），控制柜即发出声光报警，同时发出联动指令，关闭联动设备，经过一段延时时间，发出灭火指令，打开电磁阀释放启动气体，启动气体通过启动管道打开相应的释放阀和瓶头阀,释放灭火剂,实施灭火。

(2) 电气手动控制:将控制柜上的控制方式选择开关拨到“手动”位置时,灭火系统处于手动控制状态。在防护区域发生火情时,可按下控制区域门口的手动控制盒或控制盘上的启动按钮后,控制柜即发出声光报警,同时发出联动指令,关闭联动设备,经过一段延时时间,发出灭火指令,打开电磁阀释放启动气体,启动气体通过启动管道打开相应的释放阀和瓶头阀,释放灭火剂,实施灭火。

(3) 机械应急手动控制:当防护区域发生火情,控制柜不能发出灭火指令时,应通知有关人员撤离现场,关闭联动设备,然后拔出相应电磁阀上的安全插销,压下手柄即可打开电磁阀,释放启动气体,启动气体通过启动管道打开相应的释放阀和瓶头阀,释放灭火剂,实施灭火。如此时遇上电磁阀维修或启动钢瓶不能工作时,可打开相应的释放阀手柄,敞开压臂,打开释放阀;然后,用瓶头阀上的手柄打开瓶头阀,释放灭火剂,实施灭火。

(4) 目前该系统的运行方式:根据系统手册的建议选择在“电气手动状态”,即在确认发生火灾后,按下控制区域门口的手动控制盒或控制盘上的启动按钮,启动 1301 灭火系统。1 号汽轮机厂房 3 套、2 号汽轮机厂房 3 套、网控楼 3 套、辅助变压器配电间 1 套,均按此要求在线。

10.9.4 1301 灭火剂替代产品的准备工作

氯氟烷烃类化合物对大气臭氧层有明显的破坏作用,造成地球大气环境的恶化,危害人类生存。我国于 1991 年签署“蒙特利尔协议”,2010 年后将禁止使用含氟里昂产品,部分省市 2005 年后限制该类产品的生产。国内灭火剂生产厂家开展了卤代烷(1211、1301)灭火剂的替代产品的开发和研制。未雨绸缪,我厂也应开始这方面的调研,选择不需改变现有喷淋管网设置(或改动较小)的 1301 灭火剂的替代产品,在适当的时候(一般 1301 钢瓶出厂 8 年左右,要回厂做强度试验)更换药剂和瓶头阀。

我厂 3 号和 4 号机组使用七氟丙烷(227)作为气体灭火剂。

第十一章　冷冻系统

11.1　核岛冷冻水系统(DEG)

11.1.1　系统的功能

如图 11-1-1 所示，核岛冷冻水系统(DEG)是一个冷却系统，它的设计是用来冷却每台核电机组的下列介质：

(1) 来自下述通风系统的空气

EVR：安全壳连续通风系统；

EVC：反应堆堆坑通风系统；

DVN：核辅助厂房通风系统；

DVK：核燃料厂房通风系统；

DVG：辅助给水泵房通风系统。

(2) 当设备冷却水系统(RRI)的水温过高时，则用于冷却核取样系统(REN)在线分析仪二次侧所用的设备冷却水。

DEG 功能全部丧失后，堆坑顶部的温度上升很快，为了避免堆坑顶部混凝土过热，应利用正常运行规程，在 11 h 以内使堆能转入冷停堆状态。因此系统的正常运行直接影响到经济效益，是保证反应堆安全正常运行诸多环节中重要的一环。

11.1.2　系统的组成

本系统包括三套 50%容量的机组(一套 A 列、两套 B 列)并联使用，分别由不同系列电源供电，并由不同系列柴油发电机提供应急电源。其中两套运行，一套备用。三套机组的组成完全一致：一台冷冻水循环泵 001PO(002PO、003PO)；一台冷冻机组 101GF(201GF、301GF)，它包括压缩机、冷凝器、蒸发器、膨胀阀、电气控制盘等；对应的 RRI 冷却水设备和各用户的阀门，相连接的管道，及公用的膨胀水箱(001BA)。

11.1.3　冷冻机组制冷原理

DEG 系统冷冻机组采用的是离心式制冷机，是蒸气压缩式制冷方式的一种。它由四个主要部件组成：压缩机 101CO(201CO、301CO)、冷凝器 101CS(201CS、301CS)、节流阀(孔板)185KD 和蒸发器 101EV(201EV、301EV)，分别对应着四个必不可少的过程，如下图。

压缩过程：压缩机 101CO(201CO、301CO)把来自蒸发器 101EV(201EV、301EV)低温、低压的制冷剂气体，经压缩使其变成高压、高温气体，排入冷凝器 101CS(201CS、301CS)。

冷凝过程：由压缩机 101CO(201CO、301CO)来的高温、高压制冷剂蒸汽，在冷凝器 101CS(201CS、301CS)中，由设备冷却水系统(RRI)的冷却水来冷却，使其冷凝成为液体。

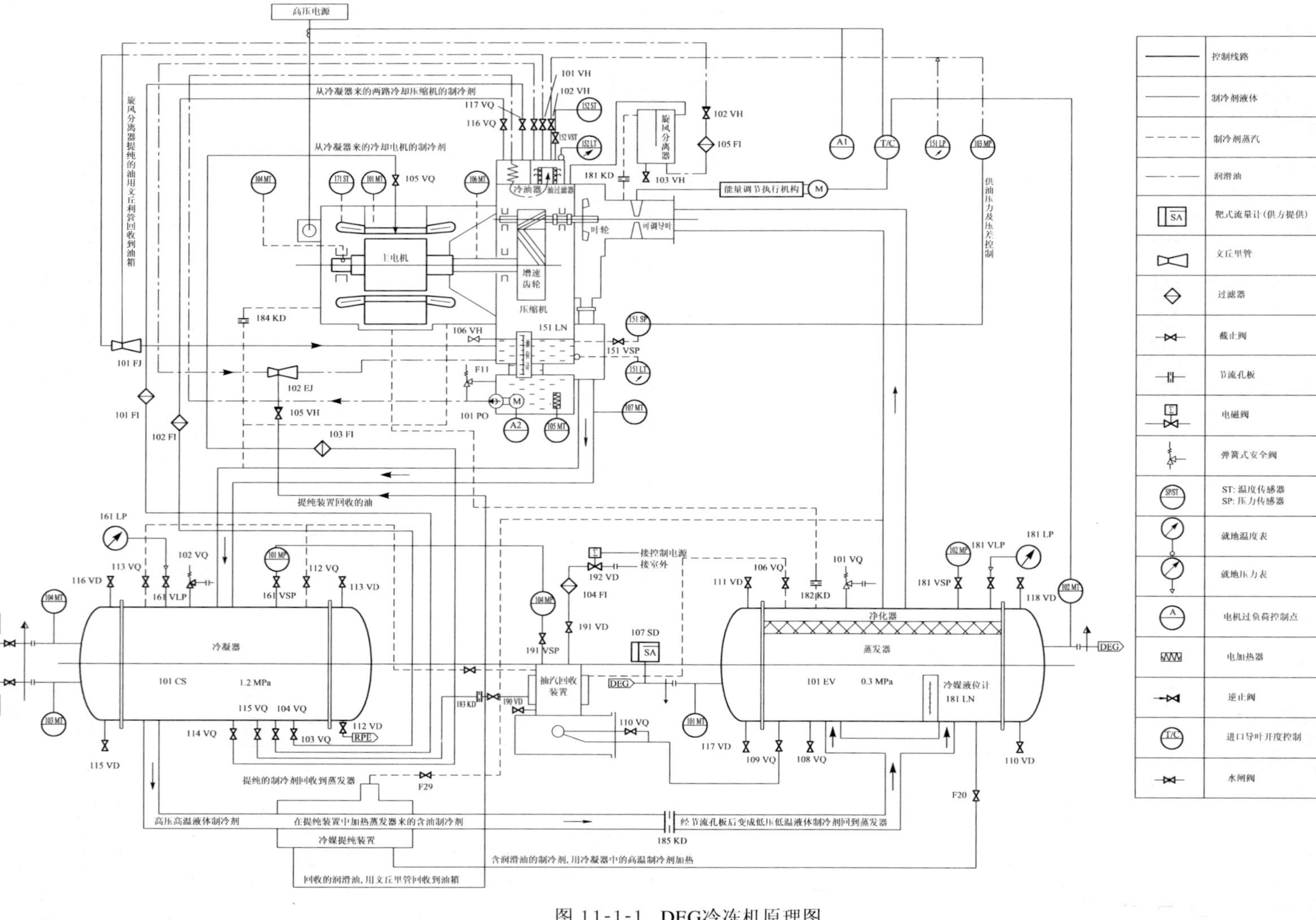

图 11-1-1 DEG冷冻机原理图

冷却水因与制冷剂发生了热量交换而温度升高，制冷剂温度有所降低压力不变。

膨胀过程：由冷凝器 101CS(201CS、301CS)底部来的高温、高压制冷剂液体，流经节流阀(孔板)185KD 发生减压膨胀，变为低压、低温的液体进入蒸发器 101EV(201EV、301EV)。

蒸发过程：经过节流阀(孔板)185KD 减压，进入蒸发器的低压、低温制冷剂液体，与通向蒸发器 101EV(201EV、301EV)的 DEG 系统 12 ℃冷冻回水发生热量交换，制冷剂液体吸取热量后蒸发为制冷蒸汽，同时使冷冻水水温度降低到 7 ℃，从而实现了人工制冷。蒸发器内的制冷剂蒸汽又被压缩机吸入进行压缩，重复上述压缩、冷凝、节流、蒸发过程。如此周而复始，达到连续制冷的目的。

11.1.4 系统运行

11.1.4.1 冷冻机组的运行

冷冻机组有一个从 10%到 100%的容量控制系统，用以保持恒定的冷冻水出口温度。温度控制器的传感器位于蒸发器的冷冻水出口处。机组的制冷量正比于压缩机的吸入流量。为此，在离心压缩机进口装有可调导叶调节机构，用它来控制压缩机的吸入流量，亦可控制制冷剂的蒸发量，从而实现制冷量可以在一定范围内无级调节。

RRI 系统的水控制阀 DEG105VN、205VN、305VN 分别装设在相应于冷凝器 101CS、201CS、301CS 的出口处。它们在相应的压缩机电动机 101MO、201MO、301MO 刚要通电前开启，并在冷水机组停运后延时 10 min 关闭。

DEG 冷水机组开机时，操作人员必须在“本地”启动制冷机组。启动步骤如下：

(1) 确认设备冷水系统阀门 RRI146VN 和 551VN 气动阀已打开，系统正常；

(2) 检查制冷机组的油温已加热到 40 ℃以上；

(3) 确认压缩机进口导叶已关到零，冷水机组没有目前故障；

(4) 在 DEG 冷冻机组主画面中，“主机”选择本地，“导叶”选择手动；

(5) 确认冷冻水系统阀门开关状态，冷冻水膨胀水箱液位正常，主控启动相应冷冻水泵，旋动相应的机组控制旋钮至“开”位“按下”，机组相应的冷却水(RRI)阀打开；

(6) 在主画面中启动机组。油泵先投入运行，数秒钟后主机启动；

(7) 因导叶处于手动，导叶开始会自动开到 10%，就自动停止再开。根据“参数显示”中主机电流、冷冻水进出口温度来手动调节导叶开度；

(8) 等 20 min，确认冷冻机组参数稳定且正常。

在以下 6 种情况时突然停机：

(1) 冷冻水温过低，低于 5 ℃；

(2) 冷却水(RRI 设冷水)断水；

(3) 冷冻水断水；

(4) 供油压差过低 ，低于 98 kPa；

(5) 供油温度超过 58 ℃；

(6) 主机电流超过额定电流 65 A×115%=74.75 A。

DEG 系统冷冻机组与电气厂房冷冻水系统(DEL)冷冻机组油泵的运行方式有所区别，DEG 系统冷冻机组收到就地启动信号后，油泵先运行，满足供油压差后，压缩机启动，油泵一直保持运行直至冷冻机组停运，而 DEL 冷冻机在启动前，油泵首先运行，当油压差≥0.15 MPa，压缩机启动，油压差建立后，油泵停止运转，DEL 机组就是利用冷凝压力与蒸发压力之差为动力来完成压送冷冻机油进入压缩机轴承进行润滑。

11.1.4.2 冷媒提纯

在 DEG 系统中润滑油与液态制冷剂是可以互溶的。DEG 中的一部分润滑油是以和制冷剂相溶的状态存在于制冷系统中。另一部分润滑油，则循环于压缩机油箱及被润滑面和整个润滑系统。在 DEG 制冷机运行中，润滑油从压缩机的轴承、齿轮箱的平衡管混入压缩机的制冷机的气体中，后流入蒸发器；从主电动电机两轴承处润滑油也有可能进入电机内腔，然后，随同用 R134a 制冷剂喷射冷却电机汽化的冷媒气体，从电机回汽管进入蒸发器。所有从以上两种渠道进入蒸发器的润滑油都不蒸发，天长日久，蒸发器中油越来越多，同时，油箱中油越来越少。这时我们就要通过冷媒回收处理方法，将润滑油与制冷剂分离，把油回收到油箱中。

当 DEG 机组在运行过程中，发现油箱中油位(151LN)愈来愈低，低于现场油标签刻度 2 cm 时，运行人员应做冷媒提纯工作。

冷媒提纯的步骤：

(1) 机组启动后，观察机组显示屏中供油压差是否大于 147 kPa，一般在 300 kPa 左右，确认油泵、机组运行正常；

(2) 用扳手打开“F20”供液阀 2 圈(此阀的吸入源头是在蒸发器液表面上部，它的作用是将混入到蒸发器液面上润滑油与制冷剂混合物吸入冷媒提纯装置)；

(3) 用扳手打开“F29”回汽阀 1 圈(此阀是将提纯后的制冷剂回收到蒸发器中)分离出来的油通过文丘里管作用送回油箱；

(4) 由于冷媒提纯、油回收受机内压差、阀门开度大、小的影响，为此时间很不好确定，快至 1～2 h 就见效，慢至几个班，注意观察油箱中油位上升情况；

(5) 当油箱视镜中油位于上升到 6 cm 处，就可关闭 F20、F29 阀门。

11.1.4.3 冷冻水系统的运行

在正常运行状态或热停堆期间，两套容量为 50% 的冷水机组/循环水泵处于工作状态。DEG 系统冷冻水的名义流量 1 号核电机组为 688 m^3/h(2 号核电机组为 665 m^3/h)。正常运行时，流量值保持不变。EVC 和 EVR 的所有冷却盘管都由 DEG 系统连续供水，以保持正确的流量分配，并可随时切换至 EVR 系统和 EVC 系统的备用冷却盘管。在 EVR 系统中，通常在 4 台冷却盘管中有 2 台处于工作状态，同样在 EVC 系统中也是在 4 台冷却盘管中有 2 台处于工作状态。

DVN、DVK 和 DVG 的冷却盘管均装有三通控制阀，以保持通过每一支管的流量恒定。在这种配置中，两台冷水机组可调节其自身的容量，以满足 DVN、DVG、DVK 和 RRI(REN 在线分析仪)冷负荷需求的变化。

在冬季只有反应堆厂房需要冷冻水，因此，只用一台冷水机组就可以满足这一要求。另外两台冷水机组则处于随时可用的备用状态。此时必须通过关闭与 DVN、DVK 和 RRI 这些用户有关的隔离阀来隔离这些用户，这样会改变冷冻水循环泵的运行点，从而来改变冷冻水的流量。

11.1.5　系统存在的问题

三台冷水机组的进水、出水管布置不合理，使三台冷水机组的进出水不能均匀混合。当有两台制冷机运行时，冷冻水各自循环一条回路，使制冷机的负荷分配不均。

在冬季只有反应堆厂房需要冷冻水，且设冷水的水温和冷冻水的水温几乎差不多，机组导叶开度关到10%有时还不行，冷冻水过冷而跳机，对机组正常运行非常不利。现采取的方法有：

(1) 将DEG冷冻机组放手动，这样可以将其冷冻水出口温度低跳机值由6 ℃降低到5 ℃；

(2) 再启动一台冷冻水泵，用于提高冷冻水温。

11.2　电气厂房冷冻水系统(DEL)

11.2.1　系统功能

电气厂房冷冻水系统DEL的功能是给DVC、DVL、DVE通风系统的冷却盘管提供7 ℃(设计值)的冷冻水。

DEL冷冻水系统为非安全相关系统。但由于DEL系统故障后，电气厂房内的温度升高会最终导致电厂核电机组的停运，故它间接地对核电厂的运行安全性有贡献。由柴油发电机组对两个电气系列(系列A和系列B)进行应急供电。

11.2.2　系统组成与描述及原理

每个机组的冷冻水装置包括(见图11-2-1)：

(1) 2×100%冗余的冷水机组001GF(002GF)，其中一台运行，一台备用。每台冷水机组又包括：一台蒸汽发生器；一台由RRI水冷却的管壳式冷凝器；一台螺杆式压缩机；一条R134a制冷剂回路；一台风冷直联式电机；一条润滑油回路；一台油分离器等；

(2) 2台双通气动控制阀200VN(201VN)；

(3) 2×100%冗余的电动冷冻水泵001PO和002PO，其中一台运行，另一台备用；

(4) 1个冷冻水储存罐002BA，用来向DVC系统冷却盘管提供冷冻水。它的用途是当两台冷水机组都断水时，保证有15 min的独立供水时间。储存罐安装在能回收其整个容积的贮存槽中；

(5) 1个波动箱001BA，由氮气加压(现已取消氮气加压)，波动箱上装有安全阀提供超压保护。

11.2.3　制冷原理

DEL系统冷水机组的压缩机采用螺杆式压缩机，制冷剂采用对臭氧层无破坏的R134a，分子式为$C_2H_2F_4$，蒸汽发生器和冷凝器均为卧式布置，制冷剂经过螺杆式压缩机被压缩成高温高压的汽态制冷剂，冷凝器中经过RRI水冷却以后变成高压的制冷液，再经过节流阀(也称膨胀阀)节流降压以后变成低温低压的制冷液，由于节流后的制冷剂温度比冷

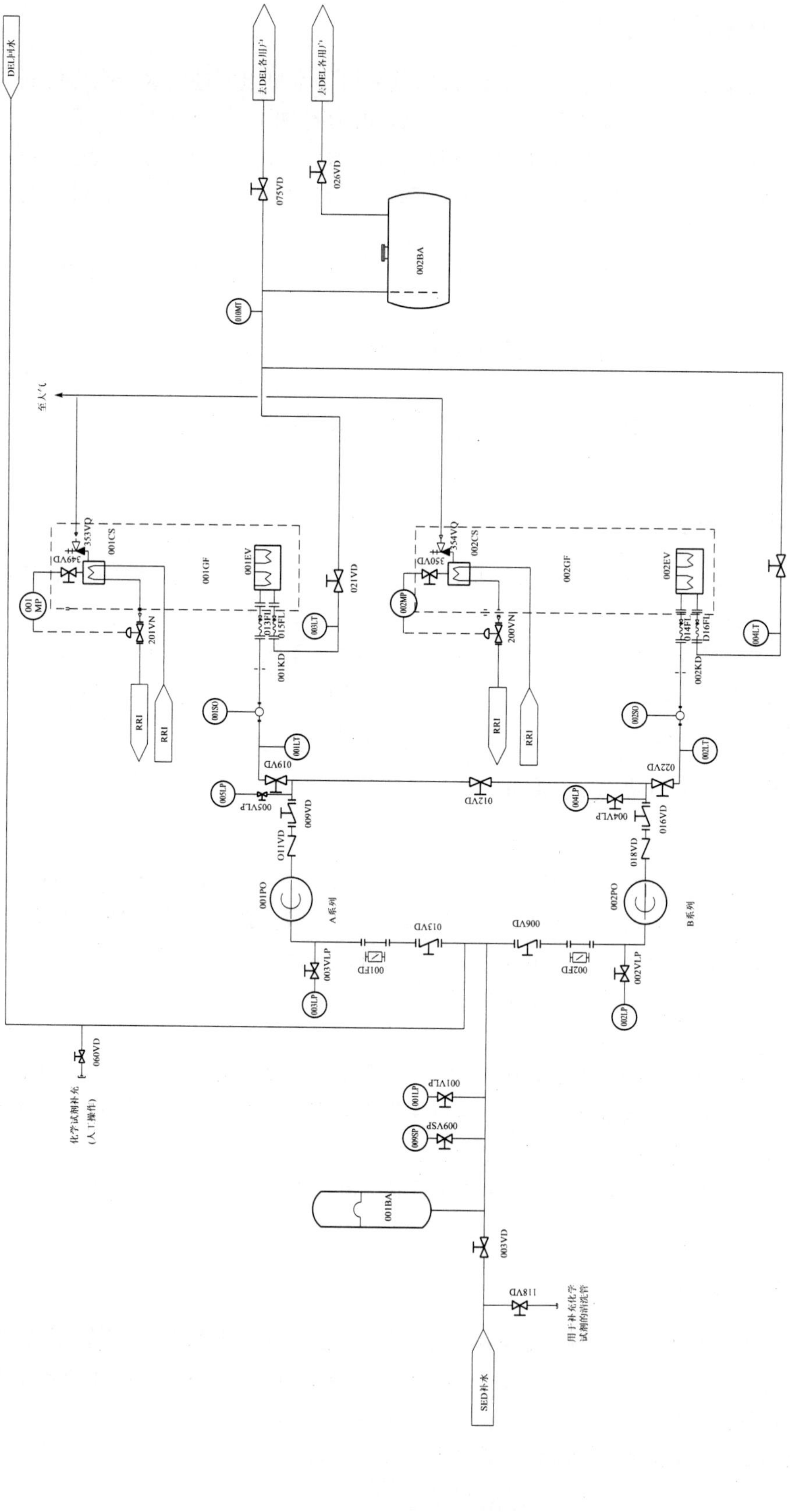

图 11-2-1 DEL系统流程简图

冻回水的温度低很多，在蒸汽发生器中制冷剂吸收冷冻回水热量逐渐汽化，冷冻回水得到了冷却，完成制冷过程的一个基本循环，制冷剂吸收热量逐渐变成汽-液混合物甚至过热的制冷剂，被压缩机吸入，重新进行压缩—冷凝—节流—蒸发，完成制冷循环过程。制冷循环的基本原理实质是逆卡诺循环(原理图见图 11-2-2)。

在制冷系统中，压缩机、冷凝器、节流阀和蒸汽发生器是制冷系统中必不可少的四大件，其中压缩机是心脏，起着吸入、压缩、输送制冷剂蒸汽的作用。冷凝器是放出热量的设备，将蒸汽发生器中吸收的热量连同压缩机功所转化的热量一起传递给冷却介质带走。节流阀对制冷剂起节流降压作用，同时控制和调节流入蒸汽发生器中制冷剂液体的数量，并将系统分为高压侧和低压侧两大部分。蒸汽发生器是输送冷量的设备，制冷剂在其中吸收被冷却工质的热量实现制冷。

11.2.4　系统运行

11.2.4.1　正常运行

(1) 冷冻水系统

在正常运行工况下，本系统一个系列(一台冷冻水泵和一台冷水机组)连续运行。冷冻水回路和 RRI 系统上的各手动阀门整定在正确位置，蒸汽发生器中冷冻水流量为恒定值。

每个系列(冷水机组＋冷冻水泵)由一条独立的线路供电，由一台柴油发电机做备用电源(系列 A 对应于 001GF，系列 B 对应于 002GF)。

冷冻水两个系列设计时不考虑自动地互为备用，在每个系列管路上可就地进行手动切换。冷水机组和冷冻水泵由就地启动和停运。

安装在波动箱附近的就地压力测量装置(001LP)，指示是否需要手动补水，正常运行压力在 0.25～0.35 MPa(表压)，压力下降表示回路有泄漏或需要补水，补水来自 SED 的除盐水，压力过高有可能引起安全阀开启，冷冻水泵入口压力低于 0.20 MPa(表压)时产生泵入口压力低报警，波动箱补水以后还需要在就地通过钥匙手动复位低压报警。

(2) 冷凝器冷却水系统

通过冷凝器的 RRI 系统的冷却水流量由气动双通控制阀按冷凝器中制冷剂的压力进行调节。如果负荷增加冷凝器中制冷剂压力就将增加，冷凝温度相应提高，需要进入的冷却水流量就要增加，气动调节阀开度变大，相反冷凝器中压力变小，气动调节阀的开度就减小。此调节阀失去压缩空气后阀门全开。

11.2.4.2　特殊稳态运行

冷冻水系统的两个系列之间设有连通管，利用隔离阀 012VD 能使一个系列的冷水机组与另一个系列的冷冻水泵一起运行。这种联结方式可使一个系列的冷水机组故障时，另一个系列的冷水机组不受冷冻水泵故障的影响，反之亦然。但此时要求两条电气系列同时有效。

(1) 失去厂外电源

DEL 冷冻水系统的设备可由柴油发电机组应急供电。当 A 系列和 B 系列电源丧失时，冷冻水设备断开。一旦由柴油发电机组恢复正常供电，冷冻水泵自动重新启动，接着冷水机组重新手动启动，冷水机组按正常顺序恢复负载。如果由柴油发电机对作为备用的冷水设备恢复供电，相应的冷水机组和冷冻水泵将由运行人员就地恢复运行。

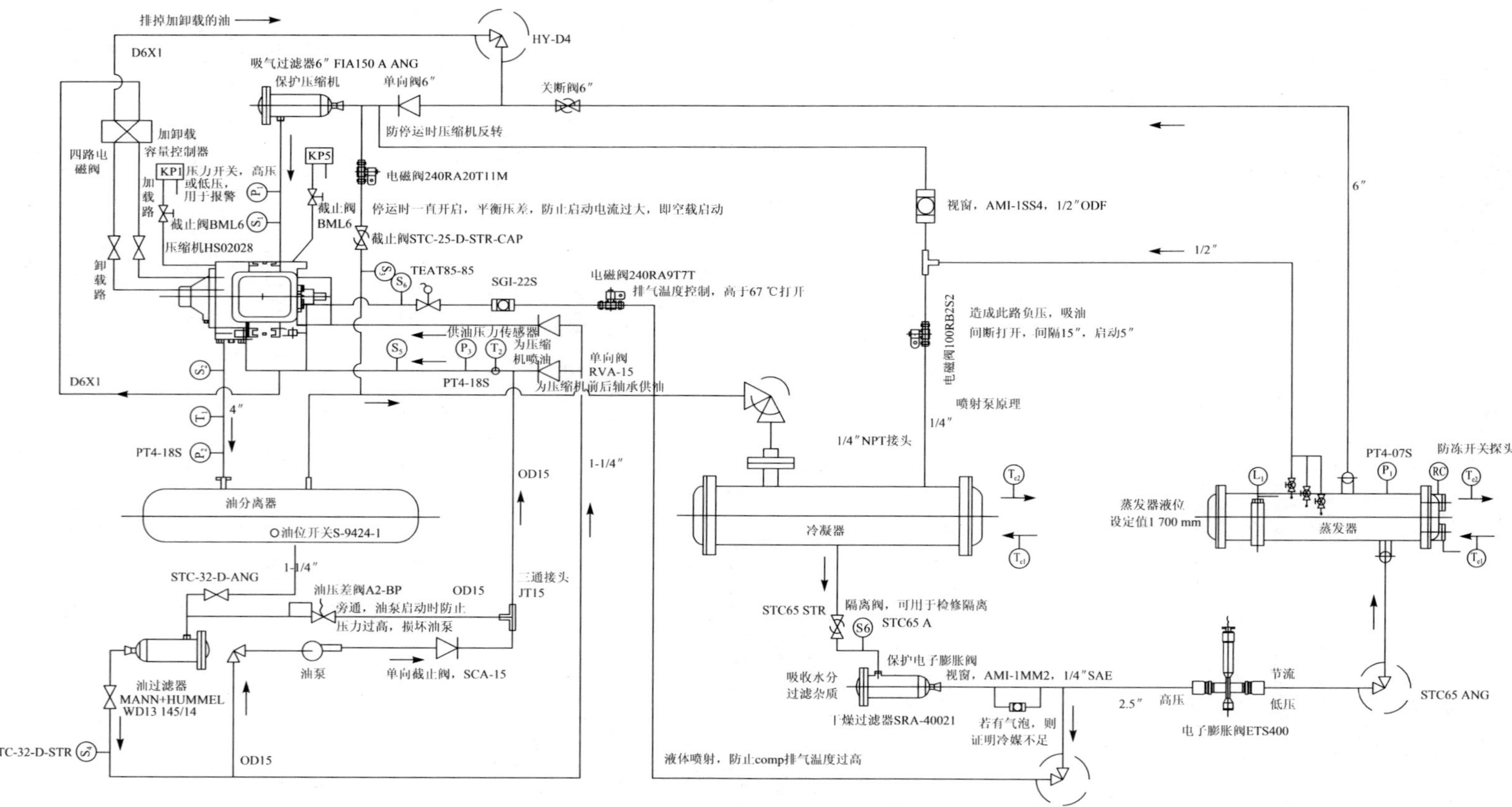

图 11-2-2 DEL压缩机原理图

P_1—吸气压力传感器；P_2—排气压力传感器；P_3—油压传感器；T_1—排气温度传感器；T_2—油温传感器；T_{e1}—冷冻水进水温度传感器；T_{e2}—冷冻水出水温度传感器；T_{c1}—冷却水进水温度传感器；T_{c2}—冷却水出水温度传感器；S1-6—针阀取压点；L_1—液位传感器；RC—防冻开关

(2) 冷水机组故障

当两台冷水机组均发生故障时，在 15 min 内由缓冲罐(002BA)承担 DVC 系统部分冷却盘管对冷冻水的需求。当一台冷水机组中断时，必须由运行人员就地进行系列的切换。

仅当油温达到后才能启动备用的冷水机组。为此，备用冷水机组上的油加热器要一直保持通电状态。

DEL 电气厂房冷冻水系统主要参数见表 11-2-1。

表 11-2-1 DEL 电气厂房冷冻水系统主要参数

名　　称	主要参数
冷水机组	制冷量:775 kW，电机功率:250 hp①
高压	8 ～ 12 kg(最高 14 kg 跳机)
低压	2 ～ 4 kg(最低 1.4 kg 跳机)
油压	7 ～ 11 kg(最低 3.1 kg 跳机)
机组运行电流	189 ～ 328 A
冷冻机油	235 L/台 牌号:W68#
制冷剂	R134a 200 kg/台
冷冻水泵	H=35 m Q=134 m^3/h N=22 kW
冷却水流量	Q=150 m^3/h
膨胀水箱(水侧)有效容积	0.1 m^3
设计冷冻水出水温度	7 ℃
设计冷冻水回水温度	12 ℃
设计冷凝器入口温度	15 ～ 35 ℃
冷冻水储存罐有效容积	11.4 m^3
冷冻水 pH 值	11.5 ～ 12 通过 SIR 添加亚硝酸盐

注：① hp，英制“匹”，也称“马力”，1 hp=0.745 7 kW；

② 表中的压力采用工程量 kg(公斤力)，1 kg=98 kPa，约等于 1 bar。

第十二章　外围辅助系统

12.1　淡水的生产(水源,淡水厂,YA:SEA、SEP、SED、SER)

秦山第二核电厂的水源来自海盐县通元镇塍泾村的取水口,直接从塍迳取水口来的地表水含有大量的悬浮物、细菌等物质,不能满足生产生活的需要,因此必须经过淡水厂处理后才可以用作生产水和生活水。淡水生产系统主要包括取水口和淡水厂两个部分,取水口的功能就是从河里取水,然后经过送水泵(潜水泵)将河水通过 13 km 多的管道送到淡水厂。淡水厂的功能就是经过淡水厂的活性炭过滤器脱色、除臭、去除部分有机物后,加入次氯酸钠消毒后成为生活饮用水(SEP),还有一部分水经过淡水厂的一系列处理后去除了河水中的固体悬浮物后达到生产水(SEA)的要求。来自淡水厂的生产水(SEA)经过深度脱盐处理后成为满足电厂要求的除盐水(高纯水 SED 或 SER),经过水泵向厂区用户供水。

12.1.1　淡水生产系统(SEA)

12.1.1.1　功能

淡水生产系统(SEA)用于处理来自通元塍泾村洪塘河的河水,并向厂区管网分质供应生产水。

12.1.1.2　系统的组成和描述

淡水生产系统(SEA)处理的源水来自通元镇塍泾村的取水口,河水依靠重力流过栅栏、旋转滤网进入集水池,经送水泵加压后通过两根 $\phi600$ 单线长度为 13.2 km 的管道送入水厂。源水在淡水厂经过滤前加氯、加药、混凝沉降砂滤后,一部分进入生产清水池,另一部分经活性炭滤池过滤后加入次氯酸钠溶液,进入生活水清水池。经泵房分质送入电站的生产水、生活水管网。

(1) 系统的组成

淡水生产系统由取水口和淡水厂两部分组成,取水口由两台启闭机、两台旋转滤网、四台潜水泵和两条输水管线组成。淡水厂由四台机械加速沉清池、四台双阀砂滤池、三台双阀活性炭滤池、加氯加药装置、泵房送水泵等组成(见图 12-1-1)。

(2) 系统的描述

1) 取水口——源水输送流程

河水⟶隔栅⟶水闸门(启闭机)⟶旋转滤网(固液分离机)⟶集水池⟶潜水泵⟶泵出口母管⟶两条输水管线⟶淡水厂。

取水口有两个集水池,每个集水池与水源之间各有一台启闭机和一台旋转滤网,每个集水池装有两台潜水泵。集水池的启停根据运行泵的情况可以单个或两个运行,运行的集水池其旋转滤网应同时运行。四台潜水泵的额定流量为 350 m^3/h,潜水泵的启停根据核电厂

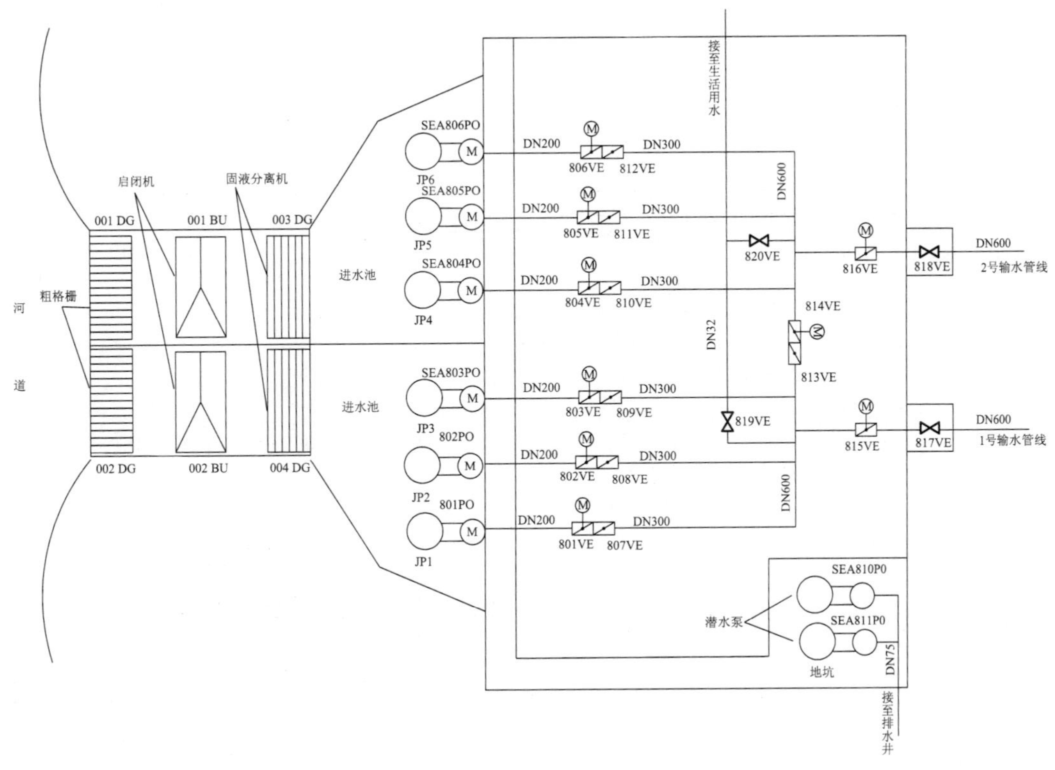

图 12-1-1　取水口流程简图

用水量的大小来确定，正常情况下二用二备，当用水量大于 700 m^3/h 时可以启动一台备用泵；正常运行时当一台泵故障自停时，备用泵可以自启动投入运行。四台潜水泵的出口接入一根母管，然后分成两根输水管(A、B)，向淡水厂供水，在 13.2 km 长的输水管线中有 14 座拱管和 3 座切换井，每座拱管顶部装有自动排气阀。输水管线可以单根运行也可以两根同时运行。利用切换井可以将故障输水管线断路运行。

取水口有三路电源：一路取自通元的通北线(备用电源，农电)；另外一路是从厂区 10 kV 升压站到取水口的杨塍线(主电源)，这两路都是 10 kV 的；第三路是取水口应急柴油发电机组供电(经技改增加)。

2）淡水厂——源水的净化处理

淡水厂对源水净化处理的功能是去除源水中的悬浮固体和部分有机物，并向厂区供应生产水和生活水。淡水厂包括如下设备：四台机械加速沉清池，四个砂滤池，三个活性炭滤池，二个生产水清水池，二个生活水清水池，二个生活水高位水池，一个反冲洗高位水池，三台生活水泵，五台生产水泵和一台反冲洗水泵(管网图见图 12-1-2)。

取水口送来的源水经阀门控制井调节流量并计量后进入配水井，溢流进入机加池，在该工序前源水已加入了次氯酸钠和混凝剂。源水在机加池中经过搅拌、反应、混凝、沉降分离后清水从机加池溢流孔流出，沉降的泥砂经泥斗和中心排空阀定期排放进入电厂废水系统(SEO)。机加池是一个钢筋混凝土的圆形构筑物，上部为圆柱形，下部为倒圆锥形，每个机加池配有一套 TT-2L 型搅拌机、一套 JG-7.5 型刮泥机和两个泥斗。为了提高机加池的出水水质及制水量，每台机加池都安装了斜管，斜管可以改善机加池的水流动条件，增加了机加池的制水量。

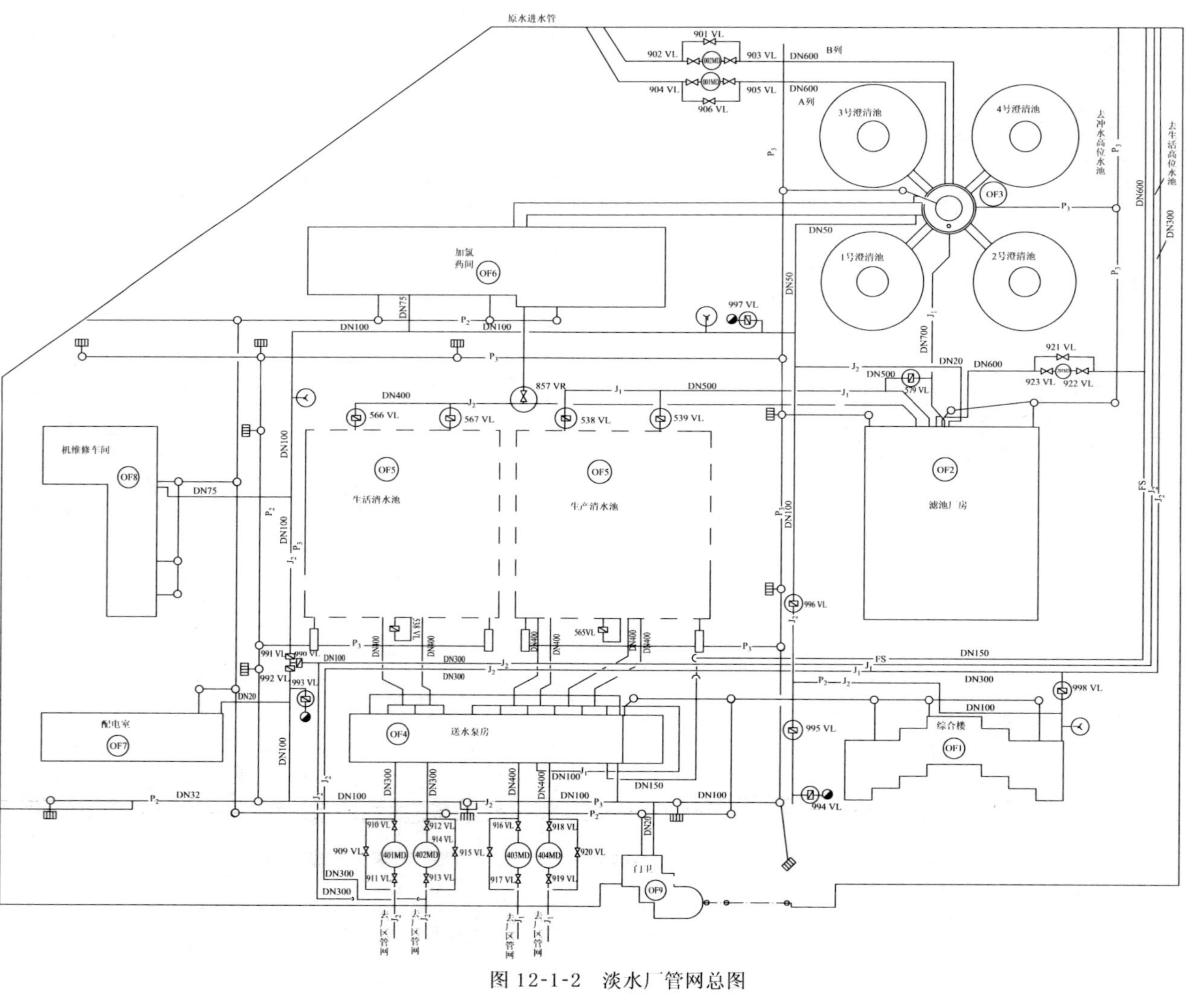

图 12-1-2 淡水厂管网总图

淡水净化装置还设有加氯加药厂房(OF6),加氯装置包括带有搅拌装置的食盐溶解槽两台,两台盐水提升泵,两台盐水贮存槽,三台次氯酸钠发生器,三台次氯酸钠贮存槽和两台水喷射加氯装置。贮存槽的盐水加入到次氯酸钠发生器后,在冷却水冷却和循环泵打循环的情况下,调节电压 15 V 电流 1 000 A,电解 1 小时 45 分钟后即可制得 8.7‰的次氯酸钠溶液,其反应方程式为:

$$2NaCl+2H_2O \longrightarrow 2NaOH + Cl_2 + H_2$$

$$Cl_2 + 2NaOH \longrightarrow NaClO + NaCl + H_2O$$

电解好的次氯酸钠溶液经循环泵送入次氯酸钠溶液贮存槽,次氯酸钠溶液经水喷射器吸入后加入到源水管线进行滤前加氯,另有一部分次氯酸钠依靠重力加入到炭滤池出水总管向生活水加氯。

OF6 还包括有三台混凝剂溶解槽、两个混凝剂贮存槽和六台计量泵,在混凝剂溶解槽中配制 10%的混凝剂(碱式氯化铝)溶液,搅拌溶解后,放入混凝剂贮存槽,经计量泵输送到配水井对应的机加池进水管上,其中四台计量泵与机加池一一对应,另外两台为备用泵。

机加池出水经环形集水槽流入机加池出水总管,利用倒虹吸原理和位差流入砂滤池进水渠。砂滤池进水虹吸管将水渠内水吸入砂滤池,保持砂滤池水位适中,从滤池底部出水,得到合格的生产水。砂滤池的工作原理是含有悬浮固体的流过砂层时,一部分固体在砂层表面被隔离,另一部分在砂层接触凝聚和吸附作用下,停留在砂层的孔隙中,这样水中的大部分悬浮固体被去除了。砂滤池运行一段时间后,随着表面和孔隙中截留的悬浮物增多,阻力增大,出水水质变差就需要进行反冲洗,反冲洗就是大量的水从砂层下部向上流,砂层保持一定的膨胀高,砂粒之间的碰撞摩擦,附着于砂粒表面的固体脱落后被反洗水带出。滤池得到了净化又可以再一次投入滤水工作了,砂滤池出水水质和反冲洗效果与滤池配水的均匀性有很大关系,为此在砂滤池上部均匀布有五个排水集水槽,底部采用支母管大阻力配水系统,保证了滤反与反冲洗配水均匀问题。反洗水经排水虹吸管排入电厂的废水系统(SEO)。

砂滤池出水汇入一根母管后再分两部分,一部分流入生产水清水池,另一部分进入炭滤池。

活性炭滤池有三个,其结构与砂滤池相似,滤料是活性炭。活性炭滤池可以吸附除去水中的悬浮固体、有机物及色素,降低了水中的有害物质含量,保证了生活水的品质。活性炭滤池出水汇入一根总管流入生活水清水池。在总管上控制加入次氯酸钠溶液(进行杀菌消毒,投加浓度为 0.3~0.5 ppm。炭滤池运行一段时间后也要进行反冲洗。

生产水清水池有两个,每个大小为 L×B×H=22.8 m×11.4 m×4 m,有效容积 2 000 m^3。每个生产水池内设有水位计,可以向泵房发出两种信号:(1)3.51 m 高高水位,发出溢流报警信号;(2)0.3 m 水位,发出低低水位报警信号和停泵信号,与生产水泵联锁。正常情况下两个生产水池的连通阀是打开的。生产水清水池应定期进行清洗。

生活水池有两个,每个尺寸为 L×B×H=22.8 m×11.4 m×3.05 m,有效容积 1 220 m^3。每个池内设有水位计,可以向泵房发出两种信号:(1)2.10 m 水位发出溢流报警信号;(2)0.70 m 水位发出低水位和停泵信号,与生活泵联锁。正常情况下两个生活水清水池的连通阀是打开的,生活清水池要定期进行清洗。

由于砂滤池和活性炭滤池反冲洗水流量大,因此还设有反冲洗高位水池一座(OP_2),水池标高 32 m,进出水管为 Dn600。OP_2 反冲洗高位水池内设有水位计,该水位计与反冲洗泵联锁,控制反冲洗泵的启停。可以向泵房控制室、滤池厂房控制台和综合楼控制室发出四种信号:(1)3.55 m 高高水位溢流警信号;(2)3.19 m 高水位停泵信号;(3)2.10 m 低水位启泵信号;(4)0.30低低水位信号,发出报警信号。

为了保证生活水管网压力稳定和节能,淡水生产系统设有生活水高位水池两座。正常情况下两座高位水池的连通阀在开启状态。生活水高位水池的水位计可以向泵房和综合楼控制室发出五种信号:(1)3.85 m高高水位,发出溢流信号;(2)3.80 m高水位,发出停泵信号与生活水泵联锁;(3)2.5 m低低水位,发出启动一台泵信号与生活水泵联锁;(4)1.20 m消防水位,发出启动两台泵信号与生活泵联锁;(5)1.15 m消防报警水位,信号送到泵房和综合楼控制室。

12.1.2 除盐水生产系统(SDA)

12.1.2.1 功能

将来自淡水厂的生产水(SEA)进行离子交换处理,向核岛、常规岛及其他厂房提供水质和水量符合要求的除盐水。

12.1.2.2 系统的组成和描述

淡水厂送出的生产水经GB沟进入除盐水生产系统,处理后进入常规岛。核岛除盐水分配系统向核岛、常规岛和其他厂房供应除盐水。

(1) 系统的组成

除盐水生产系统由活性炭过滤器(001FI、002FI、003FI、004FI)、砂过滤器(401FI、402FI、403FI、404FI)、高压泵、RO机、复用水箱(901BA)、复用水泵、阳离子交换器(100DE、200DE、300DE)、脱二氧化碳塔(120DZ、220DZ、320DZ)、中间水箱、中间水泵、双室阴离子交换器(140DE、240DE、340DE)、一级混合离子交换器(160DE、260DE、360DE)、二级混合离子交换器(180DE、280DE、380DE)、酸碱稀释泵、正洗泵、酸碱贮存、计量装置、中和排放池等组成。

(2) 系统流程图(见图12-1-3)

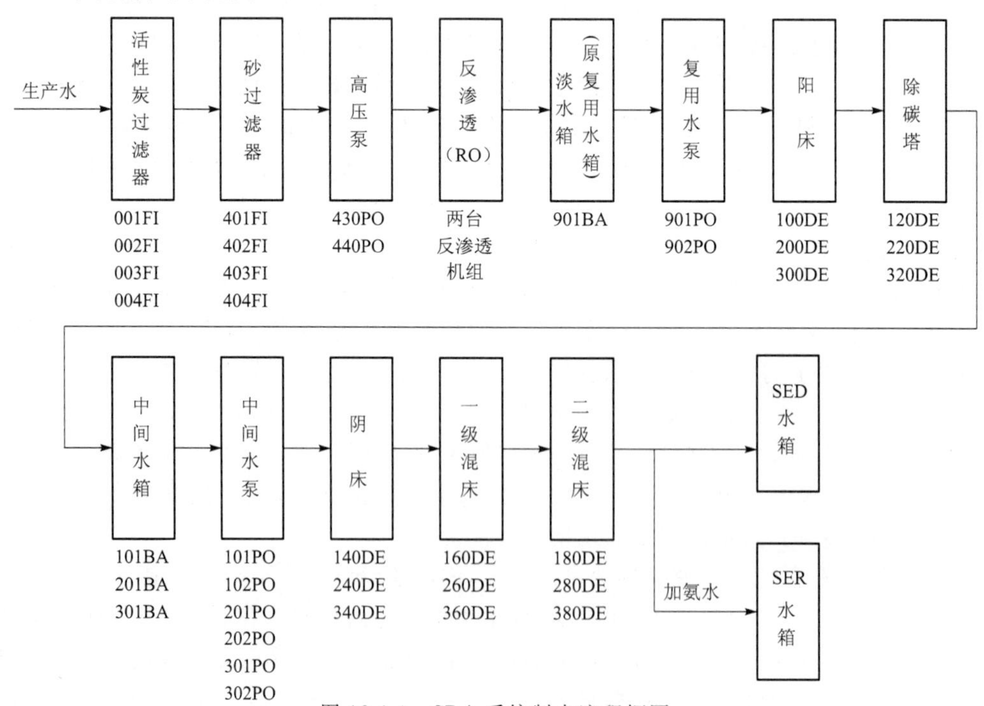

图12-1-3 SDA系统制水流程框图

(3) 系统描述

1) 除盐系统(YA)

从水厂来的工业生产水经过四个活性炭过滤器过滤后汇成一根母管,由这一母管向四个砂过滤器列供应生水,经过滤后汇成一根母管向反渗透机组供水。反渗透出水到复用水箱通过复用水泵向除盐系列供水,每个系列有阳离子交换器、除二氧化碳塔、中间水箱、中间水泵、双室阴离子交换器、一级混合离子交换器、二级混合离子交换器。

① 活性炭过滤器的功能

活性炭过滤器内装填有木质活性炭,由于其具有丰富的孔隙和巨大的比表面积具有良好的吸附性能,因此当水流过活性炭层时,水中的悬浮物、有机物和余氯都可以被活性炭吸附,这样降低了生产水中悬浮物、COD(化学需氧量)和余氯的含量,可以防止后面离子交换树脂的有机物粘染,余氯氧化降解,延长反渗透膜和树脂的使用寿命。

② 砂过滤器的功能

砂过滤器内装填有石英砂,当含有悬浮固体的流过砂层时,一部分固体在砂层表面被隔离,另一部分在砂层接触凝聚和吸附作用下,停留在砂层的孔隙中,这样水中的大部分悬浮固体被去除了。

③ 反渗透机组的功能

利用反渗透膜的分离特性,可以有效地去除水中的溶解盐、胶体、有机物、重金属、细菌和微生物等杂质。

④ 阳离子交换器的功能

阳离子交换器(100DE、200DE、300DE)装填有强酸性阳离子树脂、树脂上的活性交换基团(H^+)可以和水中的阳离子发生交换反应,这样截留了水中的阳离子。反应式如下:

$$R-H + M^+ \longrightarrow R-M + H^+$$

⑤ 双室阴离子交换器的功能

双室阴离子交换器(140DE、240DE、340DE)上部装填有弱碱性阴树脂、下部装填强碱性阴树脂,中间有隔板分开。阴树脂上的活性交换基团(OH^-)与水中的阴离子发生交换反应,从而截留了水中的阴离子,反应式如下:

$$R-OH + N^+ \longrightarrow R-N + OH^-$$

这样当水经过阳床和阴床后,水中的阳离子和阴离子被去除了,水得到了纯化(除盐),而得到除盐水。

⑥ 一级、二级混合离子交换器的功能

一级、二级混合离子交换器(160DE、260DE、360DE、180DE、280DE、380DE)内装填有强酸树脂、白球、弱碱树脂、装填高度分别为500 mm、300 mm、1 000 mm。混床的作用是将一级除盐装置来的除盐水进行深度除盐,得到符合核电厂使用要求的除盐水,混床内的酸碱性树脂均匀、紧密的混合在一起,相当于多级复床、同进由于混合均匀可以消除离子交换反应中的反离子(OH^-、H^+),使交换反应进行彻底出水品质好。反应式为:

$$R-H+A^+ \longrightarrow R-A+H^+$$

$$R-OH+B^+ \longrightarrow R-B+OH^-$$

$$H^+ + OH^+(\text{反离子}) \longrightarrow H_2O$$

2) 除盐水流程

由淡水厂(SEA)系统送来的生产水送到除盐水生产线,生产水经电动蝶阀进入活性炭过滤器、砂过滤器经高压泵增压经RO机到复用水箱。通过复用水泵加压再进入阳离子交换器进行交换反应,从底部流出进入脱CO_2塔顶部喷淋而下(除CO_2)进入中间水箱,经中间水泵加压后进入双室阴离子交换器,水流经过弱碱阴树脂后,从交换器底部流出,进入一级混合离子交换器,再进入二级混合离子交换器,从二级混合离子交换器流出的水水质达到电厂使用要求的除盐水,分别进入SER、SED除盐水箱。

离子交换器出水的水质标准:

① 一级除盐装置(即双室阴离子交换器出水)

电导率(25 ℃)	≤20 μS/cm
SiO_2	≤0.1 mg/L
Na^+	≤2 mg/L

② 一级混合离子交换器

电导率(25 ℃)	≤0.2 μS/cm
SiO_2	≤20 μg/L
Na^+	≤10 μg/L
悬浮物	≤50 μg/L

③ 二级混合离子交换器

电导率(25 ℃)	≤0.1 μS/cm
SiO_2	≤20 μg/L
Na^+	≤10 μg/L
悬浮物	≤50 μg/L
pH	6～8

12.1.2.3 系统运行

在正常运行时,除盐水系统完全是自动化的。有两种方式运行:

(1) 活性炭过滤器加除盐系列运行;

(2) 活性炭过滤器、砂过滤器、反渗透机组加除盐系列。

设备和控制程序的设计,使除盐水系统在失去控制用压缩空气(SAR)或工作用空气(SAT)以及失去生产水和控制系统电源(220～380 V)时仍能保证车间的安全。同时系统中各泵有规律地进行手动切换,保证运行时间内各泵之间分配均匀。同时操作员也可以通过控制盘台对系统的各部分实行手动控制。

(1) 活性炭过滤器的反洗

每台活性炭过滤器设计每4天进行一次反洗或累计制水量达到设定的制水量时进行反冲洗,目的是将活性炭表面的、内部孔隙吸附,截留的悬浮物、有机物除去,使活性炭恢复其吸附活性。

(2) 一级除盐装置

一级除盐装置由阳离子交换器和阴离子交换器组成。设计一级除盐装置每天或累计水量达到1 800 m^3时进行再生处理;或阴床出水水质达不到要求时也要进行再生处理。机组经技术改造增加RO机后，一级复床的制水量增大几十倍，目前以阳床出水电导＞5 μS/cm认为生效。阳床与阴床采用了无顶压逆流再生工艺。阳床再生步骤为：小反洗、排水、进酸、置换、充水和正洗。双室阴离子交换器的再生步骤为：进碱、置换和正洗操作。

(3) 一级混床、二级混床

一级混床和二级混床的设备尺寸及内部结构、填料高度相同。设计一级混床每7天或累计制水量达到12 600 m^3时进行再生。二级混床每28天或累计制水量达到50 400 m^3时进行再生。混床再生步骤为：反洗分层、静置、排水、进酸碱、置换、混前正洗、排水、混脂、充水和最终正洗。

12.1.3 核岛除盐水分配系统(SED)

12.1.3.1 功能

核岛除盐水分配系统(SED)向整个核电厂使用除盐水的所有系统提供pH值为7的核级水质的除盐水，主要的用户有：

核岛：

——通过ASG的除气器向REA系统水箱补水；

——核岛各系统的充水和补水。

常规岛：

——向发电机的定子冷却水系统补水；

——向二回路水汽取样检测系统SIT恒温装置和断流补水箱补水；

——向二回路化学添加系统SIR溶液箱补水；

——凝结水精处理系统ATE再生清洗用水；

——向常规岛闭式冷却水系统SRI膨胀水箱补水。

放射性综合厂房：

——化验室用水；

——洗衣用水。

SED系统不执行安全功能。

12.1.3.2 系统描述

除盐水生产系统为核岛和常规岛提供除盐水。厂区总的日耗水量为3 360 m^3/d；核岛峰值流量为75 m^3/d；常规岛为70 m^3/h。本系统的2台泵的流量为85 m^3/h，出口压力为0.6 MPa。

核岛对除盐水水质要求如下：

电导率(25 ℃)	0.1 μS/cm
SiO_2	＜20 μg/L
pH(25 ℃)	6～8
钠	＜10 μg/L
氯化物和氟化物(共)	＜100 μg/L
悬浮物	＜50 μg/L

核岛除盐水分配系统如图12-1-4所示。来自SDA的除盐水通过一根ϕ150的进水管向除盐水箱(0SED451BA)供水，其有效容积为500 m^3。水箱顶部设有放气管作超压保护用，水箱内还装有测量水位的传感器，作为监测和控制用。

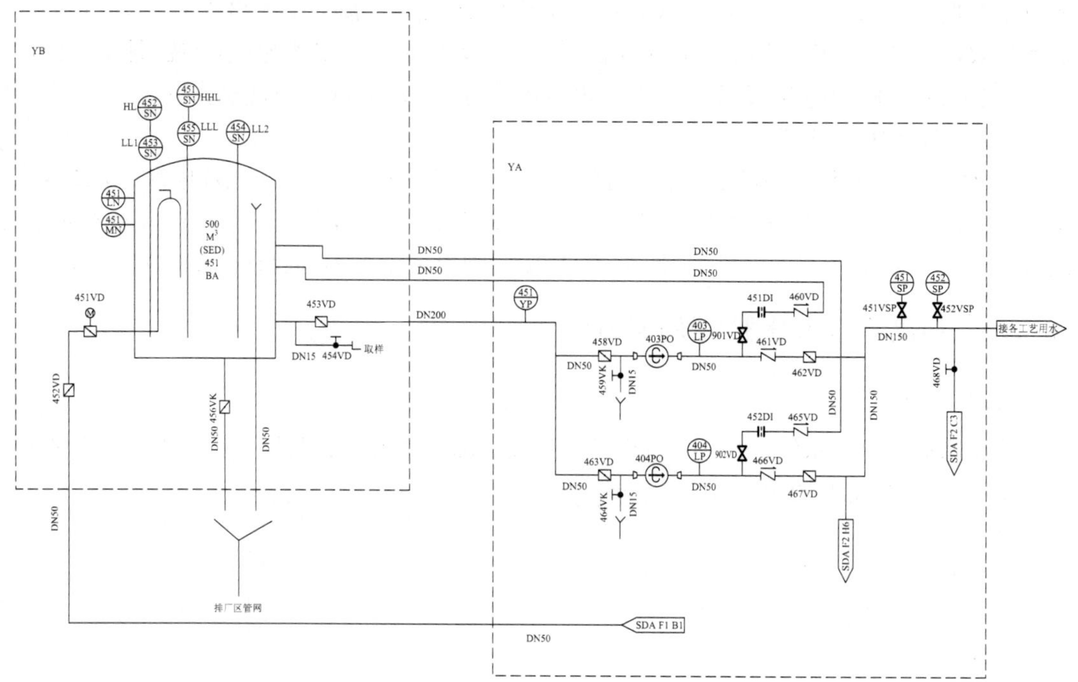

图 12-1-4　SED系统流程简图

水箱的溢流管与电厂污水系统(SEO)相连接。两台并列的核岛除盐水分配泵(403PO、404PO)从水箱中吸入除盐水加压后送入厂区除盐水管网,到达各用户。

12.1.3.3　运行参数

(1) 正常运行

当两台机组工作在正常运行时,一台泵工作提供 75 m^3/h 的流量。贮存箱由除盐水生产系统保持水位,充水流量在 90～180 m^3/h 之间。由于大部分用户间断使用除盐水,因此SED系统的正常连续工况不存在。而贮存水箱 SED 的充水指令由水位传感器发出,当10.4 m 高水位(HL)时,发出信号要求 SDA 系列停止运行,当 3.6 m 低水位时,发出信号要求 SDA 一个系列运行。

(2) 特殊稳态运行

通过辅助给水系统(ASG)的除氧器向反应堆硼和水补给系统(REA)回路供水工况作为特殊稳态运行。该运行方式在下列情况下出现:

1) REA 贮存箱初始充水,流量在 60 m^3/h(ASG 系统除氧器名义流量)和 35 m^3/h(贮存箱充水终了)之间变化;

2) 在超过硼回收系统(TEP)蒸汽发生器能力向 REA 系统不正常补水时;

3) 在 TEP 系统蒸汽发生器失效时(流量同上)。

在这些情况下,各用户总需求量可超过泵的额定流量。在常规岛中,本系统流量为间断的,不存在稳态的需求量。

(3) 特殊瞬态运行

贮存箱设有溢流管,当高水位控制失效时能将注入的水量排出(充水量必须限制在单个生产系列的流量)。SED451BA 在 10.6 m 发出高高水位(HHL)水位报警并关闭水箱进口阀 SED451VD 及发出信号停运 SDA 生产系列;在 2.60 m 发出低低水位(LL2)水位报警并打开 SED451VD,要求 SDA 两个系列运行,并要求运行人员进行干预;在 0.90 m 时发出低低(LLL)液位报警,并再次要求打开 SED451VD,并要求 SDA 两个系列运行,并发出 403、404PO 停运信号。两台泵均失效(如失去电源)时,不能向 SED 的所有用户供水。贮水箱和用户之间形成水压平衡,但不能保证工作压力和流量。供水点高于贮存箱的用户与回路切断,首先被切断的用户是 RRI 系统缓冲箱的补水、过滤器和除盐装置站(核岛)中除盐装置、核岛冷冻系统(DEG)缓冲箱的补水、用于反应堆冷却剂泵的核岛消防系统(JPI)、反应堆腔和乏燃料池室的冲洗系统,只有零米标高或以下的用户才保证重力供水。SED 系统的所有用户能延迟供水,故在不长的时间内 SED 断水是允许的。

(4) 正常启动和停运

当阀门 451VD 开启且贮存箱 451BA 不是低水位时,除盐水泵 403PO 或 404PO 可用手动式或自动方式启动;当贮存箱 451BA 低水位时手动或自动停运 SED 水泵。每一泵出口都有一根再循环管,当贮存箱内水位偏低时,为保证泵稳定运行,投入再循环管运行。

12.1.4 常规岛除盐水分配系统(SER)

12.1.4.1 功能

常规岛除盐水分配系统的功能是贮存并分配 pH 为 9 的除盐水至电厂需要使用该除盐水的系统。

使用 SER 除盐水的系统位于下列厂房:

- 核岛厂房;
- 汽轮机厂房;
- 辅助锅炉房。

12.1.4.2 系统描述

常规岛除盐水来自除盐水生产系统(SDA),其要求的 pH=9.2 是在除盐水生产线终点处加入稀氨水,将 pH=7 的除盐水配制到 pH=9.2,并送到常规岛除盐水箱(401BA、402BA)。如图 12-1-2 所示。该系统的两台泵名义流量为 255 m^3/h,泵的出口压力为 0.55 MPa,在名义流量下泵的总扬程为 55 m H_2O。

常规岛对除盐水水质要求如下:

电导率(25 ℃)	4 $\mu S/cm$
电离的 SiO_2	20 $\mu g/L$
Na^+	≤10 $\mu g/L$
悬浮物	50 $\mu g/L$
pH	9.2

常规岛除盐水分配系统流程图见图 12-1-5。来自 SDA 系统 pH=9 的除盐水经 401VD、421VD 阀门分别进入贮存箱(401BA、402BA),水箱顶部设有通气管。当水位高至+20.5 m 时,进水通过溢流管排至电厂污水系统(SEO)。水箱设有水位传感器作监测和控制之用。

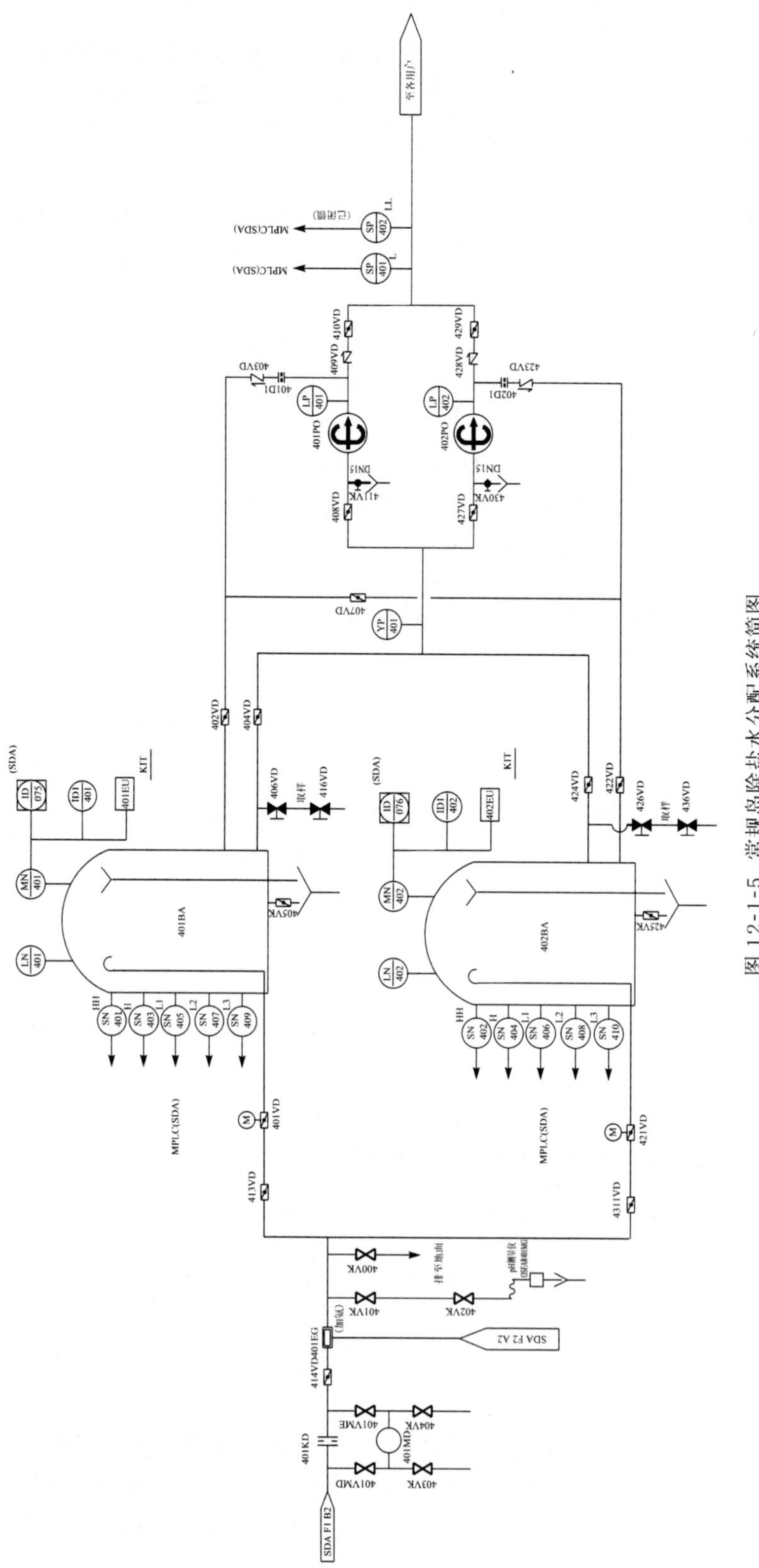

图 12-1-5 常规岛除盐水分配系统简图

水箱出口阀门(404VD、424VD)连接成泵的吸水母管,经泵(401PO、402PO)升压后通过逆止阀(409VD、428VD)、隔离阀(410VD、429VD)至常规岛除盐水分配母管,分别输送至辅助锅炉房(VA)反应堆厂房(RX_1、RX_2)和汽轮机厂房。水泵出口逆止阀前各自引出一条再循环管线,两条循环管线之间还设有联络管以提高运行的灵活性。

12.1.4.3 运行参数

(1) 正常运行

正常运行期间,当 2 台机组工作时,一台泵运行保证分配管网要求的流量。同一时刻只有一个贮罐用于向电站 2 台机组提供除盐水。贮罐充水由除盐水生产装置(SDA)保证。

(2) 正常启动和停运

各泵用手动启动和停运,工作泵必须至少每月切换一次。核岛充水和补水通过手动操作阀进行。

常规岛除盐水分配系统水泵出口管道上设有一个压力开关(使用 401SP,402SP 现已闭锁),向除盐水控制室和主控室传送低压或低低压警报。当泵下游低压 0.50 MPa,流量 290 m^3/h 时,401SP 向第二台泵发出启动命令。

12.2 空气的生产(SAP、SAT、SAR)

秦山核电二期工程的压缩空气生产系统(SAP)包括 ZC 厂房内的主空气压缩机和干燥器、核岛电气厂房内的应急空气压缩机和干燥机以及安装在 BOP 管廊(GB 沟)内的压缩空气生产系统管网。

压缩空气生产系统(SAP)的功能是生产核电厂所有动力设施所需要的压缩空气。SAP 系统不执行核安全功能。如果 SAP 系统的主空气压缩机失效,则安装在电气厂房内的应急空气压缩机能接替工作,并提供必要的仪表用压缩空气。

SAP 系统的设计满足两台核电机组下列任一工况的用气要求:

——正常运行;

——停堆维修期间;

——汽轮机停运时的冷却或干燥;

——安全壳压力试验。

SAP 系统向下列两套压缩空气分配管网供气:

——仪表用压缩空气分配系统(SAR),用于核岛、常规岛和 BOP 的气动控制器;

——公用压缩空气分配系统(SAT),满足所有厂房内动力设施运行和维修的需要。

压力控制系统确保压缩空气生产系统按照优先的次序供气,即仪表用压缩空气优先于公用压缩空气;核岛仪表用压缩空气优先于汽轮机厂房和 BOP 厂区的用气。设在电气厂房内的应急压缩空气生产系统的作用是在失去空气压力(由于泄漏等原因)的情况下,通过解除 SAT 系统(每台机组配置快速关闭阀)而为核岛保证供气的气源。

12.2.1 压缩空气生产系统(SAP)

12.2.1.1 功能

这套装置的作用是生产供所有动力设施、仪表所需的压缩空气。

SAP系统向下列两套动力设施的压缩空气分配管网供气。

——仪表用压缩空气分配系统(SAR),用于核岛,常规岛和BOP内的气动控制器;

——公用压缩空气分配系统(SAT),用于所有厂房内动力设施运行和维修需要。

SAP系统不执行安全功能。如果SAP系统主压缩机失效,装在电气厂房内的应急压缩机启动并提供必要的仪表用压缩空气。

12.2.1.2 设计综述

压缩空气由位于压缩机房内的4台压缩机生产,其流程见图12-2-1。ZC或管网故障时,启用应急备用压缩机。正常运行时,应急备用压缩机一台热备用(基本负荷),一台冷备用(备用)。ZC输出能力为供给电厂仪表压缩空气和公用压缩空气的需求量。

——仪表用压缩空气分配系统(SAR)。每台核电机组最大用气量:

核岛用量:401.1 m^3/h(STP);

常规岛用量:480 m^3/h(STP);

BOP:150 m^3/h(STP)。

——公用压缩空气分配系统(SAT):

核岛维修用量:200 m^3/h(STP);

常规岛维修用量:1 140 m^3/h(STP);

BOP维修用量:1 000 m^3/h(STP)。

——核电厂特殊情况下用气量:

安全壳压力试验用气量:6 300 m^3/h(STP);

电厂运行时SAT系统瞬间用气量:2 900 m^3/h(STP)。

压缩机容量能保证:

——当两台主压缩机运行时(一台连续运行,一台间断运行)能满足SAR系统的全部用气量和一台核电机组正常运行而另一台停运时所需SAT系统流量。

——某些特殊情况下,如一台核电机组运行,另一台核电机组停运,并进行安全壳压力试验或SAT系统瞬时要求压缩空气24 h最大流量,压缩机房内的四台压缩机运行。

压缩空气技术要求:

——系统最高压力:10 bar(绝对);

——系统最低压力:8.60 bar(绝对);

——系统最高温度:50 ℃;

——系统最高压力时露点:<-15 ℃;

——系统气体含尘粒径:$\leqslant 1\ \mu m$;

——系统气体含油量:$\leqslant 0.07$ ppm。

12.2.1.3 设备说明

ZC系统按其气流方向有以下设备:

——四台完全相同的主压缩机,并联布置。大气经主压缩机压缩后,经除油过滤器除油除液后,进入无热再生空气干燥机,再经除尘过滤器除尘后,输出到一根公共集气管,然后分别通入10 m^3的压缩空气缓冲罐。

按冷却水回路有以下设备:

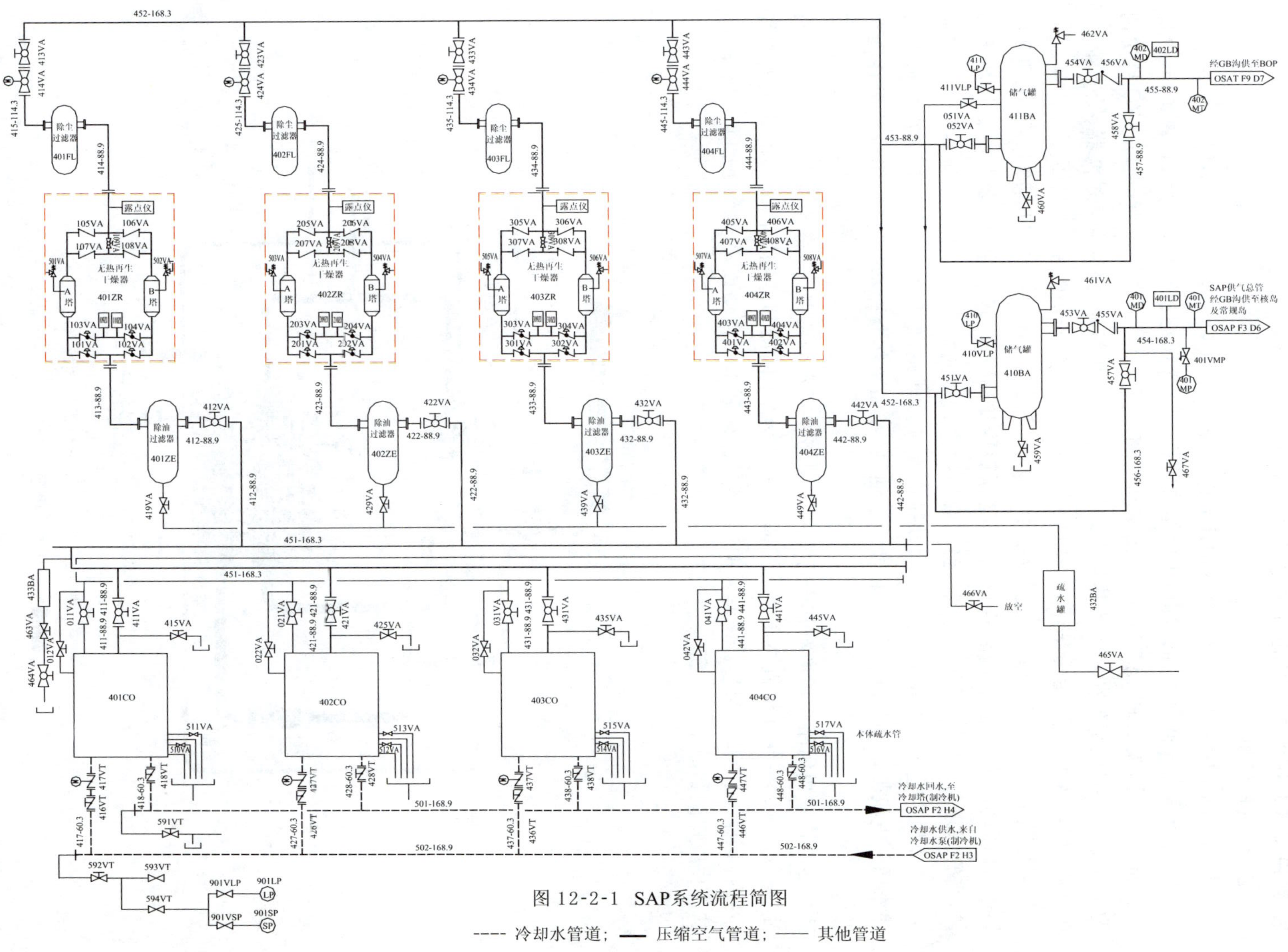

图 12-2-1　SAP系统流程简图

---- 冷却水管道；— 压缩空气管道；— 其他管道

——空压机由闭路冷却水冷却,闭路冷却水冷却主压缩机后,经冷水机组或冷却塔冷却后,经冷却水泵送到主压缩机,流量损失由膨胀水箱来补给。

ZC空气压缩机:

电源:0SAP401CO,402CO由9LGIB供电 0SAP403CO,404CO由9LGIA供电。

空气压缩机为低噪声,油润滑,水冷箱式螺杆型空气压缩机组,型号为2R-250-10,分低压缸和高压缸两级压缩,出口为无油,无波动压缩空气,最大工作压力为10 bar,ZC厂房内的每个空气压缩机都封在一个绝热箱内,它主要由以下几部分组成:空气过滤器、低压转子、中间冷却器、高压转子、后冷却器、电动机、联轴器、齿轮罩、安全阀和控制系统。

空压机从大气取气,经空气过滤后,由低压转子压缩后,经中间冷却器冷却后,送到高压转子,高压转子出口经消音器、逆止阀后,送至后冷却器冷却,进入除油过滤器。高压转子出口,当管网压力高时,由电磁阀控制,经消音器后直接排向大气。当中间冷却器或后冷却器由于故障压力达到安全排放压力时,自动排向大气。油泵,低压转子,高压转子由机械连接并由同一电机带动,润滑油泵从油箱抽油至油泵,经油冷却器冷却后过滤,用以润滑各轴承及转子。

压缩机组由闭路冷却水对其进行冷却。闭路冷却水分两路,一路经油冷却器冷却润滑油,再依次冷却一级压缩机高压转子流体。另一路经中间冷却器和后冷却器冷却压缩空气后,返回至闭路冷却水出口。冷却后的压缩空气,冷凝水由自动或手动冷凝水排放阀排轴。其工作原理图如图12-2-2所示。

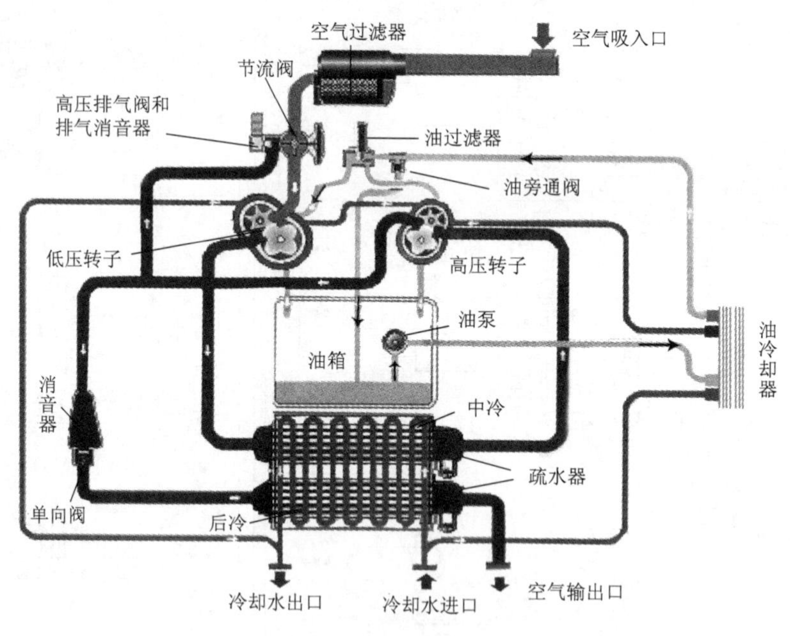

图12-2-2 空气压缩机原理图

—压缩空气; —冷却水; —油

部分压缩机参数如下:

进口绝对压力　　1 bar

最高空气进口温度	40 ℃
最低环境温度	0 ℃
最高冷却水温度	
——进口处	40 ℃
——出口处	50 ℃
最大冷却水出口压力	7 bar(e)
低压安全阀	3.7 bar(e)
高压安全阀	11 bar
最大工作压力	10 bar(e)
正常工作压力	9 bar(e)
输出阀的空气温度约	26 ℃
电功率(输入)	254 kW
油容量	60 L
噪声水平	69 dB
在温升 15 ℃时冷却水消耗量	3.7 L/s

除油空气过滤器：安装在干燥机上游，除去压缩机出口压缩空气中可能会有的油，水，气溶胶和因此形成的雾滴，收集起来由自动排放阀排出。

除尘空气过滤器：安装在干燥机下游，以除去可能因干燥剂磨损而形成的粉末。

无热再生式压缩空气干燥机：双列无热再生式干燥机一列再生，一列干燥，每 10 min 为一循环周期，其中干燥 5 min，再生 4 min 20 s，升压 30 s，降压 10 s。再生塔压力应小于 0.22。升降压、换塔和再生由 PLC 控制，通过电磁阀控制，再生气流由出口单向阀控制，流量由手动调节阀来控制，约 15%的气流用于再生，再生压力一般为 4.5 kg/cm^2，控制气路最低压力为 2.8 kg/cm^2。干燥机剂选用 A 级活性氧化铝。

通过再生流量调节阀和再生压力表的调节，大约 15%的出口干燥空气被用来再生干燥剂。干燥空气进入再生塔后膨胀，突然压力降至大气压力，使含水干燥剂得以再生，干燥空气流经再生塔，带走干燥剂颗粒上的水分。

缓冲罐：两台 10 m^3 缓冲罐用于缓冲系统的压力变化，也用于压缩机试验。缓冲罐上装一安全阀，当罐内压力高于设定压力时，安全阀泄压，降低至关闭设定值时，安全阀自动关闭。缓冲罐出口各装一逆止阀，当罐内压力小于网管压力时，防止高压空气从管网倒灌入罐内，使管网压力下降。缓冲罐故障时，可关闭其出口，入口阀，经旁路管线直接向管网送气。此时，管网压力可能会承受一个压力冲击。SAT411BA 供 BOP 供气总管。SAP410BA 向核岛和常规岛供气，其参数如下：

最高工作压力	10 bar(绝对)
设计压力	11 bar(绝对)
工作温度	210 ℃
设计温度	230 ℃
介质	空气
腐蚀裕度	1.0 mm
容积	10 m^3

冷水机组：机组的工作原理是制冷剂经压缩机压缩，变成高温高压的气体，经过冷凝器冷却后，变成低温高压的液体，在蒸发器前经过膨胀阀减压后进入蒸发器，在蒸发器内吸收冷却水中的热量而汽化，从而实现降低冷却水的温度。膨胀阀在系统中起减压和调节冷凝剂流量的作用。

应急空气压缩机：应急空气压缩机和所属的干燥器位于电气厂房内，该厂房按抗震设计。供电电源：每台应急空气压缩机配备应急电源(系列 A 用于 SAP001CO，系列 B 用于 SAP002CO)。空气压缩机本身的压力开关，由相应的系列(A 和 B)供给 48 V 直流电源。

12.2.1.4 系统运行

(1) 正常运行

在两台核电机组同时运行的正常运行条件下，四台主空气压缩机中的两台供核电站的全部公用压缩空气分配系统(SAT)和仪表用压缩空气分配系统(SAR)。另两台主空气压缩机处于备用状态。

每台核电机组的两台应急空气压缩机处于停运状态，其中一台带基本负荷，空气压缩机处于准备自动启动状态，另一台处于应急备用状态。一台干燥器投入运行，另一台处于备用状态(两台干燥器交替运行)，快速关闭阀门(067VA)处于开启状态。

(2) 特殊稳态运行

在特殊情况下，例如一台核电机组运行，而另一台核电机组停运而进行安全壳压力试验或 SAT 系统要求的 24 h 附加流量为 2 900 m^3/h，四台 SAR 系统主空气压缩机均投入运行，应急空气压缩机则向运行的核电机组和 BOP 厂房的 SAR 系统提供气源。

(3) 特殊瞬态运行

——当 BOP 供气总管压力下降到低于 0.86 MPa(绝对)时，快速关闭阀(067VA)由弹簧操作机构关闭。

——在失去电源的情况下，应急空气压缩机将停运，并卸载以等待再次启动，干燥器也将停运。

——如果因冷却水系统故障使空气压缩机内温度升高，或者由于空压机排气压力高，及润滑油压低。温度高等原因，会使应急空气压缩机和相应的干燥装置脱扣。脱扣后，待故障消除后，重新启动时，要求先用现场带钥匙的选择开关将故障信号复位。

在主空气压缩机出口空气压力下降的情况下[0.78 MPa(绝对)]，应急空气压缩机自动启动后，运行人员应立即在主控室关闭阀门 069VA，用于隔离仪表用压缩空气回路，以避免空气可能泄漏到 SAT 管网。当主空气压缩机在运行且出口压力正常时，则在停运应急空气压缩机前应开启阀门 069VA。

(4) 启动和正常停运

1) 主空气压缩机

主空气压缩机和干燥装置。冷却装置的启动不需要预热和润滑，可在任何时候和任何条件下停运。任意一台主空气压缩机的启动和停运与相应的干燥装置的启动和停运相联锁(现已改造，取消联锁关系，压缩机与干燥装置不再一一对应)。

在 ZC 厂房的 OSAP001CC 可同时实现四台空压机“主控室/就地控制室”两种控制方式的切换。在 ZC 厂房内的主空气压缩机上设有紧急停运按钮，可使系统在意外情况下不受主控室的控制而紧急停运。

SAP 系统的启动，运行及停机，是根据 ZC 子项出口处的 SAP 系统的压力信号自动完成的。当系统的压力达到最大值（1.0 MPa 绝对压力）时，空气压缩机自动空载运行，当系统压力降低到最小值（0.86 MPa 绝对压力）时，空气压缩机自动开始带负荷运行。空气压缩机可以空载运行的 20 min，超过该时间，则自动停运。

2）应急空气压缩机

两台应急空气压缩机自动启动失效时可由控制室手动启动。通过就地三位（基本负荷、备用、试验）选择开关 001CC 和 002CC 为各空气压缩机选择功能。当 SAR 系统压力降至 0.78 MPa（绝对）时，“基本负荷”应急空气压缩机自动启动；当压力继续下降到 0.76 MPa（绝对）时，则第二台应急空气压缩机（备用）自动投入运行。应急空气压缩机停运是就地控制的。但这只有当压缩空气系统压力高于 0.9 MPa（绝对）时，应急空气压缩机才能停运，停车前必须打开阀门 069 VA。如果压力降至低于 0.68 MPa（绝对），则仅向 SAR 系统的核岛部分供气。

12.2.2 公用压缩空气分配系统（SAT）

12.2.2.1 功能

公用压缩空气分配系统 SAT 的功能是在电厂运行及停堆期间供应核岛、常规岛及 BOP 的气动工具或用气设备等所需的压缩空气。

12.2.2.2 设计综述

公用压缩空气由位于 BOP 的压缩机房（ZC）内的压缩空气生产系统（SAP）的四台压缩机 OSAP401CO、OSAP402CO、OSAP403CO 及 OSAP404CO 进行生产。

核岛的反应堆厂房、电气厂房、燃料厂房、连接厂房、核辅助厂房及常规岛、BOP 的 SAT 气体由来自厂区的 SAP 管网供应。

一个 10 m^3 的空气贮罐 SAP410BA 安置在 ZC 厂房内，以缓冲系统中的压力波动，并提供少量的储备容量。汽轮机厂房的 SAT 气体由环绕汽轮机厂房的总管来分配。

BOP 及常规岛的压缩空气回路通过两个 SAP 系统的阀门控制供应，这两个阀门可以限制供应给核岛回路的 SAT 系统的压力降（NX 区除外）。当压力降过大时，切断 BOP 及常规岛的压缩空气供应，以保证核岛部分 SAT 系统的压力相对稳定。

常规岛的公用压缩空气分配系统的气体由 SAP 系统的供气总管供应。在供应常规岛的管网入口设置一个贮气罐 SAT201BA 以缓冲系统中气体的压力波动。

在 SAP 系统的供气总管处设置一只截止阀，当压力降低到一定程度时，该阀门关闭，以保证核岛用空气。在汽轮机厂房四周重要用气场所设置分配歧管。歧管上连接支管通向气动工具及用气设备。

12.2.2.3 运行参数与控制

在正常运行状态，核电厂两台机组均运行，SAT 管网内的绝对压力在 0.86 MPa（运行中的 SAP 压缩机负荷运行）与 1.0 MPa（运行中的 SAP 压缩机空载）之间变化。

在正常情况下，至反应堆厂房的连接阀门是关闭的，所有安全壳内部的 SAT 系统只有在停堆时才用。

反应堆安全壳试验在 0.502 5 MPa 压力下进行。这时,压缩空气由 SAP 系统的四台压缩机提供。另一机组的仪表用压缩空气由应急空压机提供。这种压力试验 10 年进行一次。

如果 SAP 系统的供气发生故障,有关系统的备用气量由贮气罐供应。

SAT 系统的所有阀门都是手动的。系统中的压力信号就地显示。压缩空气的控制是通过 SAP 系统完成的,在 SAT 系统压力过低时会产生报警。

12.2.3 仪表用压缩空气分配系统(SAR)

12.2.3.1 功能

本系统是为了保证核电站各厂房:核岛、常规岛、BOP 的气动控制装置所需仪表用压缩空气的分配系统。

SAR 系统是与核安全无关的系统,不执行核安全功能。

在核岛部分有许多安全级的系统在临时运行进需要用 SAR 气体,因此,SAR 系统有许多安全级贮罐。这些贮罐是为下述安全级系统运行时提供仪表用压缩空气的:

——RCV 系统的控制仪表,在反应堆厂房中的一台贮气罐在热停堆向冷停堆工况过渡期间向化学和容积控制系统(RCV)的控制仪表提供压缩空气。

——取样阀(REN 101-102VP)设有单独的贮气罐。

——在电气厂房中的一台贮气罐向 GCT 系统的大气卸压阀、LLS 汽轮发电机组的蒸汽入口阀等提供压缩空气。除此之外一些安全系统还备有自己的压缩空气贮气罐。

12.2.3.2 设计综述

在正常工况下,仪表用压缩空气是靠位于 ZC 厂房内的主空气压缩机提供的。

在四台主压缩机均发生故障时,由两台应急空气压缩机中的一台提供气源。

仪表用压缩空气分配系统包括三个子系统:

(1) 核岛子系统

直接由 SAP 系统供气。每堆有一个供气管网,两堆在核辅助厂房中的公用设施则由一个管网供气。

(2) 常规岛子系统

直接由 SAP 系统供气,在空气压力下降时,为保证核岛用气,在管路上设有一只背压控制阀用于限制核岛回路中气体压力的降低。

本子系统在每座汽轮机房中分为两个供气管网:

- 供气管网采取总环管的形式,其支管通向汽轮机厂房内重要用气场所的分配歧管;
- 管网向汽轮机蒸汽旁路阀区供气。

(3) BOP 子系统

由常规岛 SAR 系统供气,管网直接向 BOP 的不同用气点供气。

一些管网上配备有贮气罐,以补偿在瞬态运行中的压力变化,每台贮气罐的上游管路上都安装有止回阀,以便在上游回路压力降低时把管道隔离,因而即使发生有限的压力下降,缓冲罐仍将满足控制装置的用气要求,持续的时间随用户而变化。

反应堆厂房的供气管路上安装有一个电动隔离阀(432 VA)用来保证在事故工况时的安全壳隔离(见图 12-2-3)。

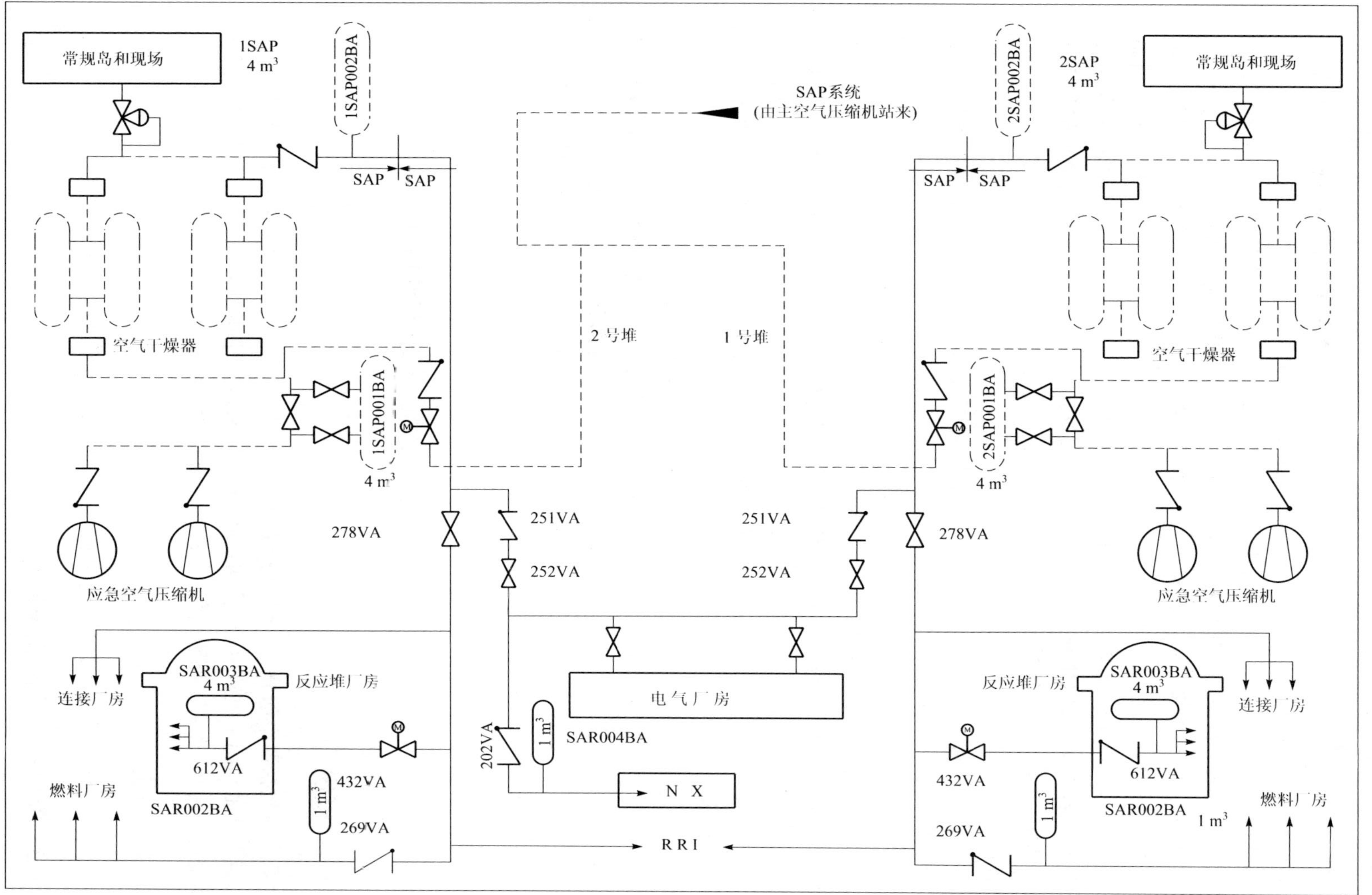

图 12-2-3　常规岛SAR流程简图

12.2.3.3 运行参数与控制

正常运行:在正常运行状态下,主空气压缩机站的四台空气压缩机中的一台连续运行,另一台间歇运行,以保证SAT、SAR系统的正常供气。

特殊稳态运行:如果其中一台机组的SAP贮气罐002BA的表压降到0.68 MPa时,一台应急空气压缩机自动启动以保证向各用户供气。对BOP供气管网,不适用。

特殊瞬态运行:如果其中一台机组的SAP贮气罐002BA的压力降到0.66 MPa(表压)时,则第二台应急空气压缩机自动启动,同时启动第二台干燥器。如果该表压值低于0.58 MPa时,为优先保证核岛用气,向常规岛和BOP供气的管路将被自动切断,同时在主控室报警。若BOP回路中压力下降,则在PX泵房、除盐水厂房YA、辅助锅炉房VA等BOP子项内可由缓冲罐暂时维持其工作压力。

控制原则:

——电动控制阀432 VA(反应堆厂房供气隔离阀)既可以在主控室内手动控制,也可由安全壳隔离信号自动关闭。

——在每一贮罐上就地安装一只压力表,用来检测贮罐内的气体压力。

——给RPE阀门供气的贮气罐上均设有一只压力开关。这些RPE阀门用于反应堆厂房内高放射性液体排出物的重新注入(关于压力开关在SAR失效时的用途,见RPE系统手册第6章)。

——对反应堆厂房中RCV控制阀供气的贮气罐的003BA上安装有一压力开关,如果SAR失效时,有一个警报信号送至主控室内。

——反应堆厂房的供气干管上安装有一个空气流速测量装置。

——为SAR系统提供压缩空气的SAP系统具有4×100%冗余度,而应急压缩机的电动机由柴油发电机作后备电源。优先向SAR系统的核岛部分供气。系统的每个安全级部分都设有一台空气贮罐,以提供备用气量。与SAR016BA关联的子管网也可以由另一台机组的管网供气,也可由移动式压缩机供气。

——如果失去全部压缩空气供应时,应根据事故规程进行处理。

12.3 氢气生产分配系统(SHY)

12.3.1 概述

氢气站包括两个部分。一个是氢气的生产系统,另一个是氢气的储存分配系统。

氢气站是利用水电解生产氢气的。由于氢气站运行成本高和安全性不好,目前氢气生产系统已经封存,现采用外购氢气的方式,因此在此不介绍氢气生产系统。

12.3.2 功能

氢气储存分配系统就是将储存外购的氢气经过分配管架向两台机组供应氢气。

12.3.3 氢气储存分配系统简介

氢气储存分配系统包括五台氢气储存罐,每个氢气储存罐的容积为30 m^3,最高运行压力为 3 MPa。五台氢气储存罐的出口合为一个母管。母管分出两个支管，经过减压阀减压到 0.6～1.0 MPa(表压)后分别到 1 号、2 号机组。

氢气储罐作为压力容器，必须具有安全附件压力表和安全阀。在氢气储罐本体上安装有压力表，在其出口管线上也安装有压力表。每台氢气储罐安装有一个安全阀，安全阀的出口都连接在排空管上，排空管的出口安装有阻火器。

氢气储存罐底部安装有一根排空管道连接在排空管上，还安装有一个可以与其他管道相连的接口，该接口主要用于接收氢气或置换时连接氮气。

氢气储存罐的进出口管道位于储罐的中下部，但是管道进入管体后沿罐体一直上升到储罐的顶部。

在氢气储存罐的进出口管道上还分出一根支管与排空管连接。

正常运行时一个储存罐供给氢气，送到常规岛发电机和核岛的容控箱。

12.3.4 氢气储存分配系统的操作

(1) 氢气储罐的切换：当在供气的氢气储罐压力小于 0.8 MPa 时就需要切换到另外一个储罐供气，由于氢气的用户是间歇使用，因此可以先在分配管架上关闭运行储罐的供气阀，再打开备用储罐的供气阀。

(2) 氢气储罐充氢气：利用氢气储罐底部排空阀将氢气充入氢气储罐。该项操作的关键是吹扫好管道，在充氢气的过程中控制氢气流速不能太高，防止因为流速高温度升高。

(3) 氢气罐停复役的置换：在氢气储罐由氢气置换为氮气时，氮气必须由底部充入，排空必须由中部的排空阀排放，在排放过程中要控制流速；在由氮气置换为氢气时，氢气从中部充入(利用其他储罐的氢气)，当压力达到 0.4 MPa 时停止，然后从底部排空阀经阻火器排放。

12.3.5 氢气站的安全注意事项

(1) 氢气站严禁明火、吸烟、穿钉子鞋。操作人员不宜穿化学纤维、毛料工作服。

(2) 人员进入氢气站必须关闭手机、呼机等通讯工具。

(3) 车间的照明、人员使用的手电筒必须是防爆的。

(4) 严禁金属铁器等物相互撞击，以免产生火花。

(5) 氢气站应设有消防器材，按数量、要求就位。

(6) 氢气站在雷雨天严禁进行置换等有关的排放操作。

(7) 氢气站分配管架所在的厂房要保持良好的通风。

(8) 氢气站不得存放易燃、易爆物品，禁止无关人员入内。

(9) 距离氢气站 10 m 以内严禁动火作业。

12.4 氮气储存分配系统(SGZ)

12.4.1 系统功能

本系统的功能是接收储存液氮，通过汽化、增压和分配系统向电站的用户提供不同压力等级的气态氮气。

氮气用户有中压和低压两个等级,因此有低压氮气和高压氮气两个系统。

12.4.2 系统组成

低压氮气系统由一台液氮储罐、一台低压汽化器、两组低压氮气压力调节装置组成。

高压氮气系统由两台低温液氮泵、一台高压汽化器、六个高压氮气储罐和两组中压氮气压力调节装置。

另外还有一组高压氮气转低压氮气的压力调节装置(见图 12-4-1)。

12.4.3 氮气站的相关知识

12.4.3.1 液氮储罐

液氮储罐为双层绝热设备,两层壳体之间充满珠光砂并抽真空,来降低热量的传递。如果发现液氮储罐压力上升较快,就有必要检查保温层的真空度,如果高需要进行抽真空。

液氮储罐自带有一套增压设备,其原理就是通过增压设备使部分液氮气化来升高压力。

12.4.3.2 液氮泵

液氮泵是一种适用于低温液体的活塞泵,液氮泵在启动前必须进行冷却,在运行过程中也必须开排气装置,将运行中气化的液体及时排出。

12.4.4 调压系统的调节

由于氮气用户都是间歇性使用氮气,因此调压装置的调节必须是在调压装置出口阀关闭的情况下进行调节。

12.4.5 液氮的气化

液氮气化需要吸收大量的热量,由于其温度非常低,因此可以吸收环境中热量来气化。

12.4.6 氮气安全常识

氮气是一种无毒、无嗅、无色的窒息性气体,在密闭的空间使用氮气窒息的风险非常大,因此在进入有使用氮气的房间时,必须先进行氧气浓度的分析,合格后才能进入,也可以佩带氧气呼吸器进入。氮气窒息的人员会出现电击式的抽搐。

12.4.7 系统参数

——低温液氮储罐:容积 30 m^3,工作压力 0.8～1.3 MPa。

——低温液氮泵:流量 230 L/h,进口压力小于 1.3 MPa,出口压力最高 16.5 MPa。

——高压储罐:单个容积 2.5 m^3,设计压力。

——工作压力:最低 8 MPa,最高 14.8 MPa。

——低压氮气压力调节装置:最大流量 500 N·m^3/h,出口压力(0.75±0.09)MPa。

——高压氮气压力调节装置:最大流量 150 N·m^3/h,出口压力(4.7±0.3)MPa。

高压氮气、低压氮气的用户使用氮气可能间歇的或连续的,实际运行中高压氮气和低压氮气都是保持供气状态的。

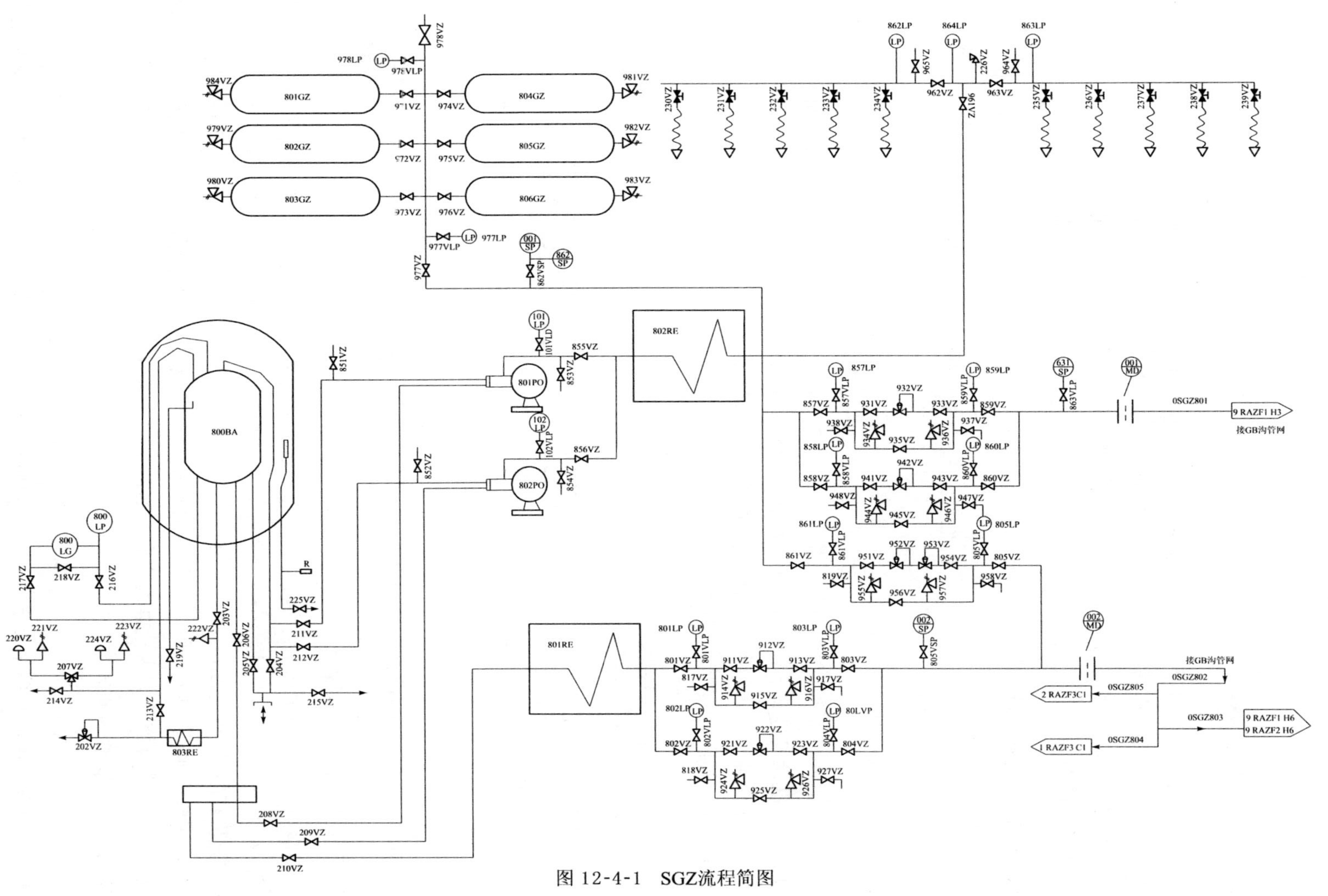

图 12-4-1　SGZ流程简图

12.5 辅助锅炉(XCA)

12.5.1 系统功能

辅助锅炉是秦山第二核电厂的一个汽源。电站在正常运行是辅助锅炉处于备用状态，辅助蒸汽由蒸汽转换器(STR系统)提供(见图12-5-1)。

辅助锅炉的功能是在电站调试、初次启动时期和蒸汽转换器不能满足供汽的情况下提供足够的辅助蒸汽。

12.5.2 系统组成

辅助锅炉系统主要由一台除氧器、三台给水泵、两台电锅炉、两台汽水分离器、化学双给水、排污扩容器、阀门和管道组成。

12.5.3 系统流程

如图12-5-2所示，化学双给水系统有两个部分，一部分是联氨储存箱和投加泵，在辅助锅炉初次启动或没有SVA蒸汽时，需要向除氧器投加联氨溶液来除掉水中的溶解氧。另外一部分是磷酸三钠储存箱和两台投加泵，投加泵和锅炉设计为一一对应，改造在出口增加了连通管和阀门，实现了互为备用。

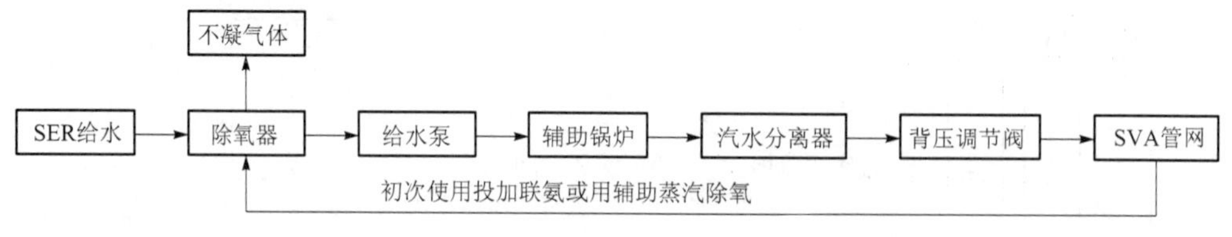

图12-5-2 XCA流程框图

12.5.4 锅炉的运行原理和调节

12.5.4.1 锅炉的原理

锅炉有六个与炉体绝缘的电极，每两组与供电电源的一相连接，炉体与电源的中性线连接。在炉体的上部安装有一个水箱与循环泵的出口用管道连接，水箱的纵向开有六排出水孔(安装有喷口)与电极相对，在电机下面有六组金属格栅与炉体连接。在启动锅炉循环泵后，炉水进入水箱从喷口喷向电极，这时形成一个电流回路，电流流过水时产生蒸汽(约循环量的2%)，没有汽化的水从电机流到下面的金属格栅又形成一个电流回路也产生蒸汽。

12.5.4.2 锅炉的调节

由以上锅炉的工作原理可以看出，要调节锅炉的功率，就必须改变水的电阻(电极与炉体之间)，改变电阻有两个方法：(1)增大导体的面积，也就是需要更多的喷口喷水，需要提高循环的流量(提高循环泵的转速)；(2)降低水的电阻率(提高电导率)，一般炉水电导率控制

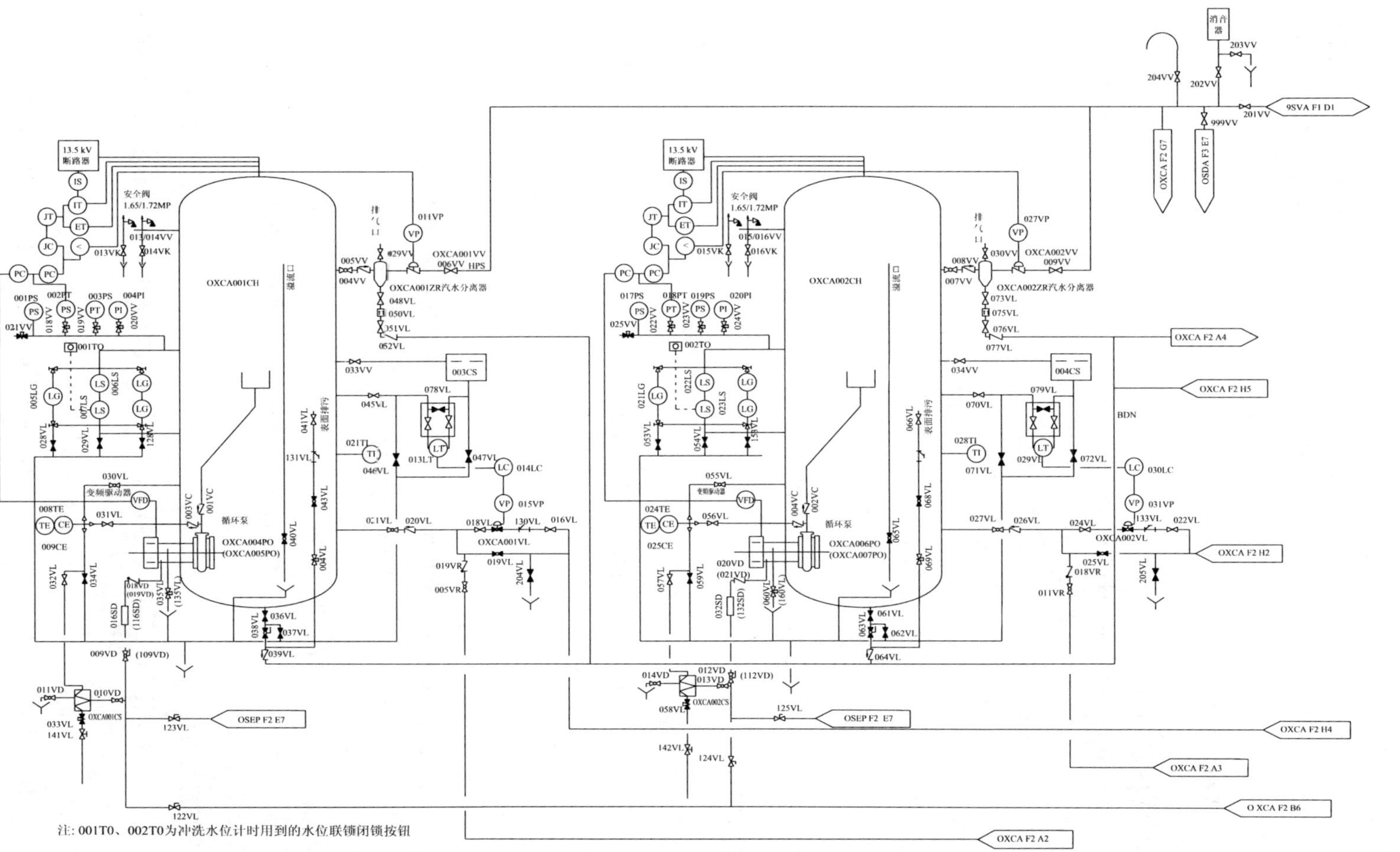

图 12-5-1 XCA系统流程简图

JC—功率控制；PC—压力控制；CE—电导率组件；VP—阀位指示器；LS—液位开关；LG—液位计；LC—液位控制；TI—温度指示计；PT—压力转换器；LT—液位转换器；JT—功率转换器；IT—电流转换器；ET—电压转换器；IS—电流开关；TI—温度计；GPM—加仑/分钟；FWS—主给水；BDN—排污；CFB—锅炉化学补水；MWS—软化水；CFD—除氧器化学给水；HPS—高压蒸汽；PS—压力开关；FS—流量开关

⋈—截止；⋈—Ball阀；⋈—闸阀；⋈—过滤器；⋈—针阀；⋈—止回阀；⋈—节流阀

在 1 200～1 600 μS/cm，如果锅炉要达到满功率运行，电导率要控制在 1 800～2 000 μS/cm。

锅炉电导率的控制依靠补加磷酸三钠或排污来实现。当锅炉电导率偏低时，启动电解质泵向锅炉补加磷酸三钠溶液至电导率 1 400 μS/cm 后停泵；当电导率偏高时，表面排污阀自动打开排出高浓度的炉水再补加淡水来降低炉水电导率。

12.5.5 辅助锅炉系统的参数

电锅炉：HVJ-338-C250；25 MW(38 t/h)；13.5 kV；1.72 MPa

循环泵：HS10-40；780 m^3/h；H：6 m 30 kW

给水泵：2LLR-11；47.6 m^3/h；H：170 m 45 kW

排污扩容器：BD-3070-2；0.756 m^3；0.52 MPa

化学试剂箱：100PTS/532A；0.38 m^3；0～0.024 m^3/h

电解液储存箱：100PTS/532A；0.38 m^3；0～0.024 m^3/h

除氧器：SP175-215T；80 m^3/h；0.345 MPa

温度：108 ℃

含氧量：小于 20 ppb

汽水分离器：AVSM-14-28 ϕ771；1.72 MPa

12.5.6 锅炉的运行

12.5.6.1 锅炉的启动条件

锅炉可以在热态(热备用)或冷态(冷备用)下启动，正常运行方式为热备用启动，除非要求应急快速启动才使用冷态启动。

热态(热备用)起动应满足下列条件：

(1) 锅炉水位正常(50 cm)。

(2) 除氧器水位正常(50 cm)。

(3) 备用加热器投运，并且保持锅炉所需的 345 kPa 的最低压力(备用加热器能确保锅炉在大约 12 h 内将炉水从 15 ℃加热到压力为 345 kPa 的饱和温度)。

(4) 锅炉电源断路器闭合。

(5) 循环泵控制回路开关在 OFF 位置。

(6) 除氧器的水位控制设置在自动方式，压力控制设置手动方式并将调节阀关闭。

(7) 循环泵冷却水应满足要求的流量。

12.5.6.2 锅炉启动过程

(1) 一旦锅炉获得 345 kPa 压力，就小心打开空气释放阀直到所有残留空气放完，即有蒸气出现。

(2) 通过“背压和功率控制器”设为手动控制方式，将背压调节阀关闭。

(3) 检查“断路器联锁手动开关”是否在正常(NOMAL)位置，且循环泵控制开关是断开的。

(4) 将“压力和水位控制器”设为手动控制方式，然后设置压力为运行压力(11～

14 bar)，将百分比输出为设置 0；将水位控制设自动或手动方式。

(5) 闭合断路器控制开关，是锅炉电源断路器闭合，此时应有电压显示。

(6) 闭合两台循环泵控制开关，红色指示灯应亮，泵应启动，将"压力和水位控制器"的压力百分比手动设置为 10%～15%。

(7) 接通电导分析仪开关，并将电解液供给控制开关设在自动位置。

(8) 用手动方式控制循环泵的速度，尽量把锅炉压力提高到规定的运行压力。

(9) 如果在几分钟内，锅炉未能达到正常的运行压力，把电解液供给泵的控制开关设置为手动位置，将电解液加进锅炉。

(10) 当锅炉达到正常运行压力时，将压力控制转为自动方式，并逐渐地打开蒸气出口阀(为了减小转换时的冲击，锅炉的压力最好稍微超过其压力给定值)。

(11) 正式送汽前，应对蒸汽管路系统至少进行 20 min 的暖管疏水，气温较低或停炉时间较长时应适当延长暖管疏水时间。暖管疏水时管网压力保持在 0.2 MPa 左右，不要太高(此时锅炉运行功率要控制低一些，背压阀开度要小)。

(12) 在循环泵最大转速下，锅炉可以获得额定输出。

12.5.6.3　锅炉的关闭过程

(1) 通过"背压和功率控制器"的手动控制逐渐关闭蒸气出口背压调节阀，把需求的蒸气减少为零(同时手动控制逐渐降低循环泵的转速)。

(2) 将循环泵的开关打倒 OFF，关闭循环泵。

(3) 断开高压电源控制开关。

(4) 关闭给水和蒸气出口截止阀。

(5) 关闭电解泵和锅炉给水泵。

(6) 关闭电导率分析仪。

(7) 如果锅炉打算停止运行几天或排水，备用加热器应关闭，所有控制电源也应断开。

(8) 如果锅炉要冷备用，冷却锅炉后，将锅炉和除氧器充满除氧水，断开所有控制电源和设备电源。

12.5.6.4　锅炉的故障处理

(1) 紧急停止：操作控制开关使锅炉高压电源断开。操作紧急停止按扭，切断控制回路电源，使循环泵、给水泵等设备停止运行。

(2) 故障发生：如果发生故障，首先停机排除故障，然后根据情况重新开启或关闭。

(3) 可能发生的故障：锅炉超压、高水位、过流(电弧)引起的高压电源跳闸；循环泵冷却水流量低、锅炉低水位引起的停泵，变压器报警等。

(4) 仪用压空失去：4 个气动阀受到影响，其中 3 个气动阀(蒸气出口阀、锅炉给水阀、除氧器蒸气增压阀)将关闭，除氧器水位控制阀应失气而打开。此时锅炉压力将有所升高，直到控制系统使锅炉关闭到最小输出；除氧器将注满水，超出的水将流向排放系统。失气后应将循环泵停运，除氧器水位控制阀前进水隔离阀关闭。

(5) 220 V 电源失去：将使 XCA 系统所有设备失去控制电源，造成循环泵停运。功率变送器、电导率分析仪失电，背压调节阀因失电而关闭。

(6) 380 V 电源失去：所有 380 V 电源供电设备，如循环泵、给水泵等停止运行。

(7) 6 kV 电源失去:将导致锅炉变压器失电,此时,应立即停循环泵。

12.6 循环水处理系统(CTE)

12.6.1 概述

CTE 系统为循环水处理系统,两台机组共用,主要设备位于 HX 厂房,利用电解生成的次氯酸钠溶液对循环水处理系统和安全厂用水系统的海水进行处理,杀死海水中的水生物,防止其在管路中繁殖生长,堵塞管路和热交换器(主要包括冷凝器底部热交换器和安全厂用水(SEC)和设冷水(RRI)之间的板式热交换器)。

12.6.2 功能

循环水处理系统(CTE)通过电解盐水生产活性氯浓度为每升水 9.25 g 的 NaClO 溶液,保护以海水为介质的循环冷却水系统(CRF)和安全厂用水系统(SEC)不受海洋生物污染。高位 NaClO 溶液投加槽向 CRF 和 SEC 系统注入最终在海水中形成浓度为 1 ppm 的 NaClO 溶液。投加点有两处(不考虑同时投加):

(1) 在海水取水头部采用穿孔管投加方式(2 处);

(2) 在联合泵房闸门导槽处采用穿孔管投加方式(共 12 处,CRF8 处 ,SEC4 处)。

12.6.3 原理

将配置好的 28～40 g/L 低浓度食盐水通过发生器电解槽,进行无隔膜电解生成 NaClO:

$$NaCl + H_2O + (2F) = NaClO + H_2\uparrow$$

式中 F 为法拉第电解常数,数值为 26.8 A/h。电解电流效率一般在 72%左右,电解过程中产生的少量氢气,经循环槽排放到大气,生成的 NaClO 溶液浓度为 7～9 g/L。

12.6.4 结构及设备说明

NaClO 生产线分为 A、B 两系列,每系列由下列设备组成(以 A 系列为例):

• 一台水力溶盐器(101BA);水力溶盐器为不锈钢制作,溶解后的浓盐水浓度 20%左右。

• 两台过滤器(101FI,102FI);不锈钢制作的圆柱形筒体,$\phi 2$～8 mm 滤网 4 层,顶部密封盖板可开启,以清除筒体内杂物,筒体底部设排污阀,可定期排污。

• 一台浓盐水循环泵(101PO);额定转速 1 500 r/min,电压 380 V,功率 3.0 kW,流量 78 m^3/h,扬程 7 m,泵在液下部分不设轴承,可输送含固体颗粒的杂质。

• 一台浓盐水提升泵(103PO);额定转速 1 475 r/min,电压 380 V,功率 3.0 kW,流量 38 m^3/h,扬程 4.5 m,为立式、单级、单吸长轴液下泵。

• 一个稀盐水池(121BA);有效容积 72 m^3。

• 一台稀盐水提升泵(105PO);额定转速 1 475 r/min,电压 380 V,功率 3.0 kW,流量 47 m^3/h,扬程 11 m。

• 两个 NaClO 循环槽(131BA,132BA);玻璃钢,3 700 mm×2 700 mm×2 500 mm,有效容积 18 m^3。

• 两台 NaClO 循环泵(107PO,109PO);卧式单级离心泵,耐 NaClO 腐蚀定型泵,额定转速 1 475 r/min,电压 380 V,功率 7.5 kW,流量 64 m^3/h,扬程 20 m。

• 两台 NaClO 发生器(161BA,162BA);发生器由单支发生量为 3.0 kg/h 的电解元件共 14 支组成,14 支元件电源连接采用二并七串连接方式,单支元件阴阳电极接电点以紧固件连接方式组成承压密封结构,电解槽内外部均设有冷却水系统。阳极为钛基多元稀贵金属涂层,阴极为钛材。电解元件设计压力 0.6 MPa,工作压力 2.0～2.5 kg/cm^2,无氮气。

• 一台冷却塔(001AF)和两台冷却水循环水泵(111PO,112PO)。

循环泵额定转速 2 900 r/min,电压 380 V,功率 11 kW,流量 56 m^3/h,扬程 41 m,圆形逆流式冷却塔和清水管道泵在夏季运行冷却效果已不能保证 NaClO 溶液低于 38 ℃时,应补充直流自来水。

NaClO 溶液贮存和投加系统为两个系统共用:

• 两个 NaClO 贮存槽(142BA,143BA);容积为 36m^3/个,位于 HX 厂房外。

• 两台 NaClO 溶液提升泵(113PO,114PO);额定转速 1 500 r/min,电压 380 V,功率 5.5 kW,流量 46 m^3/h,扬程 21 m。

• 两个 NaClO 溶液高位重力投加槽(081BA,082BA);位于 HX 厂房房顶,玻璃钢制造,采取保温措施,容积为 3 700 mm×2 300 mm×2 500 mm。

生产用盐贮存在三个贮盐槽内,每个贮盐槽贮盐量为 25 t,投盐时人工操纵抓斗投盐投入水力溶盐器,经水力溶盐后盐水通过过滤器流入浓盐水池,浓盐水池中设有循环泵循环溶盐,每次盐水可调配 6 次稀盐水,调配好的盐水提升至稀盐水池,每池稀盐水可装满 4 个循环槽,稀盐水由泵提升至循环槽。循环槽注满稀盐水后,NaClO 发生器可投入运行,两台 NaClO 发生器通过对应的循环泵共用一个循环槽制取 NaClO 溶液,两个循环槽依次使用。

稀盐水多次循环过 NaClO 发生器生产的 NaClO 溶液流入贮存槽,经泵提升至投加槽,并将它注入海水投加点。

冷却塔和冷却水循环泵向 NaClO 发生器以及整流柜提供冷却用水。

厂房配电室中的 380 V 配电盘对设备提供电源。

12.6.5　系统运行

(1) 正常运行

NaClO 发生器同时工作,单台生产 NaClO 40 kg/h,每台盐耗 158 kg/h,四台共产 NaClO 160 kg/h。每 1 g 次氯酸钠含有 0.95 g 有效氯。设计投加方式为间歇式,每隔两小时投加一次,每次投加运行时间为 2 h。夏季正常运行时,海水 77.94 m^3/s,溶液投加量 33.84 m^3/h,每个取水头部 16.92 m^3/h。冬季正常运行时,海水 57.94 m^3/s,溶液投加量 25.16 m^3/h,每个取水头部 12.58 m^3/h。泵房内设有 12 个投加点,CRF 每个投加点 4.14 m^3/s,共 8 处,SEC 每个投加点 0.19 m^3/s,共四处。取水头部和泵房不同时投加。

(2) 特殊稳态运行

1) 两台 CRF 水泵停运

夏季海水 39.83 m^3/s,NaClO 溶液投加量 17.29 m^3/h。

冬季海水 29.83 m^3/s,NaClO 溶液投加量 12.95 m^3/h。

2) 一台 NaClO 发生器停运

可调整投加间隔时间和投加持续时间,投加量不变。

(3) 清洗

发生器运行 24 h,至少要进行一次清洗,打开清洗阀及排污阀,时间继电器计时,30 min 后,关清洗阀,再延时 5 min 后关排污阀。清洗水源来至 SEC(生产用水)。

12.6.6 控制

所有的正常运行,启动和停运都可以自动控制,手动和自动运行的控制装置设在 HX 厂房的控制室内,该控制室设有报警器和 PLC 系统,为手动和自动运行方式提供信号和控制设备。通过 PLC 控制柜,可对发生器运行过程进行远距离操纵和监控以及设定运行方式。

第十三章　核电厂启动与停止

13.1　概　述

核电厂启动是指核电厂从维修冷停堆到满功率运行的过程。

核电厂停止是指核电厂从满功率到维修冷停堆运行的过程。

本章重点说明从维修冷停堆到满功率运行的主要过程，包括反应堆冷却剂系统充水、升压升温、反应堆临界启动、主蒸汽管道暖管、汽轮机冲转、并网及提升功率至满功率稳定运行。核电厂停止的操作过程与核电厂的启动正好相反，这里仅作简要的说明。

13.2　核电厂启动

13.2.1　反应堆冷却剂系统充水

换料结束后反应堆进入维修冷停堆，开始反应堆冷却剂系统充水和排气并使反应堆从维修冷停堆工况进入正常冷停堆工况。

13.2.1.1　反应堆冷却剂系统充水条件

反应堆冷却剂系统在满足下列必要条件后方可进行充水操作：

（1）核岛检修工作结束，所有工作票办理终结手续；

（2）SEC、RRI、RRA、SED 和核岛、电气厂房的通风冷冻系统已按正常方式投入运行；

（3）反应堆压力容器已扣盖；

（4）稳压器人孔已关闭；

（5）反应堆冷却剂系统水位在主管道中心线附近；

（6）RCP、RCV、RIS 等系统已在线检查完毕，满足启动要求。

13.2.1.2　反应堆冷却剂系统充水

反应堆冷却剂系统可有下列两种方式充水：

（1）启动一台上充泵充水，由该泵向上充管线和主泵 1 号轴封注入管线供水。应注意，在冷却剂系统水位达到水泵叶轮中平面前，投入主泵的轴封水注入，以防微粒污染 1 号轴封而导致轴封损坏。

（2）在启动一台上充泵向上充管线和主泵 1 号轴封注入管线供水的同时，启动一台低压安注泵从换料水箱吸水向反应堆冷却剂系统充水。

如果充水无时间的要求，可采用第一种方式；如进度有要求，可采用第二种方式，注意要监视稳压器水位，接近满量程时及时停低压安注泵。这种充水方式速度较快，但易造成跑水。如 RCP 水位较低，也可不启动低压安注泵，利用换料水箱水重力向 RCP 充水，这时应先投入主泵轴封水。

13.2.2 反应堆冷却剂系统的排气

13.2.2.1 静态排气

在 RCP 系统充水过程中要进行静态排气，一般从低到高逐级排气，开启主泵的泵壳排气阀、测温旁路排气阀、压力容器顶部排气阀，最后打开稳压器顶部通向 RPE 的排气阀，当排气管线窥视孔出水不冒气泡后依次关闭排气阀(稳压器顶部排气时，由于主系统压力变送器的位置较低，因此其压力维持在 0.5 MPa 左右排气效果较好)。主系统充水完毕后，一般将系统稳定在 0.35～0.5 MPa。

13.2.2.2 动态排气

静态排气结束后，RCP 压力提升至 2.5 MPa(表压)，对两个环路进行单个和同时动态排气。

当压力升至 0.7 MPa 后，应注意开启主泵轴封回流隔离阀。

升至 2.5 MPa 后，检查主泵启动条件。点动一台主泵当电流稳定(约 30 s)后停泵，先进行泵壳排气，同时进行一回路的降压，当一回路降压到 0.35 MPa(表压)后约 2 h 后进行反应堆冷却系统排气，排气点和静排气点一样(泵壳除外)，并进行由低到高，最后将一回路压力升至 0.5 MPa 左右进行稳压器顶部排气。然后再次升压至 2.5 MPa，点动另一台 RCP 主泵对另一环路进行动态排气。最后同时点动两台主泵进行动态排气。注意在每次降压至 0.7 MPa 时关闭主泵轴封回流隔离阀。

进行主回路残余气体量计算，如果合格，充水排气结束，否则，重复上面的操作，将机组过渡到正常冷停堆状态。

13.2.3 反应堆冷却剂系统升温升压

13.2.3.1 RCP 升温至 82 ℃

RCP 排气结束后，压力维持在 2.5 MPa，在一回路温度低于 70 ℃依次启动两台主泵。在启动主泵时，应注意 SG 二次侧温度，如高于一次侧，应采取必要的防超压措施。

与此同时，进行蒸汽发生器充水，启动一台 ASG 电动泵，向 SG 充水，每次只能给一台充水，不能同时充水，将水位充至窄量程的 34%。

把稳压器的所有比例和通断加热器均投运，以增加稳压器温度，全部打开稳压器喷淋阀以形成通过 PZR 的循环，进行一回路升温。

温度上升期间，监视 RRA 温度变化趋势，并利用 RRA 024 VP/025 VP，保持温度梯度≤28 ℃/h，直至 RCP 升温至 82 ℃。

13.2.3.2 RCP 添加联氨除氧

当 RCP 升温至 82 ℃时，开始注入化学药剂联氨，进行主系统除氧。根据化学分析要求，必要时注入 LiOH，调整 RCP 的 pH。在加药前，必须旁路 RCV 除盐床以避免混床失效。一回路升温到 95 ℃左右以提高除氧效果，氧含量合格前不要升温，温度高于 120 ℃，会导致联氨的分解。

13.2.3.3　RCP 稳压器建汽腔

RCP 含氧量检查结果合格后，一回路可继续升温，温度到 120 ℃，开始稳压器建汽腔。温度超过 120 ℃后应尽快在稳压器建汽腔，以利于一回路压力控制。当稳压器汽腔建立以后，将一回路的压力控制由 RCV013VP 的控制转为稳压器压力控制，RCV013VP 用来控制下泄孔板的下游压力。

稳压器汽腔形成以后，当 T_{avg} 超过 160 ℃时，必须核对隔离 RRA 的前提条件，当满足脱离 RRA 的连接条件时，将 RRA 系统隔离。

13.2.3.4　升温至热停堆

利用 GCTa 控制一回路的升温速率≤28 ℃/h，利用稳压器控制一回路的升压速率≤0.4 MPa/min，继续进行一回路升温升压。

当 RCP 压力升至 7.0 MPa 时，将一回路温度和压力控制在要求的范围，进行 RRA 隔离阀密封性试验。

当压力升至 14.3 MPa 时，确认稳压器低压安注自动解锁。

调整稳压器的升温速率，以使稳压器与冷却剂环路间的温差在 50～110 ℃。直到一回路压力为 15.4 MPa，温度为 290.8 ℃。

13.2.4　反应堆达临界

核对控制棒棒位，一回路硼浓度、温度、压力和其他一些技术规范要求的临界条件满足后，即满足达临界的动态控制点（DHP）后，根据物理组给出的参考临界棒位，临界硼浓度，按照达临界规程一回路开始稀释，使一回路达到物理组给出的参考临界硼浓度。

在提升控制棒进行临界操作时，当堆内中子通量出现稳定的正周期时，则表明已经达到临界，继续提升控制棒至中间量程电流为 10^{-10} A 时，P6 信号出现，立即闭锁源量程紧急停堆。

当中间量程电流 10^{-8} A 时，插入控制棒使周期为无穷大，此时记下临界参数（临界棒位、临界硼浓度）等，以便作为下一次达临界的依据。

13.2.5　电厂至热备用

将蒸汽发生器给水由辅助给水切换至主给水供给，水位由旁路给水调节阀控制。

继续提升功率至 $2\%P_n$ 稳定，电站已处于热备用状态。

13.2.6　二回路启动和主蒸汽暖管

13.2.6.1　二回路启动

常规岛二回路的启动和一回路的启动是同时进行的。

(1) 启动常规岛总冷源 SRI 系统

开启 SRI001BA 的补水阀 SRI094VD 前后隔离阀和旁路补水阀 SRI093VD 给系统补水，然后给系统排气。先排最高点氢冷却器和励磁机空冷却器的排气点，然后依次从 −7 m、0 m 对各个用户静排气。充水和排气结束后关闭补水旁路阀，准备启动 SRI 水泵，确认水箱水位 1 700 mm 和泵出口阀在 30%左右，联系主控启动泵，出口压力在 0.55 MPa

左右，慢慢开启出口阀直至全开。按静排气顺序对各排气点动排气。

(2) 启动CRF系统

当SRI系统启动后，利用SRI系统的热容量给CRF泵提供冷却，启动CRF泵对泵的出口和凝汽器排气，排气完成后在线SEN系统。开启入口阀SEN001/002VC，对过滤器排气。充满水后开启出口阀，然后对SEN泵、热交换器和出口母管排气，完成后准备启动SEN泵。将出口阀关闭到30%左右，通知主控启动泵，确认出口逆止阀开启(若没开启，则手动抬起逆止阀杆)，并慢慢开启出口阀，直至全开。确认其他未启动泵没有倒转(若有，则要关闭出口隔离阀)，出口压力在0.22 MPa左右，一切稳定后，投运过滤器，将一个热交换器置备用。

(3) 启动油系统

启动交流润滑油泵和高压密封备用油泵。确认主油箱液位在+150 mm以上，油温大于10 ℃，在线好后启动排烟风机，在就地确认工作正常，真空在0.6 kPa以上，将另一台置于备用。启动交流润滑油泵，确认其油压在0.083～0.124 MPa。启动高压密封备用油泵。控制其油温在35 ℃左右(通过SRI087VD调节油温)。交流润滑油泵和高压密封备用油泵启动后开启顶轴油泵进油总阀GGR 024VH，启动顶轴油泵。做好在线，将控制置于远方，将要启动的三台顶轴油泵置于工作，另一台置于备用(正常情况下将LLP供电的GGR 005/007PO置于工作位置)。主控启动三台顶轴油泵，5 min后将启动按钮置于自动位置。

(4) 启动盘车装置

停堆换料大修后汽轮机首次启动，在启动盘车装置前，必须测量汽轮机大轴抬起情况，一般60～100 μm，但至少5 μm。盘车启动后置自动位置。

(5) 启动CEX泵，准备给二回路充水，并进行冲洗

确认泵出口阀送电并置就地，打开10%开度。凝汽器水位补至900 mm左右，防止泵启动后水位下降过快导致泵跳闸。冷却水正常，循环阀CEX030VL气源正常。启动泵，出口阀缓慢地在就地开启，出口压力在2.0 MPa，开启排气阀开始排气。完成后关闭。

然后进行系统冲洗，冲洗顺序为：先冲洗凝汽器；合格后再冲洗除氧器和低压加热器；然后再冲洗高压加热器；铁离子小于600 ppb后，再通过大循环至凝汽器，并投运ATE系统进行净化精处理直至水质符合要求。

(6) ATE系统的四台除盐装置已投入运行，启动ATE泵

ATE系统由5台前置阳床和5台高速混床组成，系统设计出力：正常为2 788 m^3/h，最大为3 146 m^3/h。全流量处理时为4列同时运行，因此单个系列运行时处理流量应保证在690 m^3/h以下。ATE系统投运：开启母管进水阀，根据所需处理的水量确定要投运的阳床和混床，开启阳床进口升压阀(旁路阀)对阳床进行升压3～5 min，开启阳床进水阀和出口阀，开启阳床取样电磁阀。开混床升压阀对混床进行升压3～5 min，开启混床进水阀，开启混床取样电磁阀，启动混床再循环泵002PO，开启泵出口阀018VL，对混床进行漂洗到电导<0.1 μS/cm后，关闭泵出口阀018VL，停运混床再循环泵002PO。开启出口阀，启动净凝结水泵003/004/005PO，对应泵出口电动阀033/034/035VL延时自动打开。通过调节阀036VL逐渐调整到所需流量。

(7) 启动除氧循环泵

启动ADG001PO，先对除氧器进行循环加热，根据需要此时可向ADG水箱供SVA蒸

汽，以加热除氧器。主蒸汽管道暖管结束后，即可将 ADG 的加热蒸汽由 SVA 切到 VVP，通过调节 ADG031VV，使除氧器水箱内水温维持在 110 ℃，压力在 0.05 MPa 左右。当抽真空完成后，除氧器排气由排大气切到排凝汽器。开启给水隔离阀给主给水泵暖泵，充水。然后经 APA 泵给高加充水。

(8) 启动一台主给水泵

确认 APA 油箱油位正常、辅助油泵已启动并建立正常油压、冷却水已供上、对泵本体充水排气、暖泵、泵入口与旁路阀开启、出口阀关闭。等待 ADG 001 BA 的温度上升到 110 ℃，压力上升到 0.04 MPa 时，启动一台 APA 泵。另两台置于备用。在未向蒸汽发生器供水前，为保证泵在小流量运行时振动不致过高，使泵出口压力维持在 4.0 MPa，需要供水时再升高压力。

(9) 凝汽器抽真空

启动一台 CET 风机，为供轴封做准备。在启动前要先投入汽机供轴封蒸汽，利用 SVA 蒸汽给轴封供汽。先对轴封管道进行分段暖管，疏水排向地沟。通过 PLC 调节仪使轴封稳定在 0.25 MPa，然后启动三台真空泵。

如果是汽轮机冷态启动，也可先启动真空泵，后投轴封蒸汽。

13.2.6.2　主蒸汽管道暖管

如果临界前没有进行暖管操作，则在热备用工况下进行暖管。暖管前先启动一台主给水泵，调节主给水旁路调节阀控制蒸汽发生器水位。当核功率大约在 2%时，确认二回路冲洗结束，ADG001PO 给 ADG 001 BA 打循环除氧。将 VVP 5 个疏水袋及 GSS 3 个疏水袋在线至 SEK，二回路开始暖管。主控开启主蒸汽阀旁路阀进行暖管，主蒸汽阀前后压力基本平衡时，开启主蒸汽隔离阀（若主蒸汽隔离阀前后压差大于 0.3 MPa，可临时关闭 VVP 5 个疏水袋的疏水阀及门杆漏气阀）。开始由主蒸汽对 ADG 001 BA 供加热蒸汽并升压，稳定后将其排汽切至凝汽器。

暖管结束后将 CET 蒸汽由 SVA 转到 VVP，关闭 CET 029 VV，开启 CET 027 VV。

如果凝汽器真空已建立，进行 GCT-a 向 GCT-c 的切换。

13.2.7　汽轮发电机组冲转并网

13.2.7.1　在汽轮机冲转并网前，必须检查确认

(1) 常规岛所有检修工作票终结；

(2) 发电机封闭母线微正压装置运行正常，发电机绝缘正常；

(3) 检查 DEH 正常；

(4) GFR 系统已投入运行且压力正常；

(5) GGR 润滑油系统运行正常且油压正常，盘车正常；

(6) 真空系统运行正常；

(7) GST 系统投运（只有发电机的压力达到 0.3 MPa 才可以投入）；

(8) GHE 系统投运发电机充氢压力到 0.38 MPa、GME 系统投运正常、发电机氢冷却器 SRI 水隔离阀打开；

(9) 励磁系统处于可用状态、发电机封闭母线两台风机已启动；

(10) 汽轮机蒸汽和疏水正常,GPV001/002/003/004TO在弹起状态;

(11) TSI、ETS正常,无汽轮机停机报警信号。

13.2.7.2 汽轮机冲转

开启GSE 001/002VV的门杆漏汽阀。用机头复位杆进行复位(打到挂闸方向),薄膜阀油压大于0.7 MPa。

主控复置汽轮机,汽轮机挂闸。由于调门漏汽,汽轮机转速开始上升,当大于4 r/min检查盘车是否停运,调GGR冷油器油温。

主控设置目标值(600 r/min)和升速率(100 r/min)升至500 r/min(2号机700 r/min)时顶轴油泵停运,并置于远控备用。

600 r/min时,检查CAR 010/011/012VL开启,冷启动时在此要停机打闸,检查主汽阀动作情况。然后再次启动,在600 r/min暖机30 min,并进行摩擦听音检查。

1 100 r/min时进行暖机,检查缸胀、差胀、振动等情况才能继续升速,升速率可设置在300 r/min或以上,以便使汽轮机快速通过临界转速。

转速升到2 800 r/min后将升速率降至100 r/min,并检查主油泵油压正常后,停GGR 003/010PO,并置自动。在升速过程中密切注意各轴承的振动情况,特别是在越过临界转速时发现振动超过报警值应立即停机。

转速升到3 000 r/min后,全面检查汽轮机运转情况。

13.2.7.3 发电机并网

主控提升反应堆功率,当反应堆功率升至10%P_n时P10允许信号出现,手动闭锁中间量程高通量反应堆保护停堆和功率量程高通量(低定值)反应堆保护停堆。

堆功率至14%~16%P_n时稳定,建立励磁电压,利用自动准同期并网。

并网后发电机功率在30 MW左右,注意手动调节SG水位。

13.2.8 提升功率至满功率

手动提升反应堆功率,使反应堆与汽轮机功率相匹配,目标值$T_{avg}-T_{ref}\leqslant 0.5$ ℃。

当发电机功率达52 MW时稳定,实现汽轮机主调节阀由两阀到四阀的自动切换,并开启高加的抽汽管线。

当核功率提升至15%P_n时,核对C20信号消失,将蒸汽排放由压力模式切换到T_{avg}模式,并将控制棒置自动。

90 MW左右停运ADG 001PO,当除氧器压力低于高加壳侧压力时,开启高加到除氧器的排汽阀(8个)。确认GSS系统各阀门运行正常。

高于18.5%功率且当ARE小阀开度接近100%时,蒸汽发生器汽水位控制的大小阀进行切换,在切换的过程中可能导致水位波动。

150 MW时启动第二台CEX泵和ATE泵。

40%功率确认ADG水位调节由单量程切换至三冲量正常。

240 MW时启动第两台APA泵,直到100%P_n。

在整个功率提升过程中,应密切注意下列情况:

停堆换料后的启动,反应堆在15%P_n以上的功率提升速率不得大于3%P_n/h。

高压缸轴封压力变化时，应随时调整。

发电机绕组和铁芯温度，氢气温度。

保持 ΔI（轴向功率偏差）在运行区内，发生偏差时可通过稀释降低一回路硼浓度。

在 30%P_n、50%P_n、75%P_n 和 100%P_n 进行热平衡试验，并对堆外核测进行校正。

机组达满功率稳定运行后，按规定对反应堆三道屏障定期进行检查和监测。

13.3　核电厂停止

主控室在 DEH 上设定汽轮机降负荷速率，反应堆自动降功率跟踪汽轮机功率。汽轮机降功率后，一回路通过硼化，调节硼浓度，维持 ΔI（轴向功率偏差）在运行区内。

机组降负荷过程中，保证低压缸轴封蒸汽压力稳定并控制高压缸轴封压力。

负荷降到 200 MW 准备停运一台 APA 泵。

负荷降到 100 MW 时停运一台 ATE 泵和一台 CEX 泵。

18.5%P_n 时，主给水调节阀切换至旁路给水调节阀控制。

负荷降到 90 MW 时，关闭高加到 ADG 的排汽阀，启动除氧循环泵。

到 15%P_n 时，GCTc 由温度模式切换到压力模式。

控制棒置手动，通过手动插棒，使功率降到 10%P_n。

降到 30 MW 启动 GGR 交流润滑油泵或直流润滑油泵，启动高压密封备用油泵，汽轮机打闸。同时调节 GGR 油温。

汽轮机打闸后转速下降，到 600 r/min 时确认低压缸末级喷淋阀开启。500 r/min（2 号机 700 r/min）时，确认顶轴油泵启动。

0 r/min 时，确认盘车自启动且维持在 3.38 r/min，停运 GFR 系统。

核功率降到 2%P_n，启动电动辅助给水泵，蒸汽发生器由主给水切换到辅助给水供给，停运全部 APA 泵。

继续通过手动插棒使反应堆处于热停堆。

关闭主蒸汽隔离阀。

停运真空泵并破坏真空，当真空为 0 时，停止轴封供气，停运轴加风机，将主蒸汽管道疏水由 CEX 切换到 SEK。

用 CO_2 置换 H_2，当气体压力小于 0.3 MPa 之前停运 GST 系统，并注意调节 GHE 油箱油位。最后用压空置换 CO_2。

停运发电机氢气冷却器/励磁机空气冷却器。当高压缸壁温小于 130 ℃或盘车 48 h 以上时，停运盘车，最后停运 GHE 系统、GGR 系统、停运 CEX/CRF/SEN/SRI 系统。

TEP 除气器启动为反应堆冷却剂除气，将 RCV 的下泄流切至 TEP 除气器，开始对反应堆冷却剂进行连续除气操作，在打开一回路前，应将反应堆冷却剂中的氢浓度降低到在 S. T. P 状态下 5 cm^3/kg 水平。

调整一回路硼浓度到正常冷停堆或维修冷停堆（反应堆冷却剂压力容器封闭并充满水）下所要求硼浓度。

一回路开始降温降压，第一阶段，由二回路系统降温和由稳压器喷淋降压。将蒸汽发生器中水位调节到窄量程的 34%左右（−0.64 m）。手动开大 GCT 排放阀的开度，开始降温，停运通断式稳压器加热器。将一回路压力控制切换到手动开始降压，当反应堆冷却剂温度达到 284 ℃，P12 允许信号出现，闭锁由于蒸汽管道流量高和蒸汽管线压力低引起的安注信号以及由主蒸汽管压力低低引起主蒸汽管线隔离信号和安注信号。注意每当 RCP 系统压力下降 1.0 MPa，则手动调整主泵轴封注入流量，保证每台主泵轴封注入流量保持在 2.00 m^3/h 左右。当一回路温度降到 190 ℃以下时，将 LLS 系统退出运行。

第二阶段，由 RRA 系统降温。当反应堆冷却剂平均温度低于 180 ℃，反应堆冷却剂表压在 2.7 MPa 之下时，将 RRA 系统投入运行冷却一回路。消除稳压器汽腔，一回路以最大速率(28 ℃/h)冷却至 90 ℃以下进入正常冷停堆，如果对一回路氧化处理，则在 80 ℃时加入双氧水，下泄流量调到最大，以最大的冷却速率将一回路温度降到 60 ℃以下，在一回路放射性水平合格后停运主泵。最终将一回路压力降到大气压，温度降到 60 ℃以下。